高等职业教育土建类专业课程改革系列教材

建筑识图与 CAD

主　编　湛永红　贺明华

副主编　吴　艳　于甜甜

参　编　曾　臻　胡小兵

机械工业出版社

本书结合建筑专业特点，根据建筑专业后续课程的相关要求，截取了建筑制图、建筑识图、建筑 CAD 的有关知识点，形成以“教、学、练”为一体的完整知识体系，既满足了高职院校理论课时量减少的现状，也满足了学生对基本理论知识体系的需求。

本书的主要内容为：建筑制图识图基本知识、建筑尺寸标注、投影基本知识、形体的投影、轴测投影、建筑平面图的识读与绘制、建筑立面图的识读与绘制、建筑剖面图的识读与绘制和建筑详图的识读与绘制。

本书可作为高职高专院校土建类专业教学用书，也可作为各类建筑从业者的自学用书。

为方便教学，本书配有电子课件及相关资源，凡使用本书作为教材的教师可登录机工教育服务网 www.cmpedu.com 注册下载。咨询电话：010-88379375。

图书在版编目（CIP）数据

建筑识图与 CAD/湛永红，贺明华主编. —北京：机械工业出版社，2021.1（2024.6 重印）

高等职业教育土建类专业课程改革系列教材

ISBN 978-7-111-66874-9

Ⅰ.①建…　Ⅱ.①湛…　②贺…　Ⅲ.①建筑制图-识图-高等职业教育-教材　②建筑设计-计算机辅助设计-AutoCAD 软件-高等职业教育-教材　Ⅳ.①TU2

中国版本图书馆 CIP 数据核字（2020）第 218320 号

机械工业出版社（北京市百万庄大街 22 号　邮政编码 100037）
策划编辑：常金锋　责任编辑：常金锋　王莹莹
责任校对：陈　越　封面设计：张　静
责任印制：单爱军
北京虎彩文化传播有限公司印刷
2024 年 6 月第 1 版第 6 次印刷
184mm×260mm · 12.25 印张 · 301 千字
标准书号：ISBN 978-7-111-66874-9
定价：39.00 元

电话服务
客服电话：010-88361066
010-88379833
010-68326294

网络服务
机　工　官　网：www.cmpbook.com
机　工　官　博：weibo.com/cmp1952
金　书　网：www.golden-book.com
机工教育服务网：www.cmpedu.com

前　言

本书在动态修订过程中，以党的二十大精神为指导，以“岗课赛证”综合育人为培养目标，进行课程内容改革，形成德技并修、理实并重、手脑并用、工学结合的高技能人才培养模式。

随着社会的发展，职业教育越来越看重学生的实践操作能力，“建筑识图与CAD”就是这样应运而生的。第一，原来的“建筑制图与识图”课程中，部分内容太难，不适合作为高职高专教材，本书在编写过程中，去掉太难且不适用的部分，保留完整适用的知识体系；第二，“建筑制图与识图”过于强调尺规作图，而如今都是计算机绘图，因而，学生在掌握基本的知识点后，绘图部分可由建筑CAD的知识点代替，内容完善且连贯；第三，由于高职院校的实践课时比例上升，“建筑制图与识图”与“建筑CAD”课程合并也是教学所需。

本书在编写过程中，遵循以下原则：

(1) 知识点的覆盖面以适用、够用为度，知识点的深度与高职高专的教学深度相符。

(2) 全书采用项目化教学的模式，每个项目下有若干任务，每个任务分为“知识链接”和“任务实施”两部分，内容连贯、思路清晰，使学生更容易学习、掌握，也更容易产生兴趣。

(3) 全书贯彻“教、学、练”为一体的原则，“教”和“学”即书中的“知识链接”部分，“练”则为“任务实施”部分，学生可以以任务驱动的模式，先拿到任务，再学习知识点；也可以先学习知识点，再以巩固教育的模式完成每个板块的任务。

本书由贵州工业职业技术学院湛永红、中机中联工程有限公司贺明华任主编，贵州工业职业技术学院吴艳、于甜甜任副主编，贵州工业职业技术学院曾臻和胡小兵参与编写；具体的分工为：湛永红编写项目四和项目六、贺明华编写项目八和项目九、吴艳编写项目一、于甜甜编写项目五、曾臻编写项目三和附录、胡小兵编写项目二和项目七。

由于编者水平有限，书中的疏漏和错误在所难免，敬请读者批评指正。

编　者

目录

项目一 建筑制图识图基本知识

任务一 学习图纸幅面的相关规定

知识链接

图纸幅面指图纸尺寸规格的大小，图纸幅面有 A0、A1、A2、A3、A4 等几种，幅面及图框尺寸见表 1-1；图框是指在图纸上绘图范围的界线。

表 1-1 图纸幅面及图框尺寸

	A0	A1	A2	A3	A4
$b \times l$	841×1189	594×841	420×594	297×420	210×297
c	10			5	
a	25				

绘图时，如果图纸幅面不够，可将图纸的长边加长，每次加长的尺寸为长边尺寸的1/4，短边不应改变，图纸长边加长后的尺寸见表 1-2。

表 1-2 图纸长边加长后的尺寸

幅面尺寸	长边尺寸	长边加长后尺寸
A0	1189	1486 1783 2080 2378
A1	841	1051 1261 1471 1682 1892 2102
A2	594	743 891 1041 1189 1338 1486 1635 1783 1932 2080
A3	420	630 841 1051 1261 1471 1682 1892

各图幅之间看似杂乱无章，实则其尺寸存在一定的关系，即一张 A0 图纸对折，成为两张 A1 图纸；一张 A1 图纸对折成为两张 A2 图纸，以此类推，如图 1-1 所示。除此之外，A0 图纸的长 l_0 和宽 b_0 还存在下列关系：

$$b_0 \times l_0 = 1\text{m}^2$$

$$b_0 : l_0 = 1 : \sqrt{2}$$

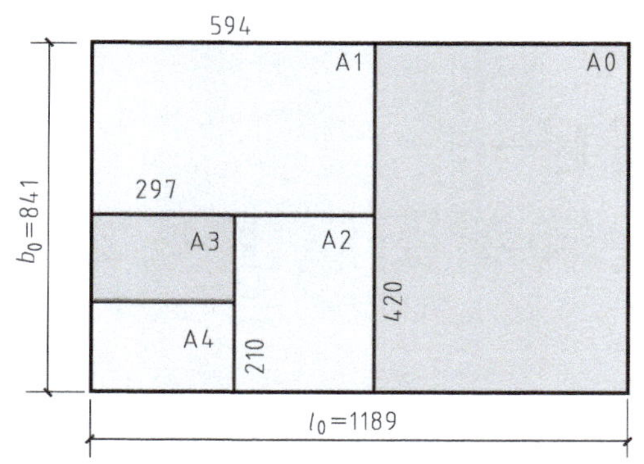

图 1-1 各图幅尺寸之间的关系

图纸的常规使用方法是长边沿水平方向布置，称为横式幅面，一般 A0 ~ A3 图纸宜使用横式幅面；必要时也可以将长边沿竖直方向布置，称为立式幅面，如图 1-2 所示。

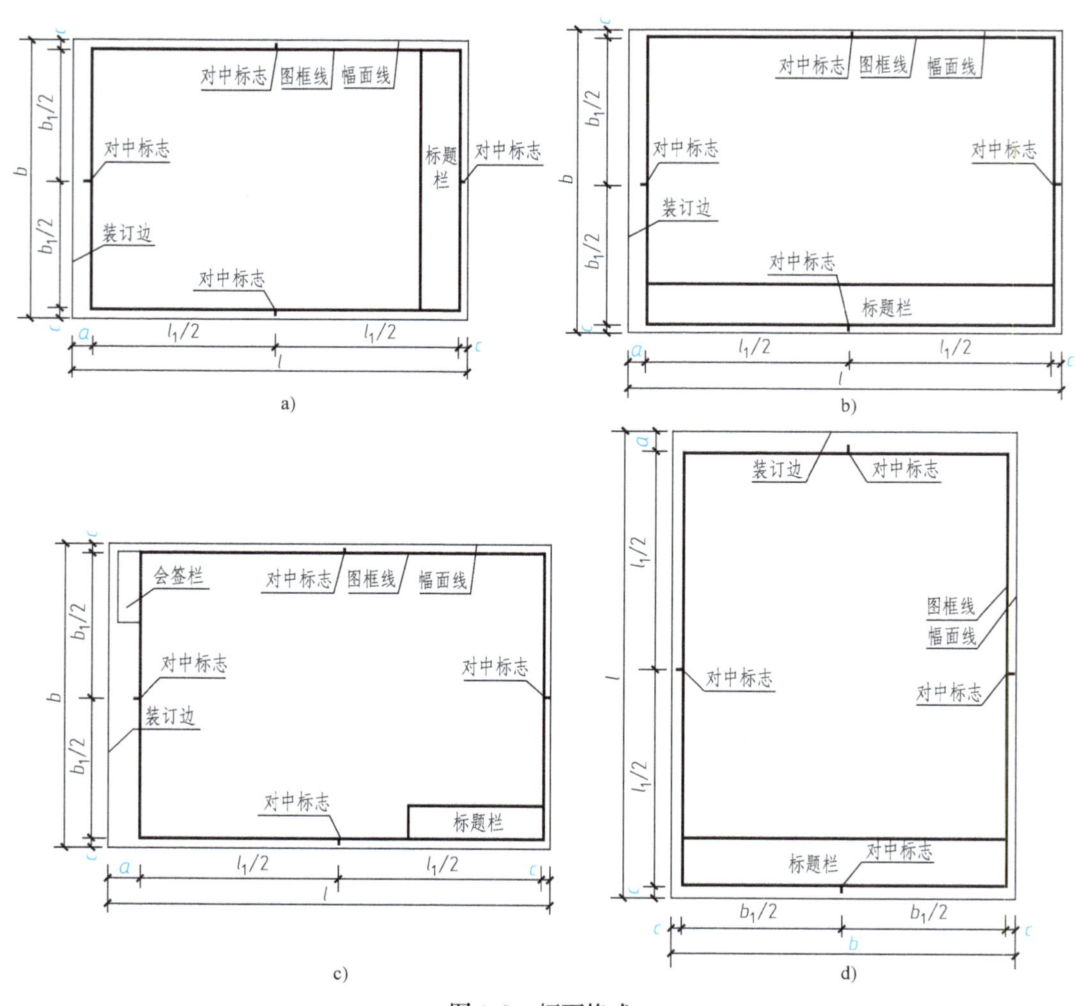

图 1-2 幅面格式

a）A0 ~ A3 横式幅面 1 b）A0 ~ A3 横式幅面 2 c）A0 ~ A1 横式幅面 d）A0 ~ A4 立式幅面 1

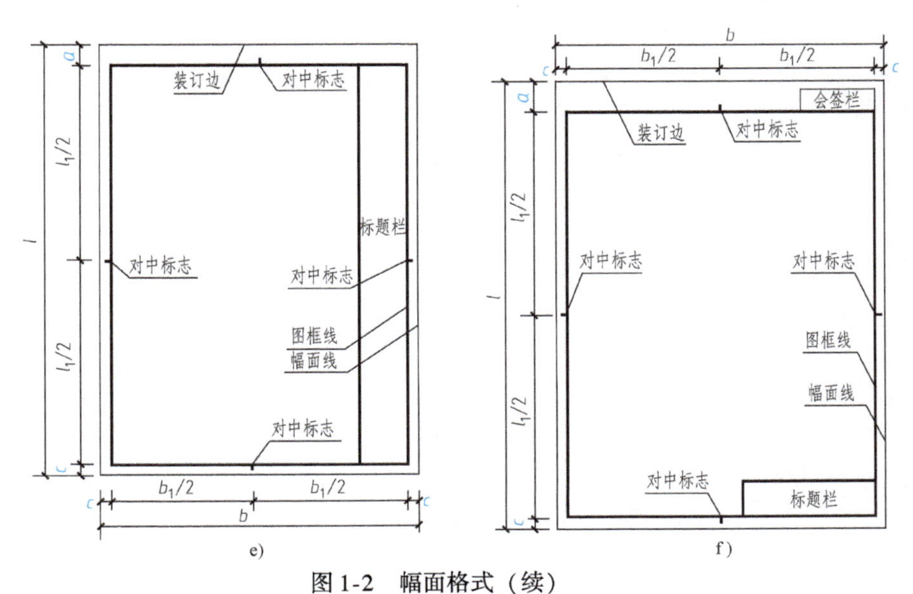

图 1-2　幅面格式（续）

e）A0 ~ A4 立式幅面 2　f）A0 ~ A2 立式幅面

为了方便查阅图纸，图框内右下角应绘制标题栏。图纸标题栏简称图标，是各专业技术人员绘图、审图的签名区及工程名称、设计单位名称、图名、图号的标注区，如图 1-3a 所示。标题栏具体的尺寸、格式及分区，可根据工程的需要来选择确定。学习本课程时，学生作业用的标题栏，可采用如图 1-3b 所示的格式绘制。

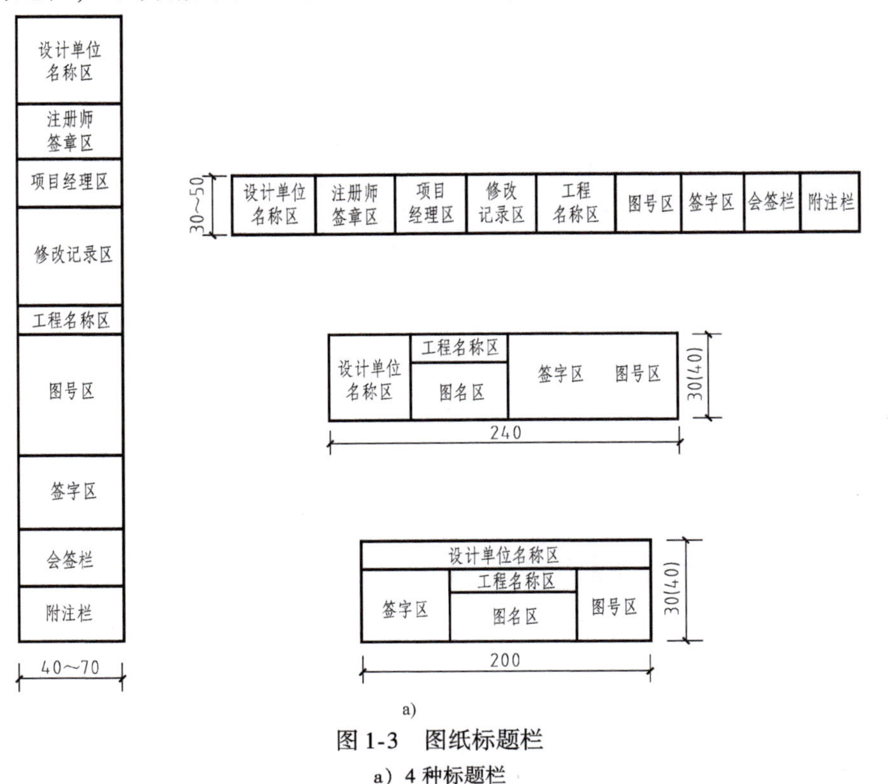

图 1-3　图纸标题栏

a）4 种标题栏

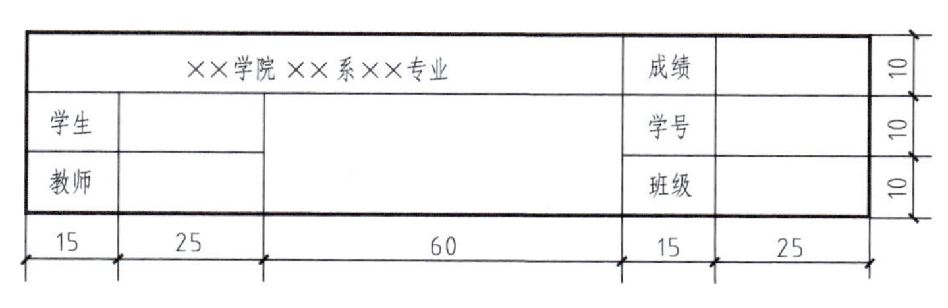

b)

图1-3　图纸标题栏（续）

b）学生作业标题栏

会签栏是为了落实勘察、设计单位质量管理体系的重要环节，作为证实工程勘察设计各部门、各专业间的相互协调的重要证据，在图纸上设置会签栏，主要是参与会签的单位名称、人员签名以及会签日期，如图1-4所示。

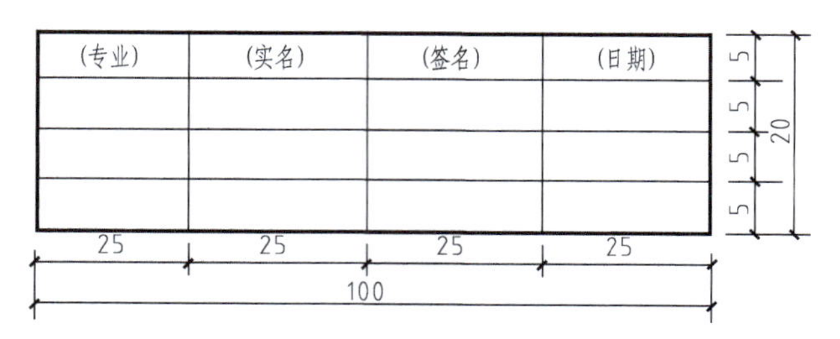

图1-4　图纸会签栏

任务实施

用一张A3图纸，绘制该图纸的图框线、标题栏和会签栏。

任务二　认识并正确使用绘图工具

知识链接

一、绘图笔

1. 铅笔

绘制工程图纸，应选择专用的绘图铅笔，绘图铅笔按笔芯软硬程度的不同可分为H、HB、B等多种型号。标号“H”表示硬铅芯，号数越大铅芯越硬；标号“B”表示软铅芯，号数越大铅芯越软；标号“HB”表示铅芯软硬适中。画图时，建议用H、2H型铅笔画底稿，用HB型铅笔画中、细线及标注尺寸和文字，用B、2B型铅笔画粗实线。画圆时，铅芯应比画直线的铅芯软一号。

铅笔从没有标号的一端开始使用，以便保留铅芯硬度的标号。2H、HB的铅笔应削成锥形，铅芯露出 6～8mm，2B 的铅笔削成楔形，如图 1-5 所示。

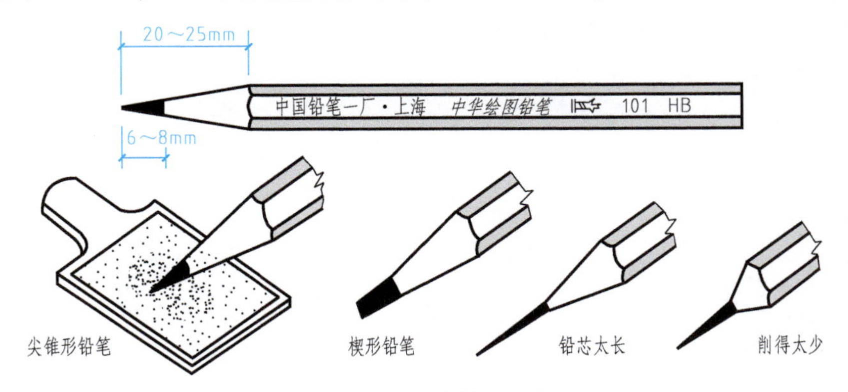

图 1-5　铅笔的使用示意

2. 绘图墨水笔

绘图墨水笔又叫针管笔，是用来画墨线图的，由针管、通针、吸墨管和笔套组成，如图 1-6所示。绘图墨水笔的笔头是一个针管，针管直径有 0.1～1.2mm 粗细不同的规格，可画出宽窄不同的墨线，可根据绘制墨线的粗细进行选择。绘图墨水笔必须使用碳素墨水或专用绘图墨水，以保证使用时墨水流畅。在使用之后要及时清洗，以免墨水中的杂质堵塞笔尖。用针管笔绘图的优点是可以准确地画出不同粗细的线条，缺点是如果画错了，无法用橡皮擦擦掉，因此，针管笔适用于对画好的图进行描线。

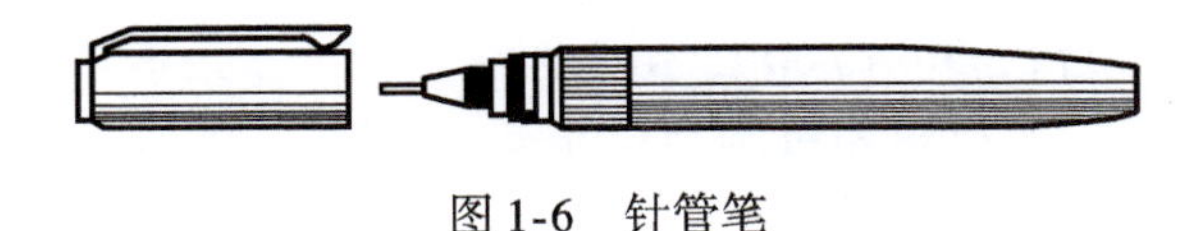

图 1-6　针管笔

3. 排笔

排笔由平列的一排毛笔或几支笔做成。用橡皮擦拭图纸时，会产生很多橡皮屑，要用排笔及时清除干净，如图 1-7 所示。

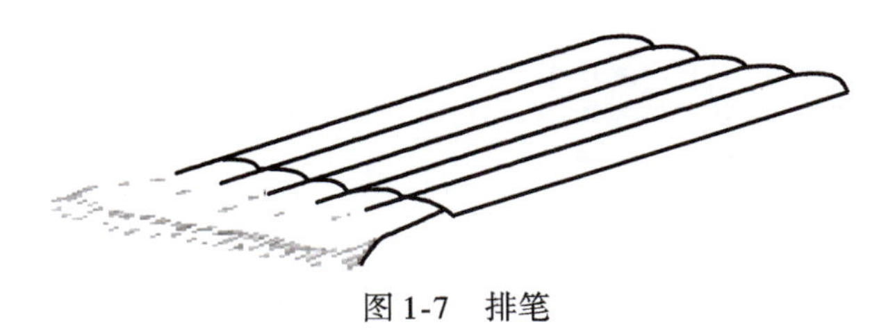

图 1-7　排笔

二、绘图板、绘图机、丁字尺、三角板

1. 绘图板、绘图机

绘图板是用来固定图纸的。作为绘图的垫板，绘图板的表面要求光滑平坦，绘图板的左侧为丁字尺上下移动的导边，必须保持平直，如图 1-8a 所示。绘图机是将绘图用的图板、图架、丁字尺及量角器等工具组合在一起的装置，如图 1-8b 所示。

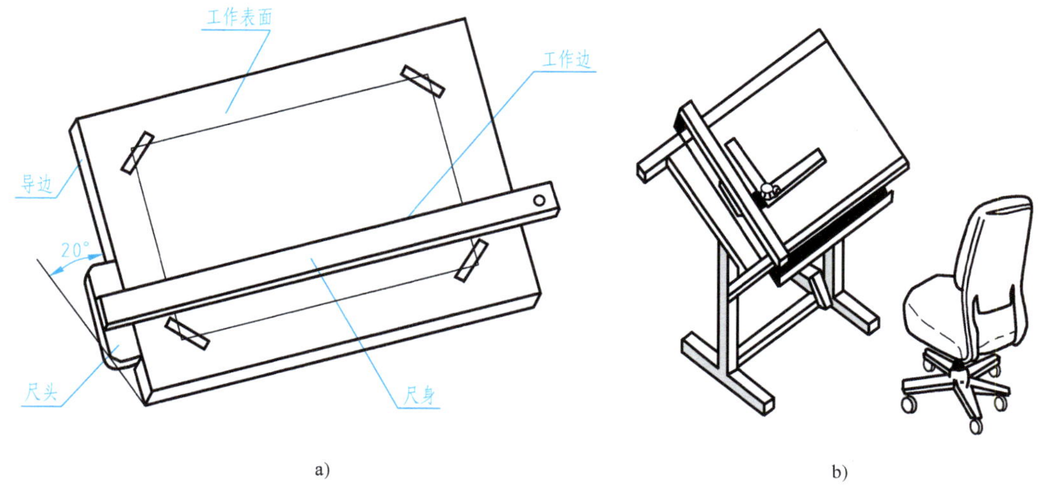

图 1-8　绘图板和绘图机

a）绘图板　b）绘图机

2. 丁字尺、三角板

丁字尺是用来画水平线的，由尺头和尺身两部分组成，尺身上标有刻度线，便于画线时直接度量。使用时，应使尺头紧靠图板左边缘，上下移动到需要画线的位置，自左向右画水平线。应注意的是，尺头不可以紧靠图板的其他边缘画线。

一副三角板由45°三角板、30°和60°三角板两块组成。三角板可配合丁字尺自下而上画一系列铅垂线。用丁字尺和三角板还可画与水平线成30°、45°、60°、75°、105°角的斜线，如图 1-9 所示。

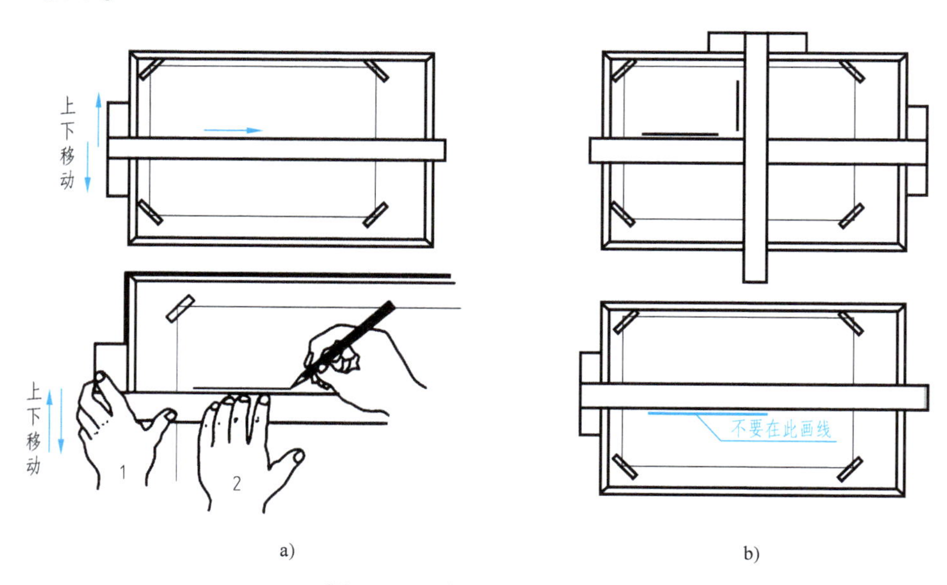

图 1-9　丁字尺和三角板的使用

a）正确的用法　b）错误的用法

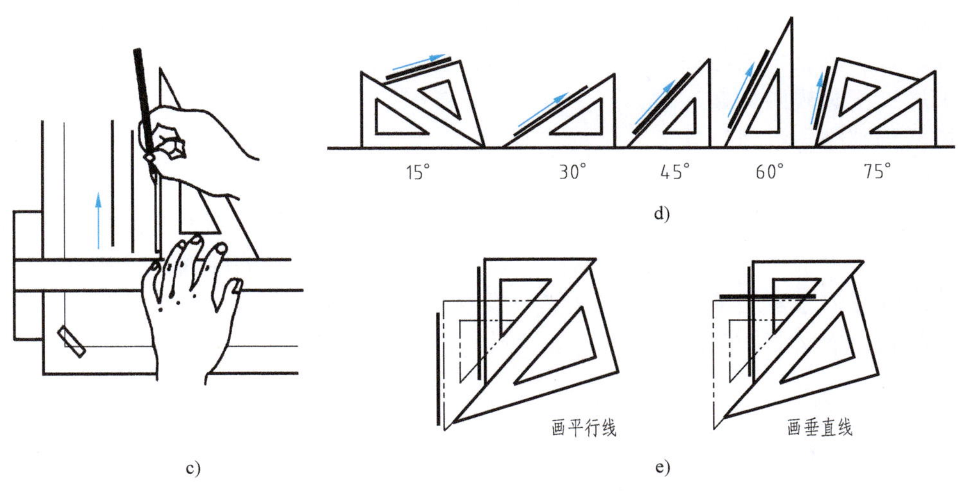

图 1-9　丁字尺和三角板的使用（续）

c）用三角板配合丁字尺画铅垂线　d）三角板与丁字尺配合画各种角度斜线　e）画任意直线的平行线和垂直线

三、圆规和分规

1. 圆规

圆规是画圆和圆弧的工具。常见的圆规为组合式圆规，有两个支脚，一个支脚为固定钢针，另一个支脚上有插接件，可插接钢针插脚（代替分规用）、铅芯插脚（画铅笔线圆用）、鸭嘴笔插脚（画墨线圆用）和延长杆（画较大的圆或圆弧用），如图 1-10 所示。

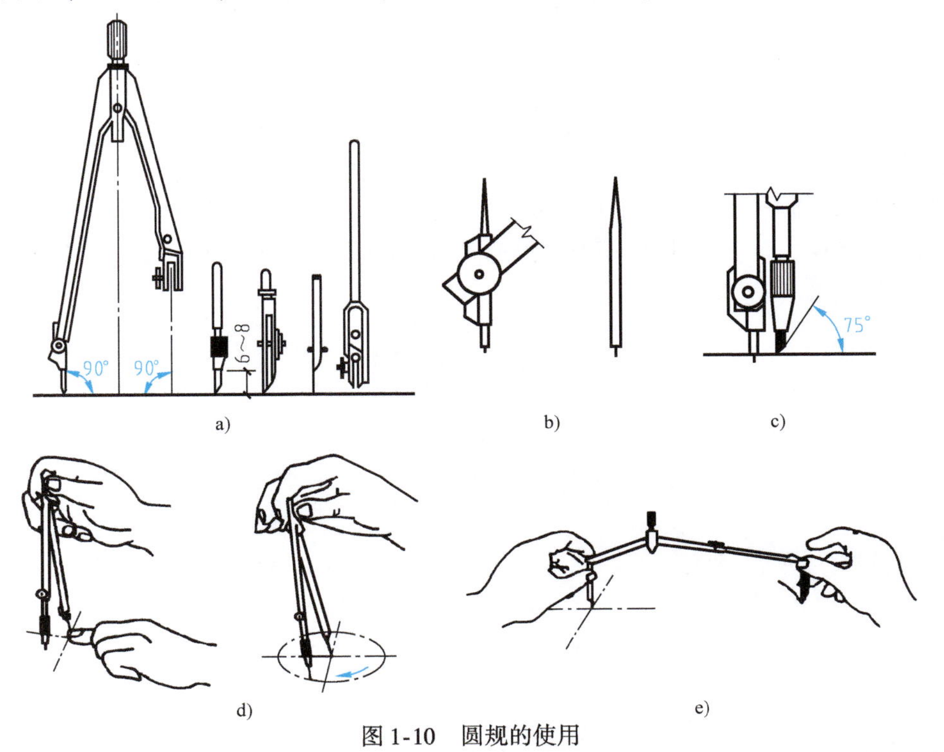

图 1-10　圆规的使用

a）圆规及其插脚　b）圆规上的钢针　c）圆心钢针略长于铅芯　d）圆的画法　e）画大圆时加延伸杆

使用圆规画圆或圆弧时，圆规针脚上的针应将带支承面的小针尖向下，以防止针尖插入图板过深，针尖的支承面与铅芯对齐，按顺时针方向用力均匀一次画成。应注意调整铅芯与针尖的长度，使圆规两脚靠拢时，两尖对齐。画圆时应将圆规向前进方向稍微倾斜；画大圆时，圆规两脚都应与纸面垂直。

2. 分规

分规主要用来量取线段长度和等分已知线段。分规的形状与圆规相似，但其两个支脚都装有钢针，用两个钢针可较准确地量取线段。为了保证度量尺寸的准确，分规的两针尖应平齐。等分线段时，通常用试分法，逐渐使分规两针尖调到所需距离，然后在图纸上使两针尖沿要等分的线段依次摆动前进，如图 1-11 所示。

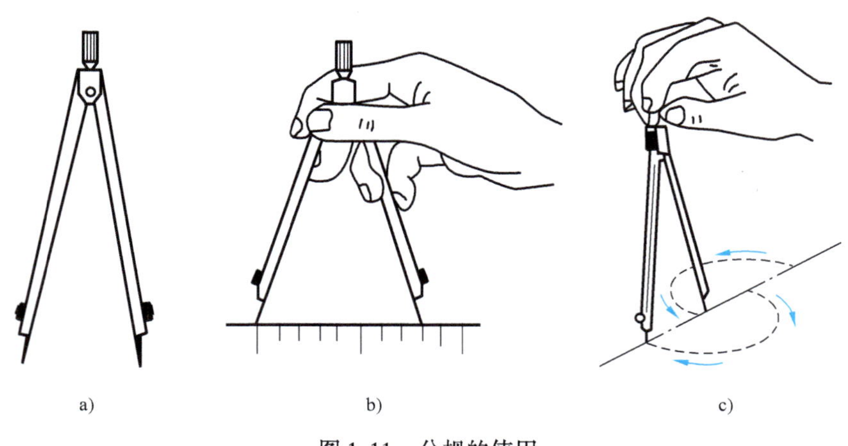

图 1-11　分规的使用

a）分规　b）量取长度　c）等分线段

四、比例尺

比例尺是绘图时用于放大或缩小实际尺寸的一种绘图工具，有三棱比例尺和比例直尺两种，如图 1-12 所示。三棱比例尺在三个尺面上分别刻有共 6 种常用的比例刻度，即每一个棱有两个比例刻度。

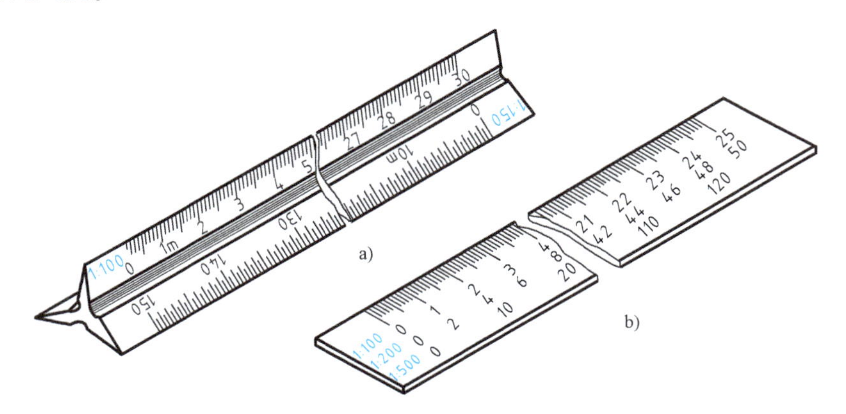

图 1-12　三棱比例尺和比例直尺

a）三棱比例尺　b）比例直尺

五、曲线板

曲线板是绘制非圆曲线的工具。作图时，先定出曲线上足够数量的点，在曲线板上选取相吻合的曲线段，至少要通过 3 ~4 个点，分数段将曲线描深。为了使整段曲线光滑连接，两段之间应有重复，如图 1-13 所示。

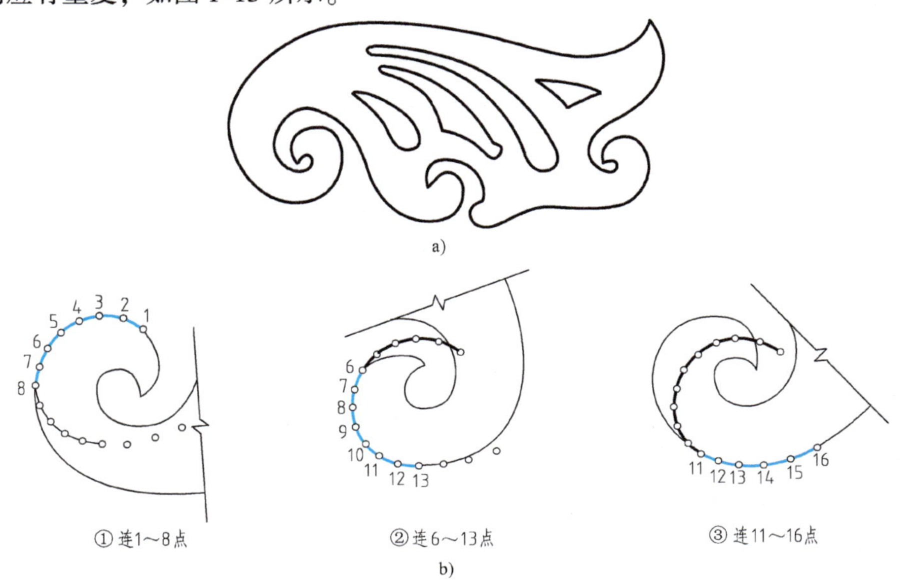

图 1-13　曲线板

a）复式曲线板　b）用曲线板连线

六、建筑模板

建筑模板主要用来画各种建筑图例和常用符号，如柱子、楼板留洞、标高符号、详图索引符号、定位轴线圆等，只要按模板中相应的图例轮廓画一周，所需图例就会产生，如图 1-14 所示。目前有很多专业型的模板，如建筑模板、结构模板、轴测图模板、数字模板等。

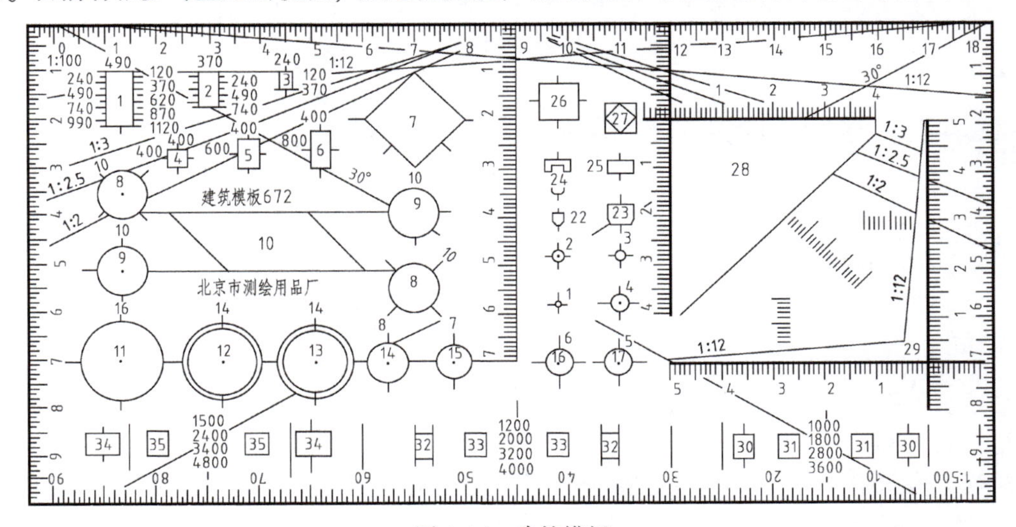

图 1-14　建筑模板

任务实施

运用绘图工具和仪器，完成楼梯平面图的绘制，如图 1-15 所示。

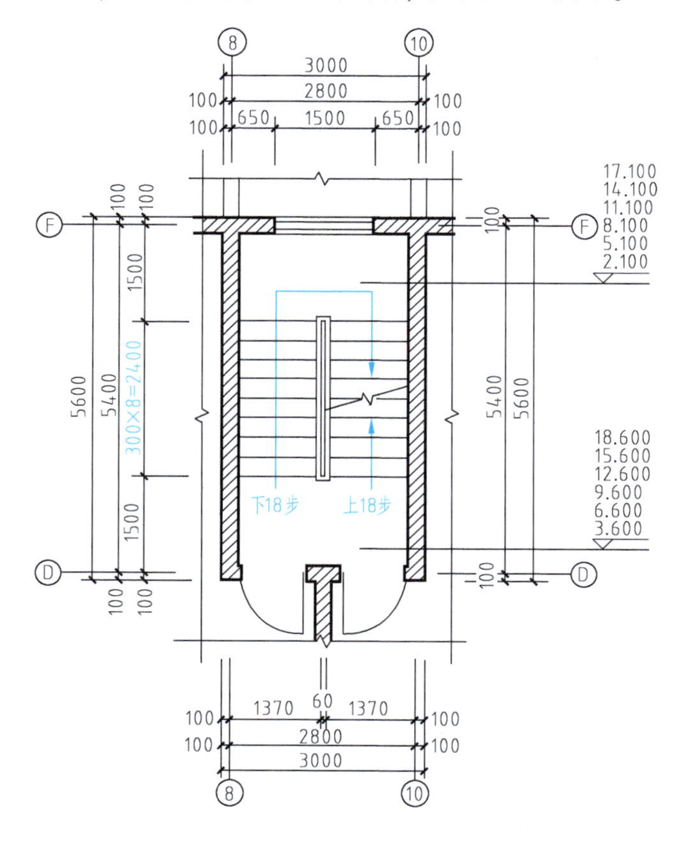

图 1-15　楼梯平面图

任务三　学习图线、图例、字体及比例

知识链接

一、图线

在建筑工程图中，使用不同的线型与线宽来表达不同的内容和含义。建筑工程制图中的线宽组见表 1-3。

建筑工程图中，用不同线型的图线表达不同的内容，用不同粗细的图线来区分主次，同一线型的图线其线宽都互成一定的比例，即粗线、中粗线、中线、细线四种。

表 1-3 线宽组

线宽比	线宽组			
b	1.4	1.0	0.7	0.5
0.7b	1.0	0.7	0.5	0.35
0.5b	0.7	0.5	0.35	0.25
0.25b	0.35	0.25	0.18	0.13

注：1. 需要缩微的图纸，不宜采用 0.18 及更细的线宽。
2. 同一张图纸内，各不同线宽中的细线，可统一采用较细的线宽组的细线。

粗线的宽度代号为 b，它应根据图样的复杂程度及比例大小，从表 1-3 中的线宽系列中选取，包括：1.4mm、1.0mm、0.7mm、0.5mm、0.35mm、0.25mm、0.18mm 和 0.13mm。当选定了粗线的宽度 b 后，中粗线、中线及细线的宽度也就随之确定，从而组成线宽组，见表 1-4。

表 1-4 图框线、标题栏线的宽度

幅面代号	图框线	标题栏外框线	标题栏分格线
A0、A1	b	0.5b	0.25b
A2、A3、A4	b	0.7b	0.35b

线型规定建筑工程图中的线型有：实线、虚线、单点长画线、双点长画线、折断线和波浪线等多种类型，并把部分线型分为粗、中粗、中、细多种线宽，用不同的线型与线宽来表示工程图纸的不同内容。各种线型的规定及一般用途见表 1-5。

表 1-5 线型的规定及一般用途

名称		线型	线宽	一般用途
实线	粗		b	主要可见轮廓线
	中粗		0.7b	可见轮廓线、变更云线
	中		0.5b	可见轮廓线、尺寸线
	细		0. 25b	图例填充线、家具线
虚线	粗		b	见各有关专业制图标准
	中粗		0.7b	不可见轮廓线
	中		0.5b	不可见轮廓线、图例线
	细		0.25b	图例填充线、家具线
单点长画线	粗		b	见各有关专业制图标准
	中		0.5b	见各有关专业制图标准
	细		0.25b	中心线、对称线、轴线等
双点长画线	粗		b	见各有关专业制图标准
	中		0.5b	见各有关专业制图标准
	细		0.25b	假想轮廓线、成型前原始轮廓线
折断线	细		0.25b	断开界线
波浪线	细		0.25b	断开界线

二、图例

常用建筑材料图例见表 1-6。

表 1-6 常用建筑材料图例

序号	名称	图例	备注
1	自然土壤		包括各种自然土壤
2	夯实土壤		—
3	砂、灰土		—
4	砂砾石、碎砖三合土	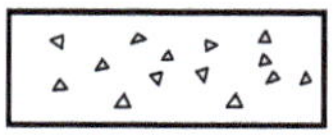	—
5	石材	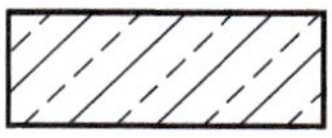	—
6	毛石	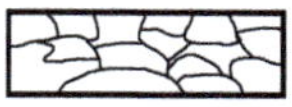	—
7	实心砖、多孔砖		包括普通砖、多孔砖、混凝土砖、砌块等砌体
8	耐火砖	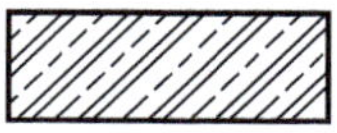	包括耐酸砖等砌体
9	空心砖、空心、砌块	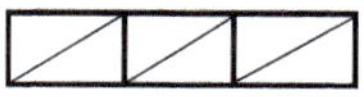	包括空心砖、普通或轻骨料混凝土小型空心砌块等砌体
10	加气混凝土	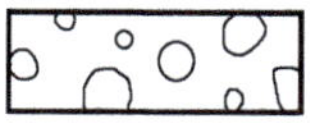	包括加气混凝土砌块砌体、加气混凝土墙板及加气混凝土材料制品等
11	饰面砖		包括铺地砖、玻璃马赛克、陶瓷锦砖、人造大理石等
12	焦渣、矿渣	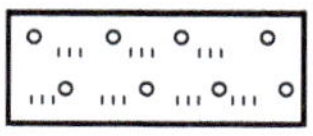	包括与水泥、石灰等混合而成的材料
13	混凝土		(1) 包括各种强度等级、骨料、添加剂的混凝土 (2) 在剖面图上绘制表达钢筋时，则不需绘制图例线 (3) 断面图形小，不易绘制表达图例线时，可涂黑或深灰（灰度宜 70%）
14	钢筋混凝土		
15	多孔材料	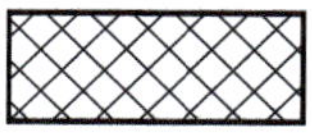	包括水泥珍珠岩、沥青珍珠岩、泡沫混凝土、软木、蛭石制品等
16	纤维材料	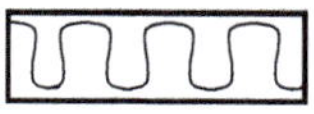	包括矿棉、岩棉、玻璃棉、麻丝、木丝板、纤维板等

（续）

序号	名称	图例	备注
17	泡沫塑料材料		包括聚苯乙烯、聚乙烯、聚氨酯等多聚合物类材料
18	木材		（1）上图为横断面，左上图为垫木、木砖或木龙骨； （2）下图为纵断面
19	胶合板		应注明为×层胶合板
20	石膏板		包括圆孔或方孔石膏板、防水石膏板、硅钙板、防火石膏板等
21	金属		（1）包括各种金属 （2）图形小时，可涂黑或深灰（灰度宜70%）
22	网状材料		（1）包括金属、塑料网状材料 （2）应注明具体材料名称
23	液体		应注明具体液体名称
24	玻璃		包括平板玻璃、磨砂玻璃、夹丝玻璃、钢化玻璃、中空玻璃、夹层玻璃、镀膜玻璃等
25	橡胶		—
26	塑料		包括各种软、硬塑料及有机玻璃等
27	防水材料		构造层次多或比例大时，采用上面的图例
28	粉刷		本图例采用较稀的点

三、字体

建筑工程图中，需用文字、数字、字母和符号等对建筑形体的大小、技术要求加以说明。因此，国家标准要求图纸中所书写的文字、数字或符号等，均应笔画清晰、字体端正、排列整齐、间隔均匀，标点符号应清楚、正确。

1. 汉字

汉字的简化字书写应符合国家有关汉字简化方案的规定。图样及说明中的汉字，宜采用长仿宋体或黑体，同一图纸中字体种类不应超过两种。大标题、图册封面、地形图等的汉字，也可书写成其他字体，但应易于辨认。字高与字宽的比例约为 1∶0.7。字体高度代表字体的号数，如 7 号字即字高为 7mm。长仿宋体字的高度与宽度的关系应符合表 1-7 的规定，黑体字的高度与宽度应相同。

表 1-7　工程字体的高度与宽度

字高	20	14	10	7	5	3. 5
字宽	14	10	7	5	3. 5	2. 5

长仿宋字体的示例如图 1-16 所示。长仿宋字的书写要领是：横平竖直、起落分明、笔锋满格、布局均匀。

10号字

字体工整笔画清楚间隔均匀排列整齐

7号字

横平竖直注意起落结构均匀填满方格

5号字

技术制图机械电子汽车航空船舶土木建筑矿山港口纺织

图 1-16　长仿宋字体示例

2. 拉丁字母和数字

图样及说明中的拉丁字母、阿拉伯数字与罗马数字的字体，有正体字和斜体字两种。

拉丁字母和数字的字高，不应小于2. 5mm。若需写成斜体字时，其斜度应是从字的底线逆时针向上倾斜 75°。斜体字的高度和宽度应与相应的直体字相等。书写示例如图 1-17 所示。

ABCDEFGHIJKLM

NOPQRSTUVWXYZ

abcdefghijklmnopqrs

tuvwxyz

0123456789

图 1-17　字母和数字示例

四、比例

图样的比例，应为图样与实物相对应的线性尺寸之比。比例有放大或缩小之分，建筑工程专业的工程图主要采用缩小的比例。比例的符号应为“：”，比例应以阿拉伯数字表示。例如，1：100，表示图样上的一个线性长度单位，代表实际长度为 100 个单位。在建筑图纸

中，比例放在图名右侧。

注意：比例只管图形，不管图形上的数字，也不管其他符号的绘制标准。即，尺规作图时，比例只关乎图形本身的放大或者缩小倍数，标注时尺寸为实际尺寸，其他的符号如轴号、指北针等均按照绘图标准绘制。CAD绘图时，图形按1∶1比例绘制，其他的文字、符号根据比例缩放，打印时按比例出图。

任务实施

1. 绘制长100mm的粗实线、中粗实线和细实线。
2. 绘制长75mm的粗虚线、中粗虚线和细虚线。
3. 绘制长50mm的单点长画线、双点长画线及折断线。
4. 绘制长35mm实线段与25mm虚线段的交接；25mm虚线段与25mm虚线段的交接。
5. 绘制工程图中A3图纸的图框线、标题栏和会签栏，并完成实训任务（可由老师布置）。

任务四　绘制基本的几何图形

知识链接

一、等分线段与等分两平行线间的距离

1. 任意等分已知线段

已知线段AB，如图1-18a所示，将其五等分。具体的作图步骤如下：

① 过点A任意作一直线段AC，如图1-18b所示，然后用分规在AC上截取任意长度的五等分，得到点1、2、3、4、5，如图1-18c所示。

② 连接$5B$，然后分别过点1、2、3、4作$5B$的平行线与AB的交点即为所求的等分点，如图1-18d所示。

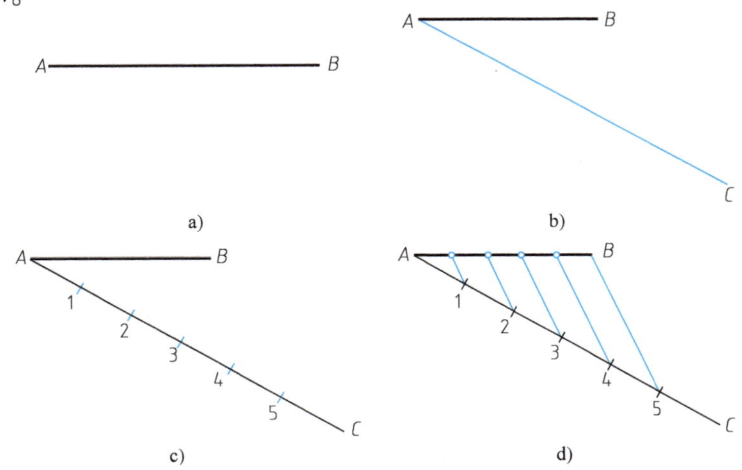

图1-18　任意等分已知线段

2. 等分两平行线间的距离

已知 $AB /\!/ CD$，将 AB 与 CD 间的距离进行五等分，如图 1-19a 所示。具体的作图步骤如下：

① 置直尺 0 点于 AB 上，摆动尺身，使刻度 10 落在 CD 上，如图 1-19b 所示，截得 1、2、3、4 各等分点如图 1-19c 所示。

② 过 1、2、3、4 各等分点作 AB 平行线，即为所求，如图 1-19d 所示。

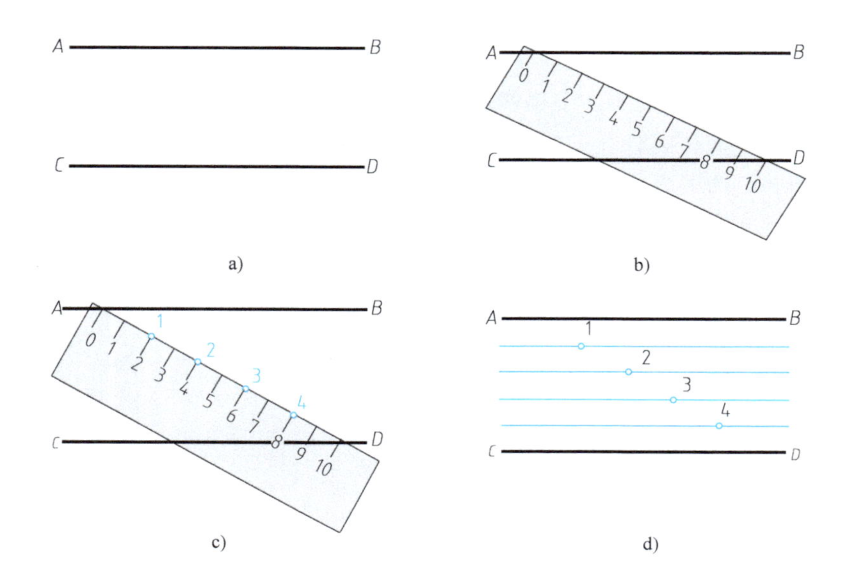

图 1-19　等分两平行线间的距离

二、圆周等分和圆内接正多边形

用绘图工具可作出圆周等分和圆内接正多边形，作图方法和步骤见表 1-8。

表 1-8　圆的内接正多边形的画法

题目	作图步骤		
圆的内接正五边形	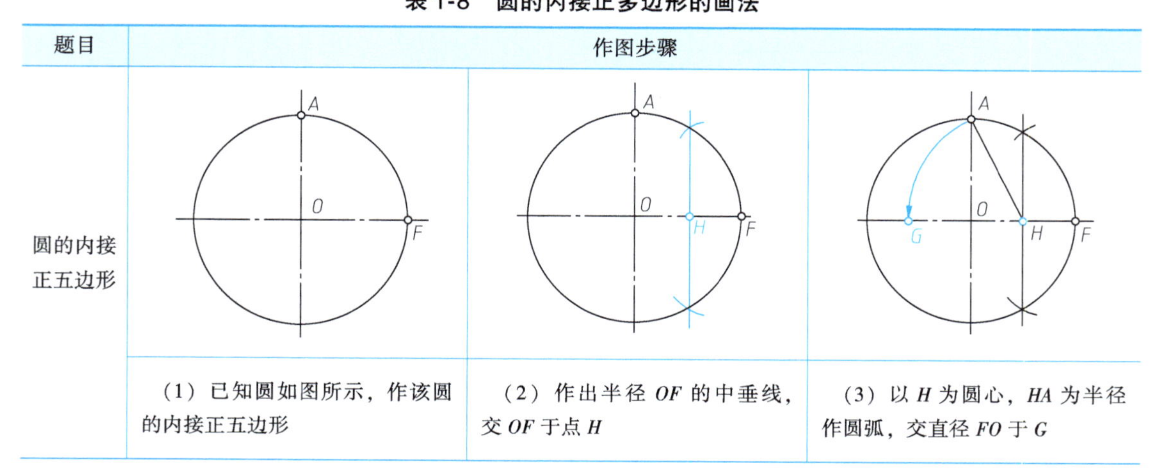		
	（1）已知圆如图所示，作该圆的内接正五边形	（2）作出半径 OF 的中垂线，交 OF 于点 H	（3）以 H 为圆心，HA 为半径作圆弧，交直径 FO 于 G

（续）

题目	作图步骤		
圆的内接正五边形	（4）以 *A* 为圆心，*AG* 为半径依次在圆上画圆弧，与圆的交点为 *B*、*C*、*D*、*E*	（5）依次连接各等分点 *A*、*B*、*C*、*D*、*E*，即为所求	
圆的内接正六边形	（1）已知圆如图所示，作该圆的内接正六边形	（2）直径 *AD*，与圆分别交于 *A* 点和 *D* 点	（3）以 *A* 为圆心，以该圆的半径为半径作圆弧，交圆于 *B*、*F* 两点
	（4）以 *D* 为圆心，以该圆的半径为半径作圆弧，交圆于 *C*、*E* 两点	（5）依次连接各等分点 *A*、*B*、*C*、*D*、*E*、*F*，即为所求	
圆的内接正七边形	（1）已知圆如图所示，作该圆的内接正七边形	（2）将直径 *AM* 七等分，等分点分别为 1、2、3、4、5、6	（3）以 *M* 为圆心，*MA* 为半径作圆弧，交横轴于 *N* 点

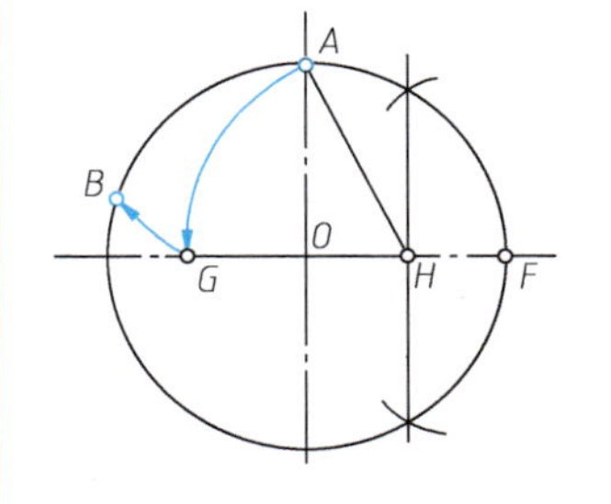

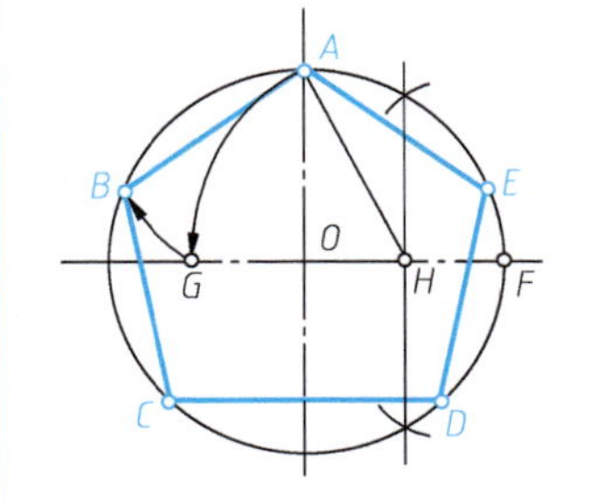

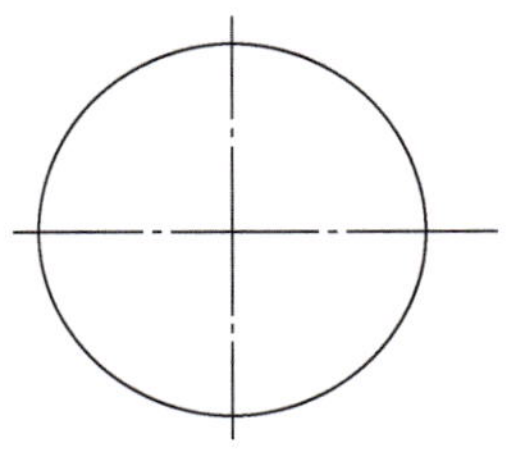

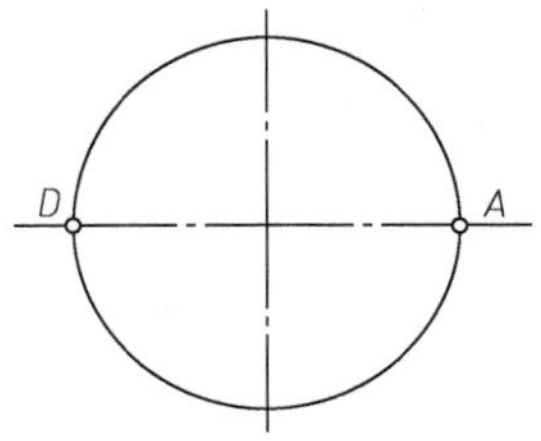

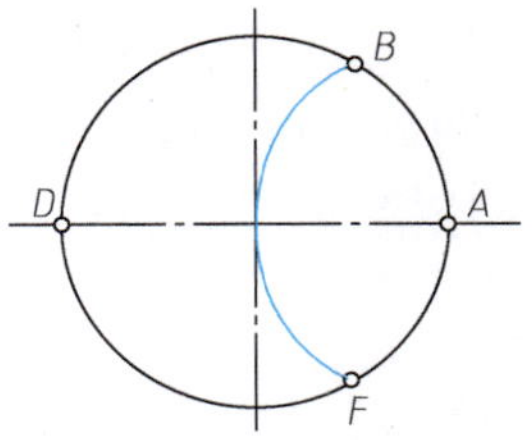

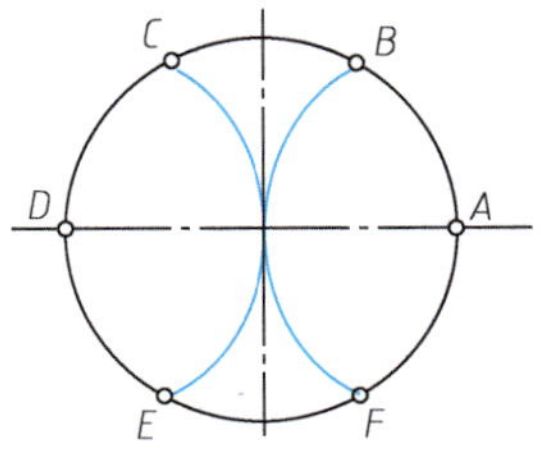

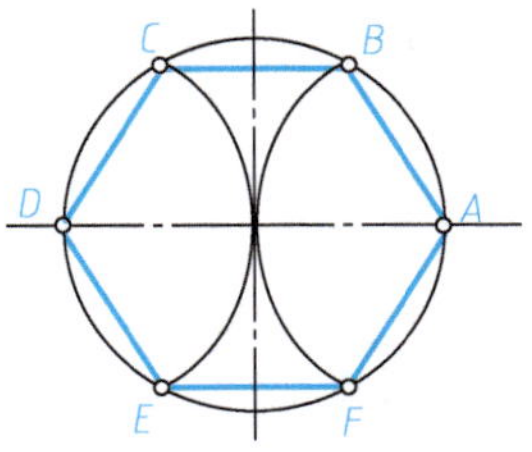

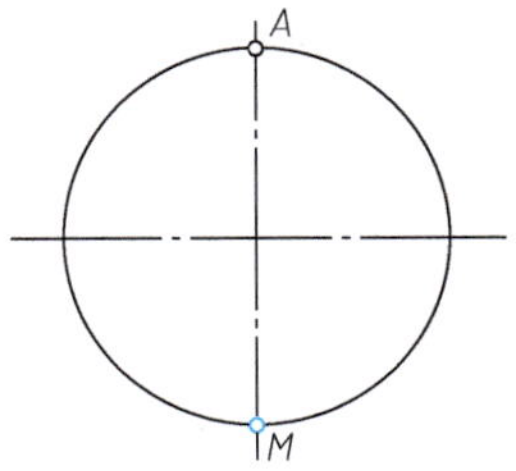

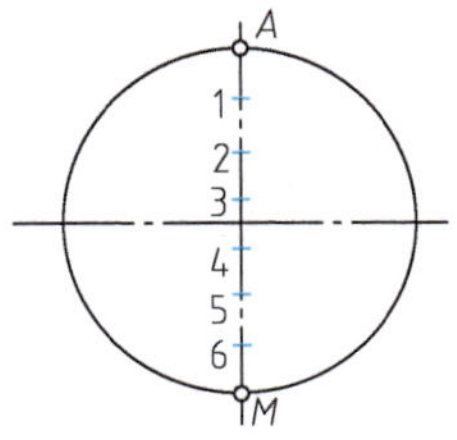

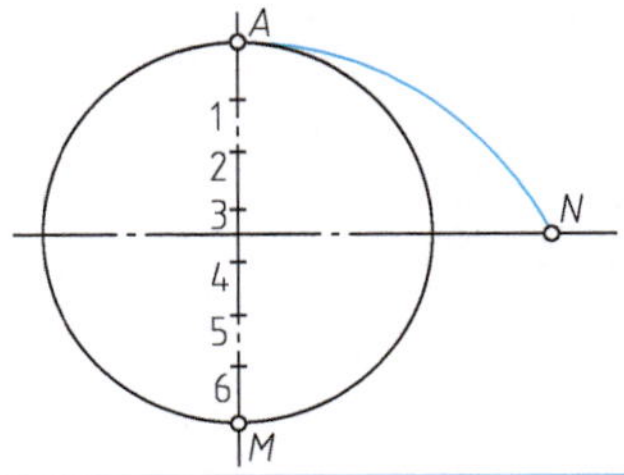

（续）

题目	作图步骤		
圆的内接正七边形	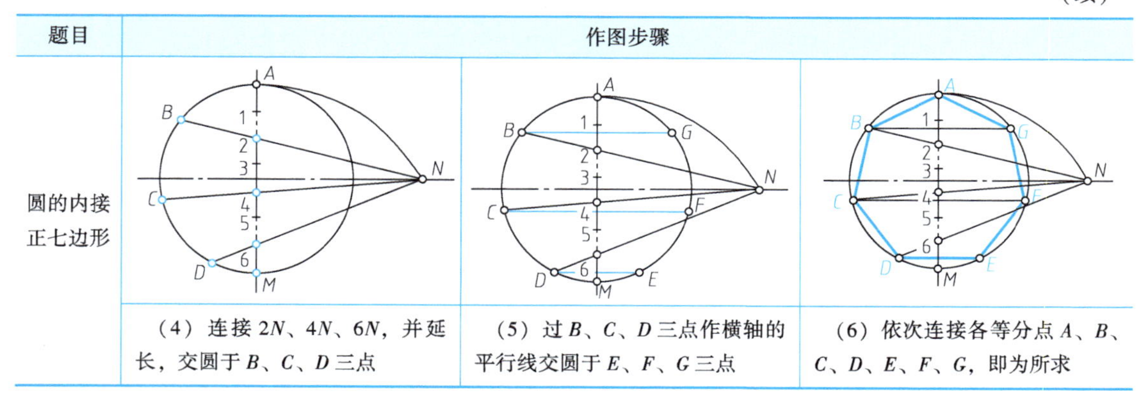		
	(4) 连接 2*N*、4*N*、6*N*，并延长，交圆于 *B*、*C*、*D* 三点	(5) 过 *B*、*C*、*D* 三点作横轴的平行线交圆于 *E*、*F*、*G* 三点	(6) 依次连接各等分点 *A*、*B*、*C*、*D*、*E*、*F*、*G*，即为所求

三、圆弧连接

用一圆弧光滑地连接相邻两线段（直线或圆弧）的作图方法，称为圆弧连接。

圆弧连接实质上就是圆弧与直线、圆弧与圆弧相切。因此，作图时必须先求出连接弧圆心及连接点（切点）。圆弧连接的作图步骤见表 1-9。

表 1-9　圆弧连接的作图步骤

题目	作图步骤		
圆弧 *R* 与直线相切	(1) 已知两条直线如图所示，用半径为 *R* 的圆弧将两条直线光滑连接	(2) 分别作两条已知直线的平行线，与已知直线的距离均为 *R*	(3) 两条线的交点 *O* 为所求圆心
	(4) 过 *O* 点分别作两条已知直线的垂线，交点为 T_1、T_2	(5) 以 *O* 为圆心，*R* 为半径，从 T_1 到 T_2 画圆弧，即为所求	

（续）

题目	作图步骤		
圆弧 R 与两圆弧 R_1 和 R_2 外切	（1）已知两圆，半径分别为 R_1、R_2，如图所示，作半径为 R 的圆弧与这两圆外切	（2）以 O_1 为圆心，R_1+R_2 为半径画圆弧	（3）以 O_2 为圆心，R_1+R_2 为半径画圆弧
	（4）两段圆弧交于 O 点，连接 OO_1，OO_2 与两圆的交点分别为 T_1、T_2	（5）以 O 为圆心，R 为半径，从 T_1 到 T_2 画圆弧，即为所求	
圆弧 R 与两圆弧 R_1 和 R_2 内切	（1）已知两圆，半径分别为 R_1、R_2，如图所示，作半径为 R 的圆弧与这两圆外切	（2）以 O_1 为圆心，$R-R_1$ 为半径画圆弧	（3）以 O_2 为圆心，$R-R_2$ 为半径画圆弧
	（4）两段圆弧交于 O 点，连接 OO_1 并延长、OO_2 并延长，与两圆的交点分别为 T_1、T_2	（5）以 O 为圆心，R 为半径，从 T_1 到 T_2 画圆弧，即为所求	

任务实施

1. 作已知直线段的等分线段，如六等分。
2. 画出圆的内接正三、四、六边形。
3. 绘制图 1-20 所示图形。

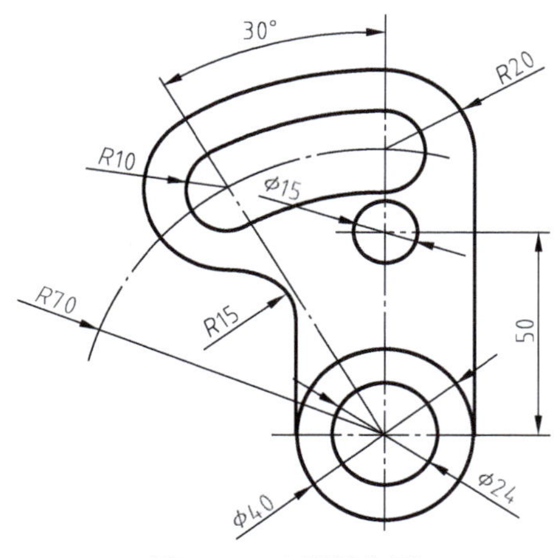

图 1-20　实训任务图

任务五　认识 AutoCAD 界面

知识链接

一、AutoCAD 概述

AutoCAD（简称 CAD）是美国欧特克（Autodesk）公司在 20 世纪 80 年代初开发的交互式绘图软件。CAD 是 Computer Aided Design 的缩写，含义是计算机辅助设计，可以绘制二维和三维图形，特别适合绘制工程平面图，使用起来非常方便。

同手工绘图相比，CAD 绘图具有快捷、高效、直观、实用的特点，AutoCAD 是设计人员、施工人员、工程监理人员等所依赖的重要绘图工具，在建筑领域得到了非常广泛的应用。

二、AutoCAD 的工作界面

软件安装后，用鼠标左键双击桌面快捷方式图标或在 Windows 系统的“开始”程序中找到 AutoCAD 2016，启动后的 AutoCAD 2016 工作界面如图 1-21 所示。

1. 标题栏

标题栏在工作界面的最上方，显示软件的名称（AutoCAD 2016）和当前打开的图形文件的名称，右侧为 Windows 程序组窗口标准控制按钮（最小化、最大化、关闭）。

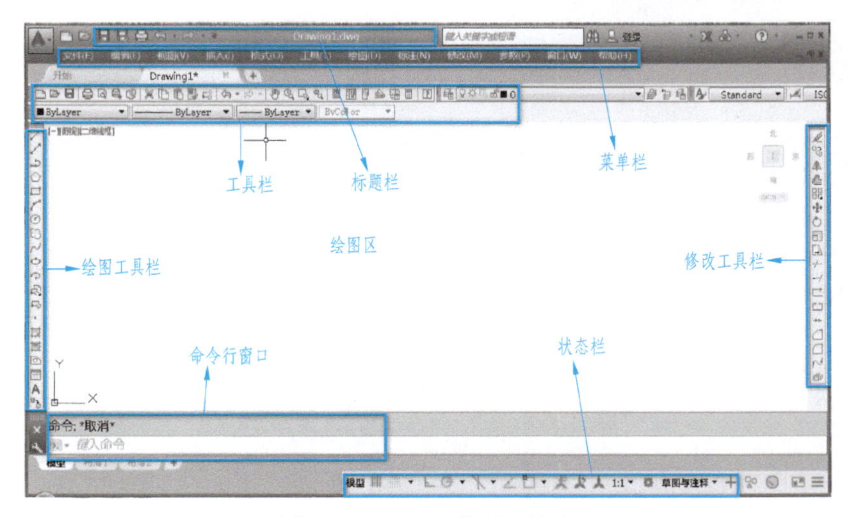

图 1-21　CAD 工作界面简介

2. 菜单栏

标题栏下的菜单栏共有 12 个主菜单，分别为文件、编辑、视图、插入、格式、工具、绘图、标注、修改、参数、窗口和帮助。用鼠标或键盘可以选择各主菜单及各主菜单下的命令，完成各种操作。

问题：在 AutoCAD 中（2010 以后的版本），打开程序后软件默认为草图模式，如何修改成适合初学者的经典模式？

解决办法：第一步，打开 AutoCAD 2016 软件，如果没有菜单栏，可以按图 1-22 所示将菜单栏调出。

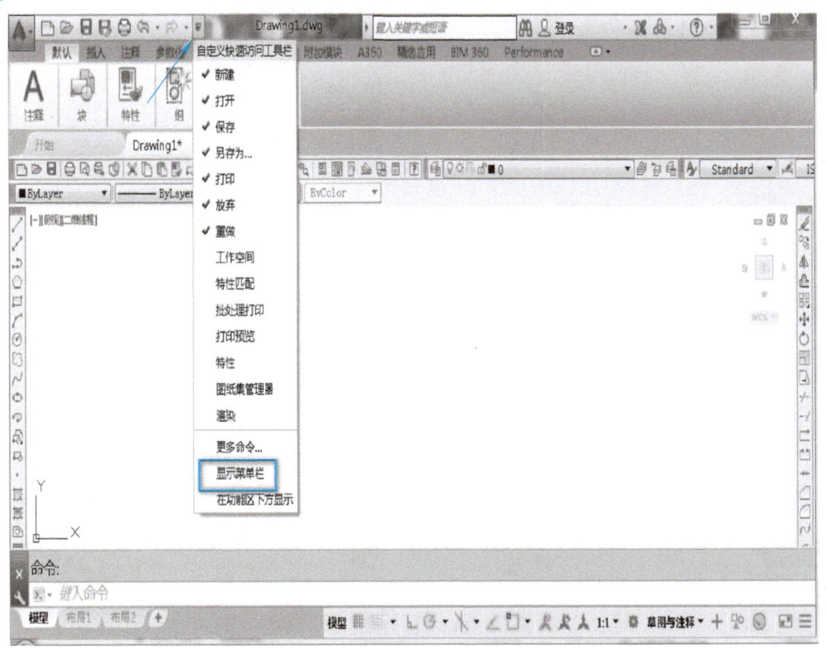

图 1-22　CAD 切换经典模式

第二步，调出菜单栏后，在图1-23所示位置空白处右击，选择关闭。将界面中不需要的模块全部去掉。

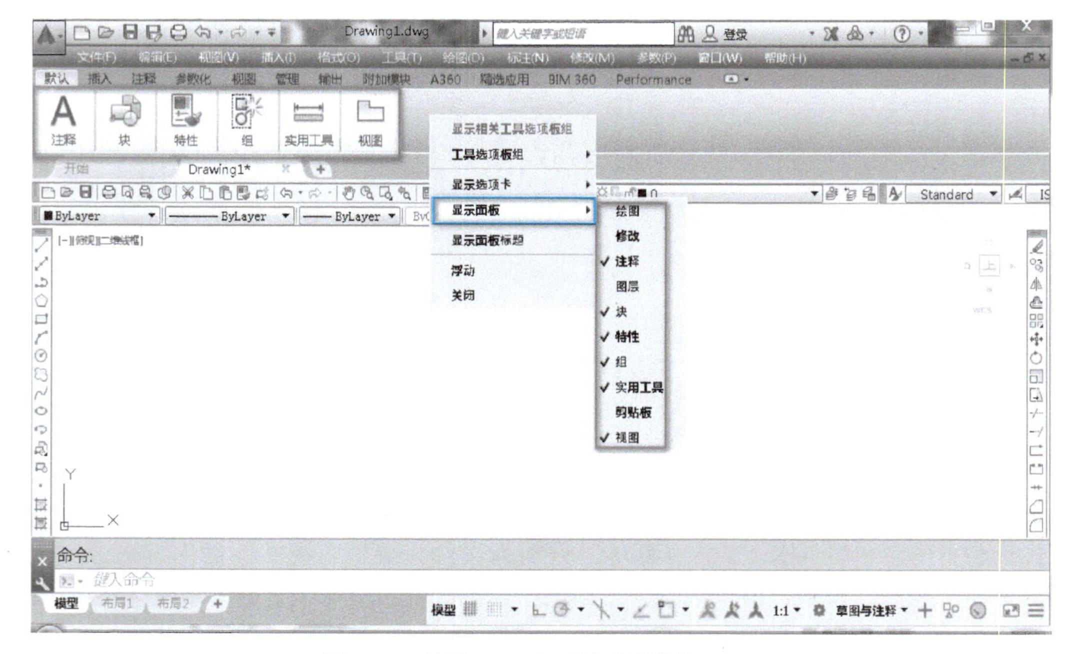

图1-23　关掉CAD中不需要的模块（一）

将界面中不需要的模块关掉后界面就比较干净了，如图1-24所示。

图1-24　关掉CAD中不需要的模块（二）

不同版本的 CAD，切换经典模式的方法会有所差异，同学们可通过百度查询切换方法。

3. 工具栏

AutoCAD 提供的工具栏很多，各工具栏以各种直观的图标代表相应的命令，单击图标即可调用相应的命令。

问题： AutoCAD 中工具栏（如绘图工具栏）不见了怎么办？

解决办法： 将鼠标放在工具栏区域，单击鼠标右键，勾选对应的工具栏选项即可。

4. 绘图区

绘图区是位于屏幕中央的区域，也称绘图窗口，是绘制和编辑图形的工作区域，AutoCAD的绘图区域无限大，用户可在此区域按 1∶1 的比例绘图，即按照图形实际的尺寸绘制。

5. 命令行窗口

命令行窗口是用户与 AutoCAD 进行对话的窗口。用户在提示符“命令:”后直接输入命令进行绘图操作，对输入命令按 <Enter> 键（或按空格键）确认后，会出现与此命令相关的提示信息，根据提示可进行下一步操作。

命令行窗口对于初学者来说，特别重要。刚刚接触 AutoCAD 的同学，往往会硬背某一个命令的操作步骤，其实大可不必，这样既费力费脑还不能快速掌握 CAD 的使用方法，正确的做法是根据命令窗口的提示操作下一步即可。

问题： 命令窗口不见了怎么办？

解决办法： 按 <Ctrl +9> 键调出来，然后将命令窗口放到最下方即可。

6. 状态栏

状态栏用来显示和控制 CAD 绘图环境，如图 1-25 所示。

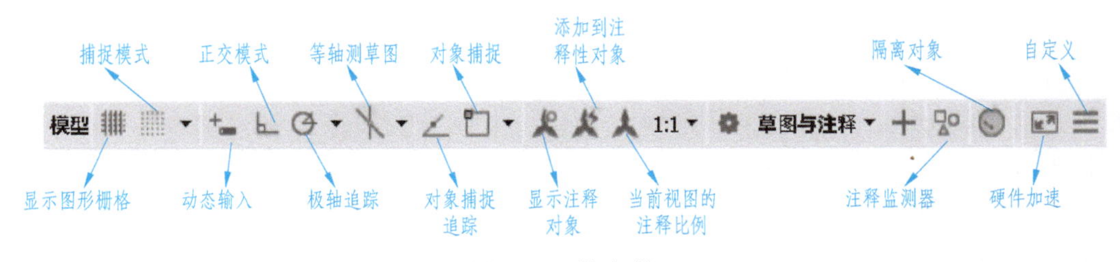

图 1-25　状态栏

7. 坐标系统

坐标原点在屏幕左下方，X 轴正向水平向右，Y 轴正向垂直向上，Z 轴正向垂直平面指向用户。

三、使用坐标

（1）世界坐标系（WCS）

AutoCAD 默认的坐标系统是世界坐标系，它是模型空间中唯一的、固定的坐标系，坐标原点和坐标轴方向不允许改变。通常在二维视图中使用。

（2）用户坐标系（UCS）

用户坐标系是用户自定义的坐标系，其坐标原点和坐标轴方向可以随意改变。

（3）使用坐标的方法

精确绘图输入坐标的方法有绝对直角坐标、相对直角坐标、绝对极坐标、相对极坐标四种。

1）绝对直角坐标。以当前坐标系原点为输入坐标的基点，用户通过输入相对于坐标原点的坐标值（X，Y）来确定点的位置。键盘输入格式为（X，Y）。

说明：绘制平面图形时，可以不用输入 Z 轴坐标，默认 Z 坐标为 0。

2）相对直角坐标。以前一个点为坐标的基点，用户通过输入相对于前一个输入点的增量值（AX，AY）来确定点的位置。键盘输入格式为（@ AX，AY），其中，@ 表示输入一个相对坐标值。

3）绝对极坐标。以当前坐标原点为输入点的基点，用户通过输入相对于原点的距离和角度来确定点的位置。键盘输入格式为（$L<a$），L 表示点到坐标原点的距离，a 表示极轴方向与 X 轴之间的夹角，逆时针为正，顺时针为负。

4）相对极坐标。以前一个点为输入点坐标的参考点，用户通过输入相对于参考点的距离和角度来确定点的位置。键盘输入格式为（@ $L<a$）。

四、辅助绘图功能

AutoCAD 辅助绘图功能按钮在状态栏上，如图 1-25 所示。

（1）正交模式

启动“正交模式”功能可以将光标限制在水平或垂直方向上移动，以便精确地创建和修改对象。用快捷键 <F8> 或单击状态栏上的“正交”按钮，其亮显，启动“正交模式”功能。

（2）动态输入

单击状态栏上的“动态输入”按钮，其亮显，启动“动态输入”功能。在“动态输入”上单击鼠标右键，然后单击“设置”按钮，出现“草图设置”对话框中的“动态输入”设置页面，如图 1-26 所示。

“动态输入”功能有三项内容，具体如下。

① 指针输入：动态显示坐标、等待输入坐标；默认确定第一点后，显示或等待输入相对坐标。

② 标注输入：显示标注的距离和角度。

③ 动态提示：提示相关命令选项。

（3）“对象捕捉”功能

“对象捕捉”功能用于捕捉特殊点，可将“十”字光标强制性准确定位在已经存在的实体特征点上。在绘图时，有时候要取某个对象上的特殊点作为下一步操作的参考点，这就需要利用“对象捕捉”功能。用快捷键 <F3> 或单击状态栏上的“对象捕捉”按钮，其亮显，启动“对象捕捉”功能。

单击对象捕捉图标旁边的“三角形”，可以设置对象捕捉；亦可在状态栏“对象捕捉”上单击鼠标右键，单击“设置”按钮，出现如图 1-27 所示“草图设置”对话框，勾选要使用的对象捕捉点，单击“确定”按钮，完成捕捉点的设置。在绘图时，如果鼠标捕捉到不同的位置点，会显示不同的图标，例如，捕捉到端点，显示正方形；捕捉到中点，显示三角形。

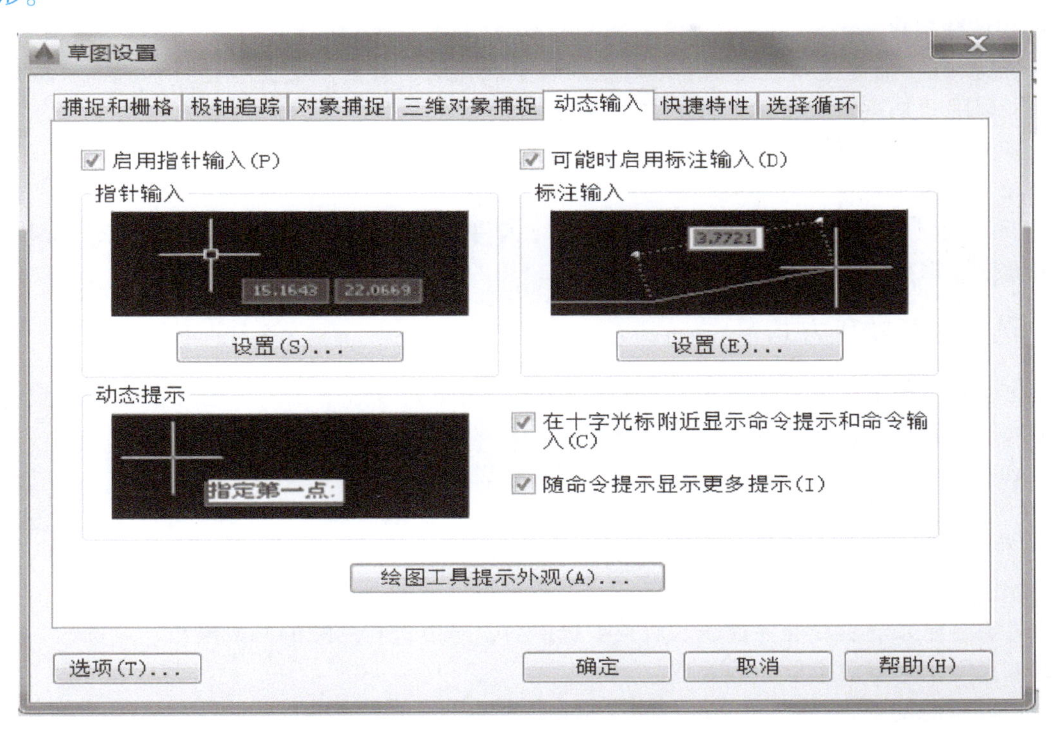

图 1-26 “动态输入”设置

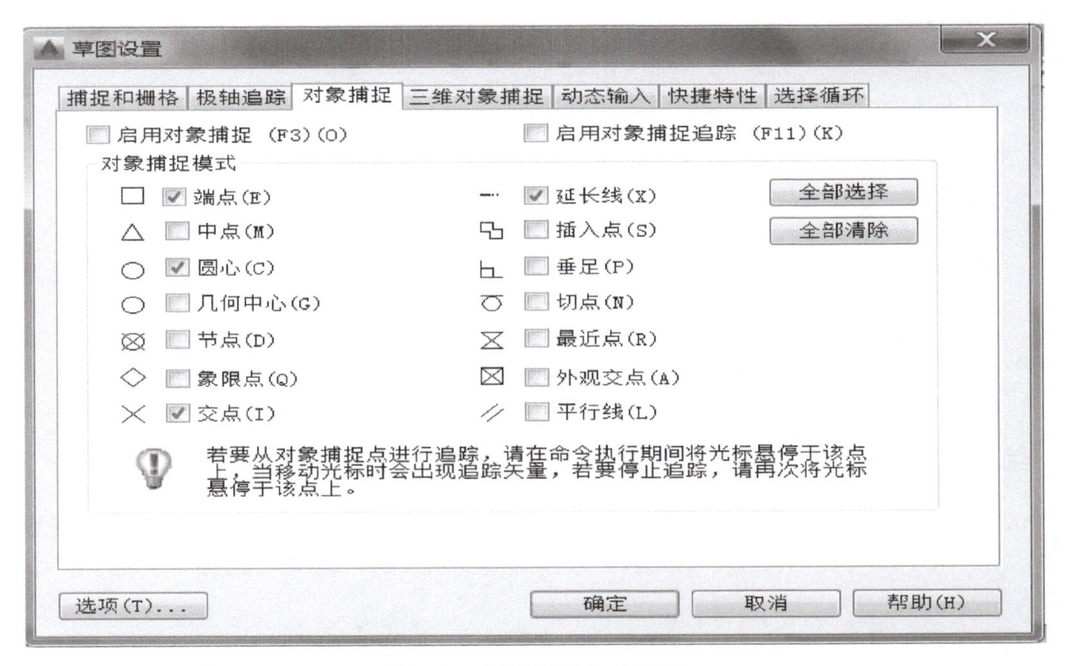

图 1-27 “草图设置”对话框

五、捕捉自和对象追踪

（1） 捕捉自

“捕捉自”命令是指在绘制图形时获取某个点相对于参照点的偏移坐标。当需要输入一点时，利用“捕捉自”命令，用户可以给定一个点作为基准点，然后输入相对于该基准点的偏移位置的相对坐标，来确定输入点的位置。

（2） 对象追踪

“对象追踪”一般称为“对象捕捉追踪”，必须与对象捕捉一起使用，与对象捕捉相同，对象捕捉追踪在调用后自动运行。

六、选择对象常用方式

在绘图过程中会大量地使用“编辑”操作。使用编辑命令时，首先要明确选择被编辑的对象，然后才能正确地修改和编辑图形。

AutoCAD 常用的选择方式有点选方式和框选对象两种。

（1） 点选方式

点选方式是最简单，也是最常用的一种选择方式。当需要选择某个对象时，用“十”字光标在绘图区中直接单击该对象即可，连续单击不同的对象即可同时选择多个对象，被选中的对象由原来的实线变为虚线。对象被选中后，可以进行后续的修改操作。点选的方式虽然简单，但是也有效率低下的缺点。

（2） 框选对象

框选对象，即按住鼠标左键不放进行对象的选择，需要注意的是，AutoCAD 中的框选方式，分为左框选和右框选两种。

① 左框选：即按住鼠标左键，从左上角开始，往右下角框选。此时的框为实线框。将“十”字光标移动到图形对象的左侧，单击鼠标左键，用鼠标由左向右拖动窗口到合适位置，再单击鼠标左键，完全位于窗口内部的实体对象将被选中。图形实体由原来的实线变为虚线，表示被选中，这时可以进行后续修改操作。而位于窗口外部以及与窗口相交的实体对象则不会被选中。

② 右框选：即从右下角开始，往左上角框选，此时的框为虚线。与左框选方向相反，将“十”字光标移动到图形对象的右侧，单击鼠标左键，用鼠标由右向左拖动窗口到合适位置，再单击鼠标左键，完全位于窗口内部的实体对象和与窗口相交的实体对象均会被选中，这时可以进行后续修改操作。

同学们在操作时，利用好左框选和右框选，可以提高作图效率。

七、缩放、平移视图

AutoCAD 是按 1∶1 的比例绘图，即按实际尺寸绘图。当实际绘制或打开某一图形时，图纸显示的大小及所在位置往往不能满足观察者的要求，这时需要对显示内容进行适当的缩放或者平移。

1. 缩放或平移

1） 快速缩放。单击“标准”工具栏中 🔍 按钮，光标显示为放大镜，滚动鼠标滚轮，

可以任意放大或缩小视图中的图形。要退出快速缩放状态，可按 < Esc > 键或 < Enter > 键。

2）窗口放大。单击“标准”工具栏中按钮，光标变为“十”字，用光标拖动一个方框包围需要放大的图形。单击鼠标左键，将选中放大的图形全部显示在屏幕上。

3）显示全部图纸。当在一个图形文件上绘制的图纸较多时，有的图纸显示在屏幕上，有的图纸没有显示在屏幕上，如果需要在这个图形文件上绘制所有的图纸，就需要显示全部图纸，操作方法如下。

选择菜单栏中“视图”→“缩放”→“全部”按钮，所有已经绘制的图纸就全部显示在屏幕上了，或者输入“Z”，按 < Enter > 键，然后输入“A”，按 < Enter > 键。

说明：图形缩放改变的是图纸的视觉尺寸，图纸的真实尺寸并没有改变。

2. 视图平移

使用 AutoCAD 绘图时，通过使用视图平移，可在不改变图纸尺寸和缩放比例的前提下，移动当前视窗中显示的图纸。

单击“标准”工具栏，“十”字光标变成手的形状，按住鼠标左键拖动，将当前视窗中的图纸移动到合适位置。要退出视图平移状态，可按 < Esc > 键或 < Enter > 键；也可以按住鼠标滚轮不放，拖动鼠标实现图纸的移动。

任务实施

1. 请同学们指出 AutoCAD 界面的组成及作用。
2. 请同学们关闭绘图工具栏、修改工具栏、命令行，然后再将其找出。

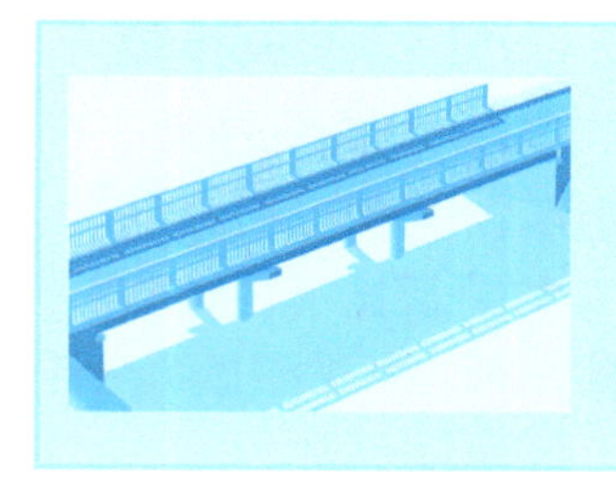

项目二 建筑尺寸标注

任务一　学习尺寸组成并完成尺寸标注

知识链接

1. 尺寸的组成

图纸上的尺寸，应包括尺寸线、尺寸界线、尺寸起止符号和尺寸数字，如图 2-1 所示。

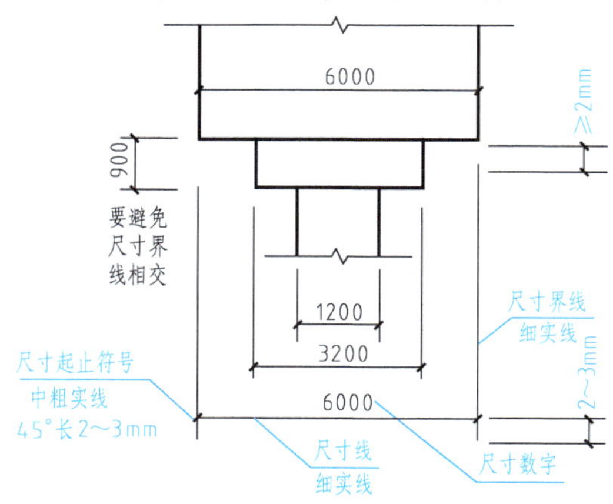

图 2-1　尺寸的组成

2. 尺寸标注的基本规定

（1）尺寸界线

尺寸界线应用细实线绘制，一般应与被注长度垂直，其一端应离开图纸轮廓线不小于 2mm，另一端宜超出尺寸线 2～3mm。图纸轮廓线可用作尺寸界线，如图 2-1 所示。

（2）尺寸起止符号

尺寸起止符号一般用中粗斜短线绘制，其倾斜方向应与尺寸界线成顺时针 45°，长度宜为 2～3mm。半径、直径、角度与弧长的尺寸起止符号，宜用箭头表示。

（3）尺寸数字的方向

尺寸数字的方向应按图 2-1 所示的规定注写。当尺寸线为竖直时，尺寸数字注写在尺寸线的左侧，字头朝左；其他任何方向，尺寸数字也应保持向上，且注写在尺寸线的上方。

（4）图纸上的尺寸

图纸上的尺寸应以尺寸数字为准，即图形的实际尺寸，不得从图上直接量取。

图纸上的尺寸单位，除标高及总平面以“米”为单位外，其他必须以“毫米”为单位。

尺寸数字一般应依据其方向注写在靠近尺寸线的上方中部。如没有足够的注写位置，最外边的尺寸数字可注写在尺寸界限的外侧，中间相邻的尺寸数字可错开注写。

3. 尺寸的排列与布置

① 尺寸宜标注在图纸轮廓线以外，不宜与图线、文字及符号等相交。

② 互相平行的尺寸线，应从被注写的图纸轮廓线由近向远整齐排列，较小尺寸应离轮廓线较近，较大尺寸应离轮廓线较远。

③ 图纸轮廓线以外的尺寸界线，距图纸最外轮廓之间的距离，不宜小于10mm。平行排列的尺寸线的间距，宜为7～10mm，并保持一致。

④ 总尺寸的尺寸界线应靠近所指部位，中间的分尺寸的尺寸界线可以稍短，但其长度应相等。

4. 尺寸标注的其他规定

(1) 注写空间不够时尺寸数字的注写

必要时最外边的尺寸数字可注写在尺寸界线的外侧。中间相邻的尺寸数字可错开注写，但是，这种错开注写的方式尽量少用，如图2-2所示。

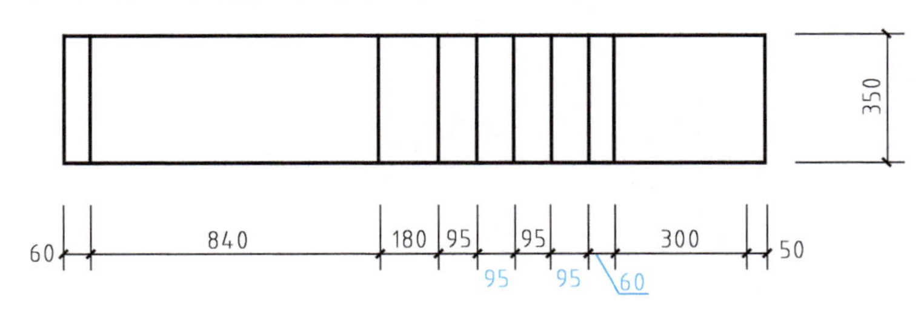

图2-2　注写空间不够时尺寸数字的注写

(2) 半径、直径、球的尺寸标注

1) 半径的标注。半径的尺寸线应一端从圆心开始，另一端画箭头指向圆弧。半径数字前加注半径符号“*R*”，如图2-3～图2-5所示。

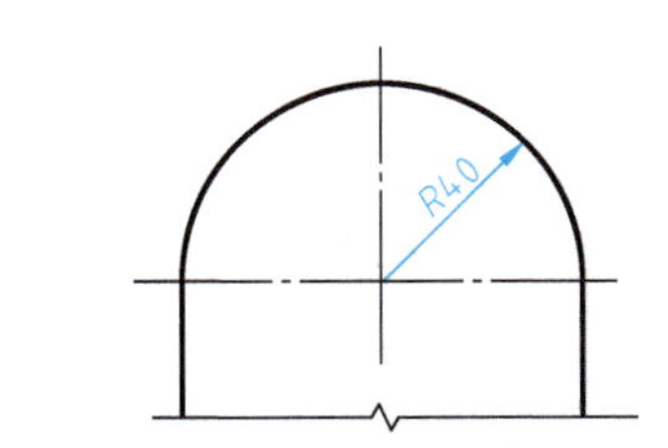

图2-3　半径的标注（一般情况）

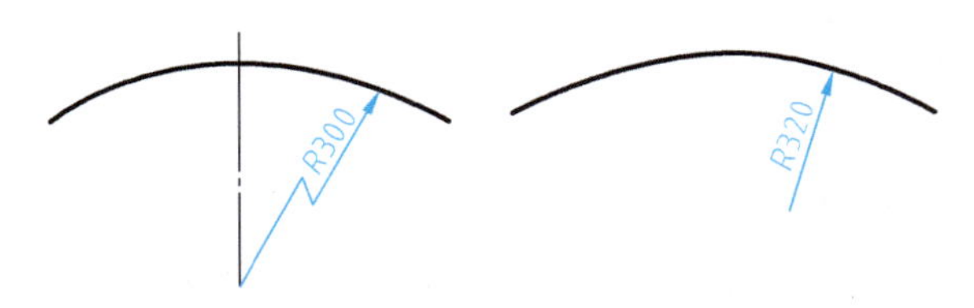

图2-4　较大圆的半径的标注（特殊情况）

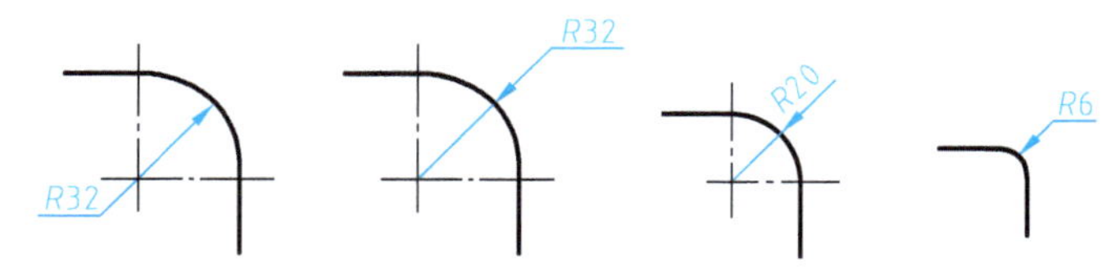

图 2-5　较小圆的半径的标注（特殊情况）

2）直径的标注。圆的直径尺寸前标注直径符号“ϕ”，圆内标注的尺寸线应通过圆心，两端画箭头指至圆弧，如图 2-6 和图 2-7 所示。

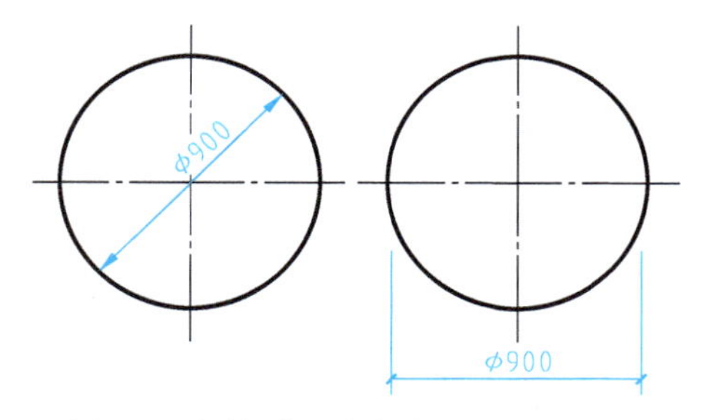

图 2-6　圆的直径的标注（一般情况）

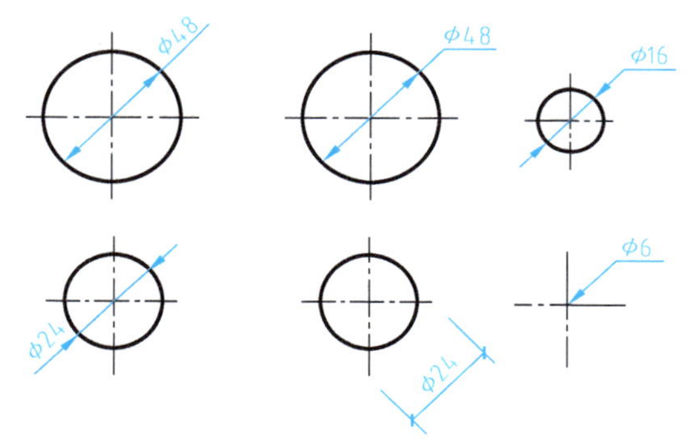

图 2-7　较小圆的直径的标注（特殊情况）

3）球的尺寸标注。标注球的半径、直径时，应在尺寸前加注符号“*S*”，即“*SR*”、“*S*ϕ”，注写方法同圆弧半径和圆直径，如图 2-8 所示。

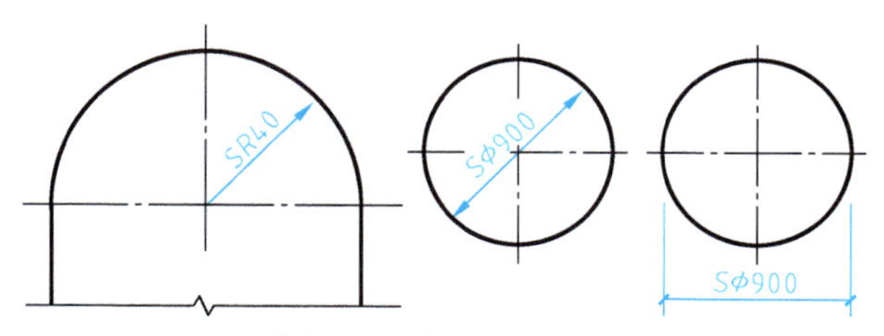

图 2-8　球的尺寸标注

（3）角度、弧度、弧长的标注

① 角度的尺寸线应以圆弧表示，此圆弧的圆心应是该角的顶点，角的两条边为尺寸界线。起止符号用箭头，若没有足够位置画箭头，可用圆点代替。角度数字应按尺寸线方向注

写，如图 2-9a 所示。

② 标注圆弧的弧长时，尺寸线应以与该圆弧同心的圆弧线表示，尺寸界线应指向圆心，起止符号用箭头表示，弧长数字上方应加注圆弧符号“⌒”，如图 2-9b 所示。

③ 标注圆弧的弦长时，尺寸线应以平行于该弦的直线表示，尺寸界线应垂直于该弦，起止符号用中粗斜短线表示，如图 2-9c 所示。

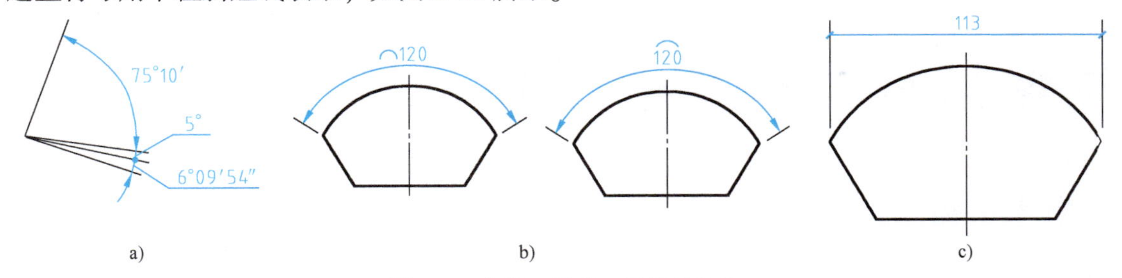

图 2-9 角度、弧度、弧长的标注

a）角度的标注 b）弧长的标注 c）弦长的标注

（4）薄板厚度、正方形的标注

“*t*”为薄板厚度符号，“□”为正方形符号，也可采用“边长×边长”的形式标注正方形的尺寸，如图 2-10 所示。

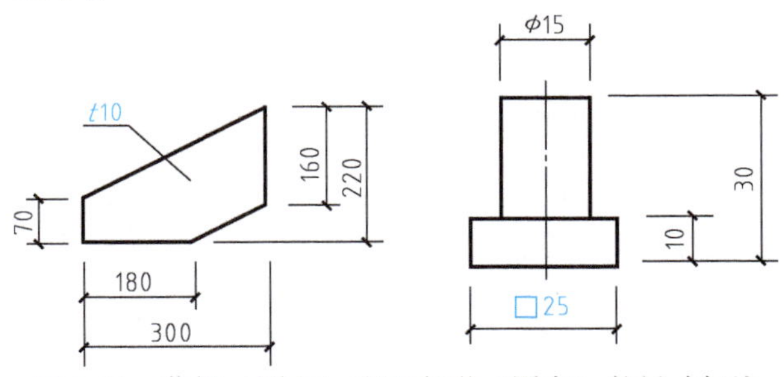

图 2-10 薄板（图左）和正方形（图右）的尺寸标注

（5）坡度的标注方法

坡度的尺寸标注如图 2-11 所示。

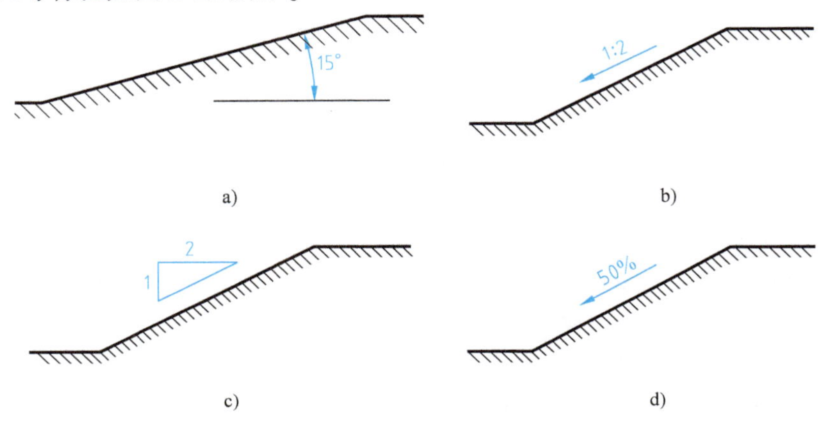

图 2-11 坡度的标注方法

a）角度标注法 b）坡度标注法 c）直角三角形坡度标注法 d）百分比坡度标注法

任务实施

测量出学生本人的书桌尺寸，按照 1∶5 的比例绘制在图纸上，并完成该书桌的尺寸标注。

任务二　学习建筑的尺寸标注

知识链接

一、建筑标注的三道尺寸

细部尺寸：由门窗等构件的定位尺寸和定量尺寸组成，所谓定量尺寸是指门窗等构件本身的宽度，而定位尺寸是指构件的边缘与最邻近的轴线之间的尺寸。

定位尺寸：是指各定位轴线之间的距离。

外包尺寸：是指建筑物某一方向的总尺寸，是各轴线间尺寸的总和加上外墙的厚度，得到的尺寸，如图 2-12 所示。

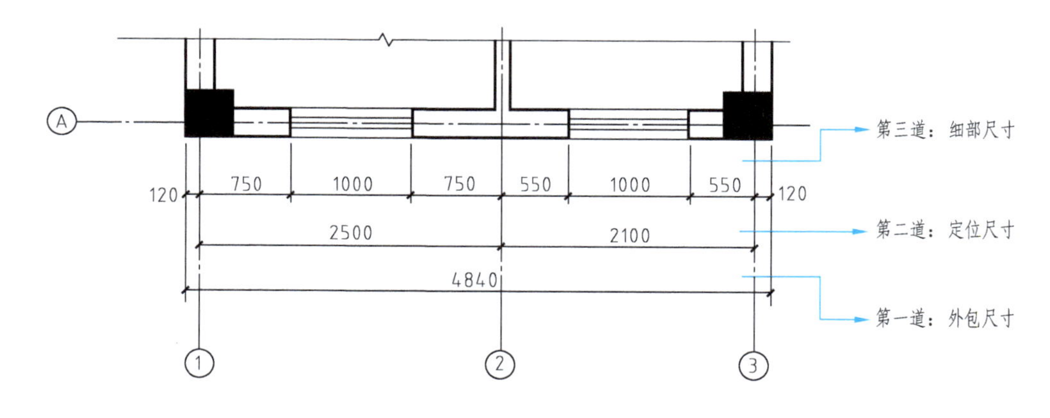

图 2-12　建筑平面图标注

二、建筑标高

标高以 m 为单位，精确到小数后两位或三位。

标高分为绝对标高、相对标高，建筑图的平面图、立面图、剖面图的标高标注是相对标高，一般是设定一层室内地面为零标高，标注为 ±0.000，其余的标高以它为基准，计算标注，如图 2-13 所示。

当标高为正数时，不必注明“+”号；当标高为负数时，必须标出“-”号，如图 2-14所示。

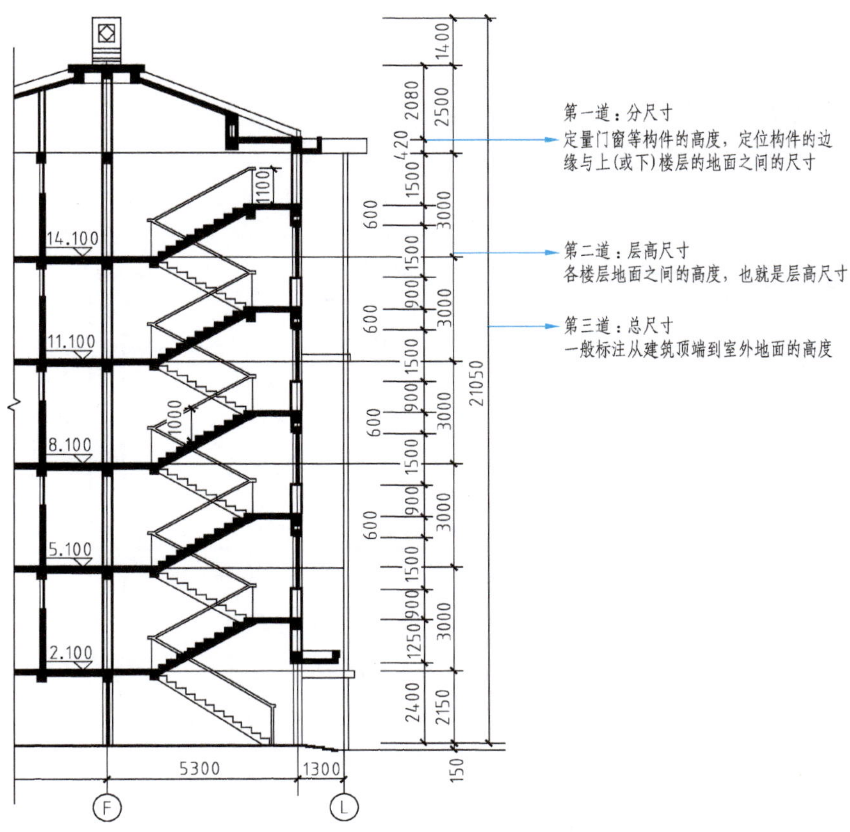

图 2-13　建筑剖面图（立面图）标注

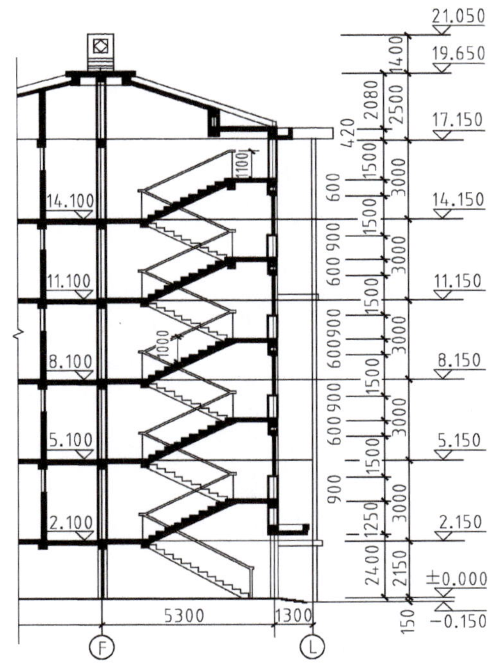

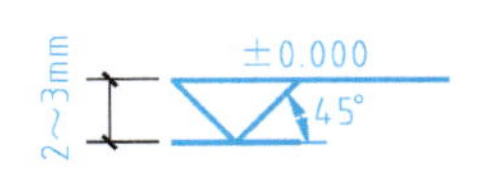

图 2-14　建筑标高标注

任务实施

画出图2-15所示入户门一侧的尺寸标注，用铅笔绘制尺寸线、尺寸界线、起止符号等，要求符合制图规范。

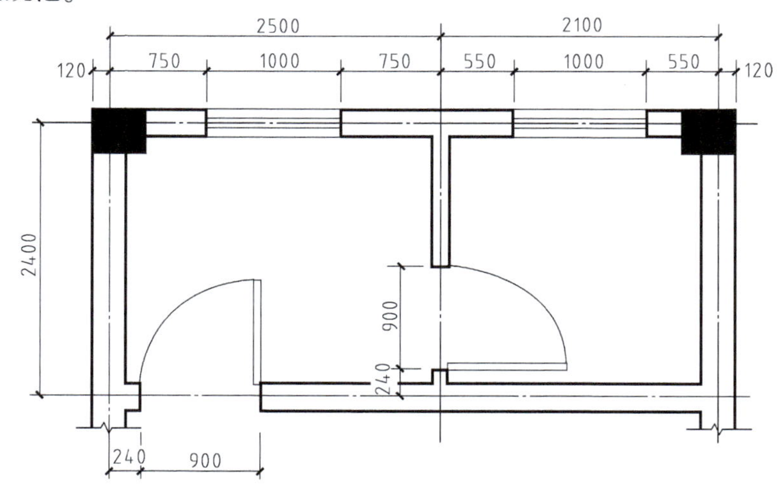

图2-15 任务实施图

项目三 投影基本知识

任务一 学习投影的形成和分类

知识链接

一、投影的形成

日常生活中，当物体在光线的照射下，地面或者墙面上会形成物体的影子，如图 3-1 所示，随着光线照射的角度以及光源与物体距离的变化，其影子的位置与形状也会发生变化。例如，夜晚当灯光照射在室内的一张桌子上时，必然会有影子落在地板上，这是一种投影现象。人类经过科学总结，归纳出影子和物体间的几何关系，并逐步形成了将空间物体表示在平面上的基本方法，即为投影法。

工程制图上，我们只考虑物体的形状和大小，忽略其他因素（如重量等）的物体称为形体。我们将产生投影的光源称为投影中心 S，地面或墙面称为投影面，连接投影中心和形体上的点的直线称为投射线（或称为投影线），所形成的影子称为物体在投影面上的投影。上述这种用投影线通过物体向选定的表面进行投射，并在该投影面上形成图形的方法称为投影法，如图 3-2 所示。

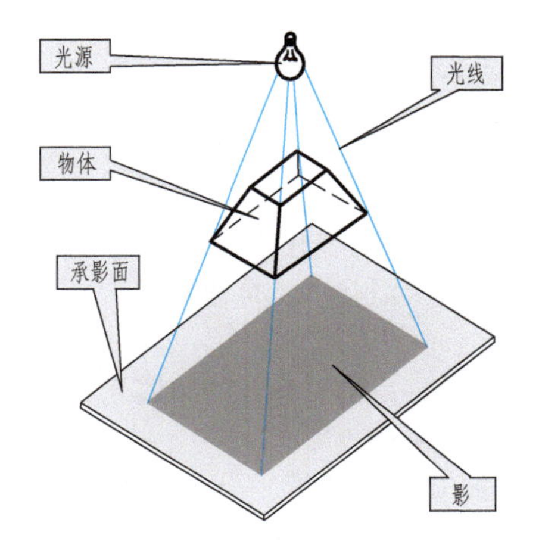

图 3-1 影的产生

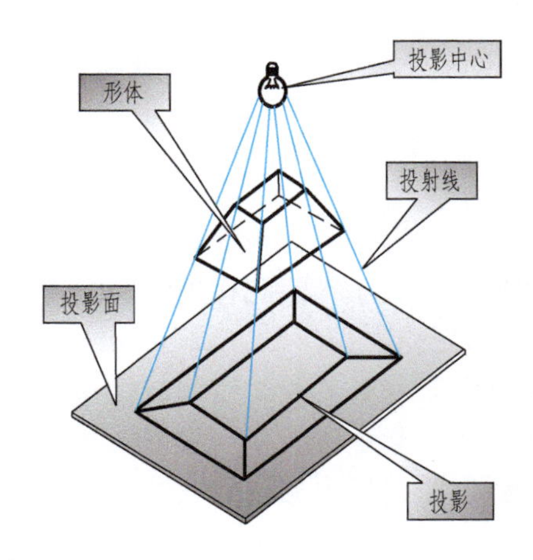

图 3-2 投影法

形体的影和投影是两个不同的概念。形体的影，是由形体沿投影线方向的外轮廓线所围成的图形。形体各轮廓线的影所组成的图形，叫作该形体的投影图，投影的产生如图 3-3 所示。

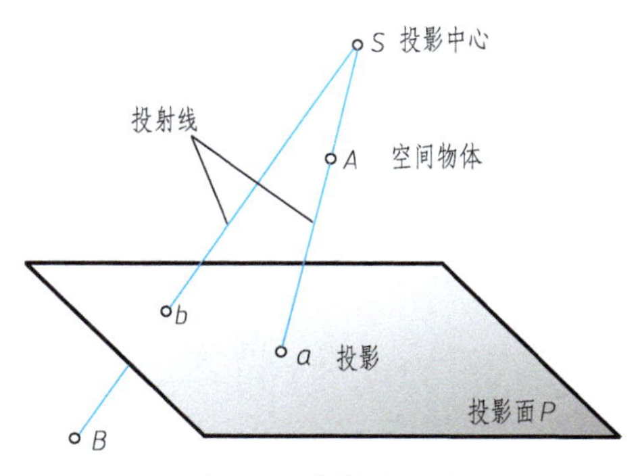

图 3-3　投影的产生

影形成的三个要素：投影中心（光源）*S*、空间物体 *A*、投影面（承影面）*P*。

二、投影的分类

1. 中心投影

投射中心距投影面有限远，投射线汇交于投影中心的投影法称为中心投影法，得到的投影称为中心投影，如图 3-4 所示。

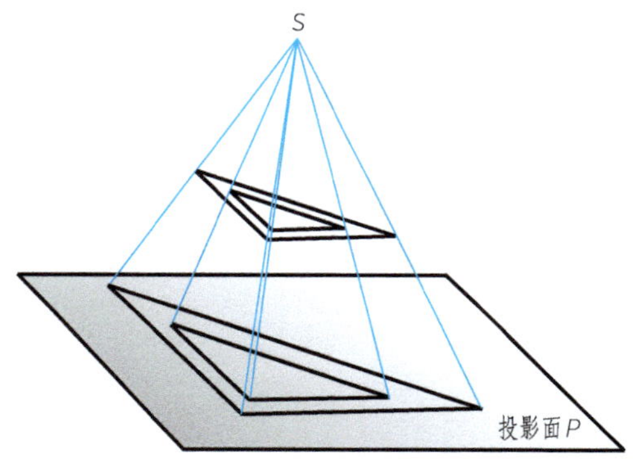

图 3-4　中心投影

中心投影的影子（图形）随光源方向及与形体的距离的变化而变化。它不能真实地反映形体的形状和大小，因此在工程上常用来表达建筑效果图——建筑透视图。

2. 平行投影

光源在无限远处，投射线看似相互平行，投影大小与形体到光源的距离无关，这种投射线互相平行的投影法称为平行投影法，得到的投影称为平行投影。

平行投影法又可根据投射线（方向）与投影面的方向（角度）分为斜投影法和正投影法两种。

1）斜投影法：是指投射线相互平行，但与投影面倾斜的平行投影法，如图 3-5 所示。这种投影法一般在作轴测图时采用。

2）正投影法：投射线相互平行且与投影面垂直的平行投影法，如图 3-6 所示。采用正投影法所得到的投影图称为正投影图。正投影是工程中应用最广泛的投影图，因此本项目主要学习正投影图。

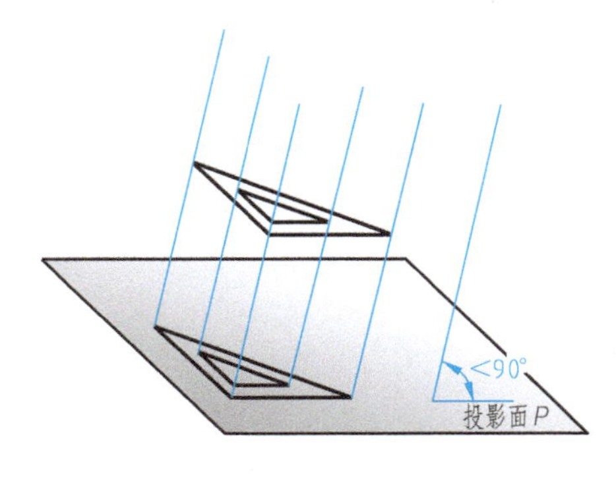

图 3-5　斜投影法

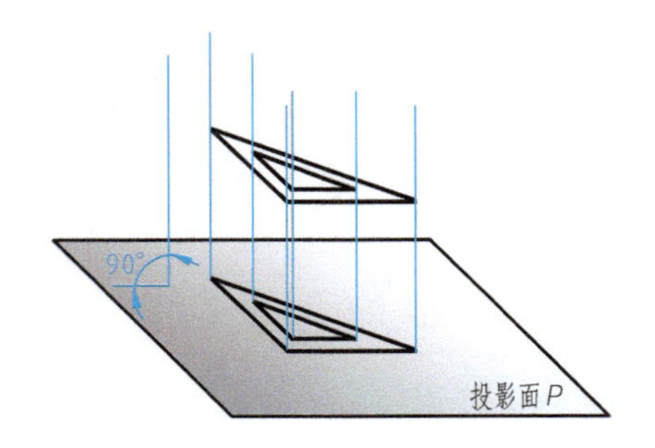

图 3-6　正投影法

三、工程中常用的投影图

中心投影和平行投影（包括斜投影和正投影）在工程中应用很广。同一座建筑物，采用不同的投影法，可以绘制出不同的投影图。

1. 透视图

运用中心投影法，可绘制物体的透视投影图，简称透视图。用透视图来表达建筑物的外形或房间的内部布置时，直观性很强，图形生动形象、形态逼真；但建筑物各部分的确切形状和大小都不能在图中直接度量出来。如图 3-7 所示即为建筑物的透视投影图。

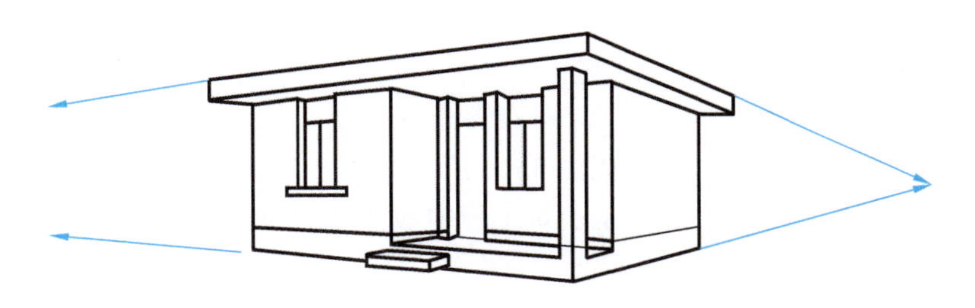

图 3-7　房屋透视图

2. 轴测投影图

运用平行投影法，可绘制轴测投影图，简称轴测图。将物体相对投影面安置于较合适的位置，选定适当的投射方向，就可得到这种富有立体感的图样，如图 3-8所示。

在建筑工程中常用轴测投影法来绘制给水排水、采暖通风等方面的管道系统图。

3. 标高投影图

标高投影图是一种带有数字标记的单面正投影图，常用来表示不规则曲面。假设有一座山峰，定某一山峰位于水平基面 H 上，然后用一组高于水平基面的平面水平剖切山峰，将剖切到的山峰轮廓线进行投影，得到的投影图即为标高投影图，如图 3-9 所示。

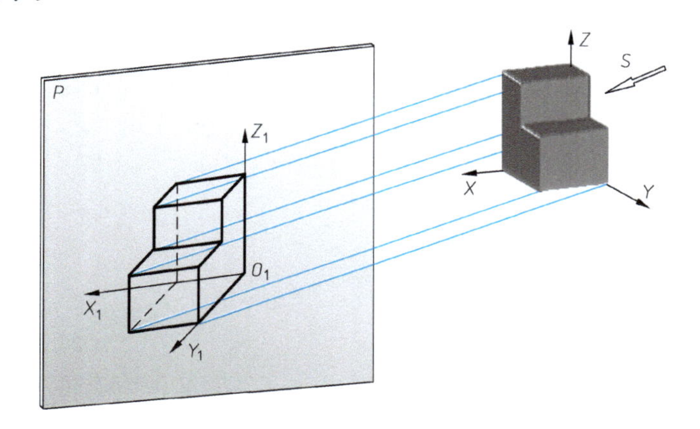

图 3-8　形体轴测图

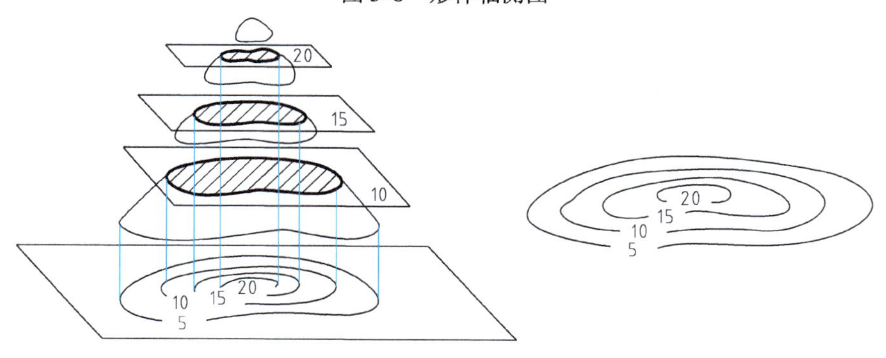

图 3-9　标高投影图

在建筑工程中常用标高投影法来绘制地形图、建筑总平面图和道路、水利工程等方面的平面布置的图纸。

4. 多面正投影图

运用平行投影法中的正投影法，将形体向互相垂直的两个或两个以上的投影面上，作正投影，即得到形体的多面正投影图，如图 3-10 所示。正投影图的优点是作图简便，便于度量和标注尺寸，在工程上应用广泛，是建筑工程中最主要的图样。

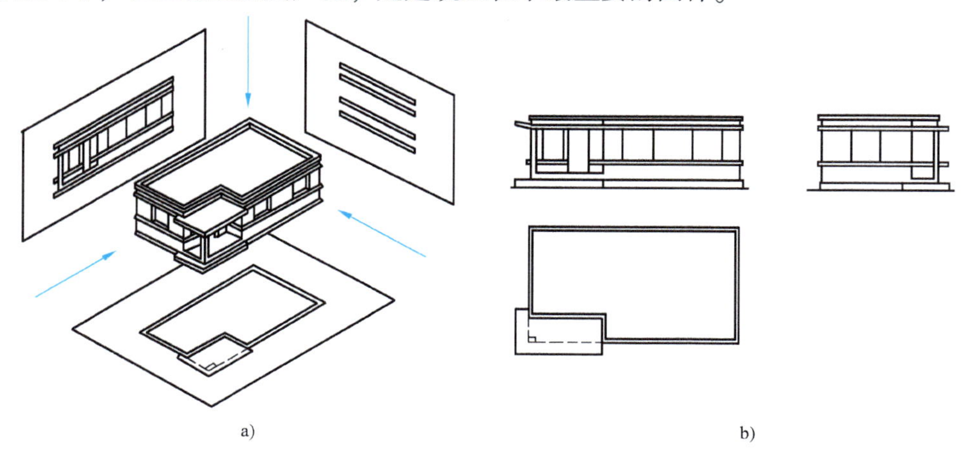

a)　　b)

图 3-10　多面正投影图

四、三面正投影

为了准确且全面地表达出物体的空间形状和大小，工程上一般需要两个或两个以上的投影。如图 3-11 所示，两个不同形状物体同一个方向的投影完全相同。

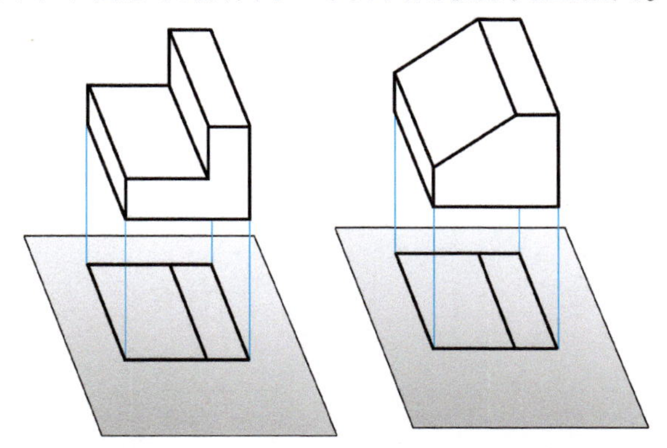

图 3-11　两个不同形状物体的 *H* 投影面投影相同

1. 三面投影的形成

(1) 三面投影体系的建立

三面投影体系由三个相互垂直的投影面组成，如图 3-12 所示。

① 正立投影面，简称正平面，用 *V* 表示。

② 水平投影面，简称水平面，用 *H* 表示。

③ 侧立投影面，简称侧平面，用 *W* 表示。

相互垂直的投影面之间的交线，称为投影轴。

① *OX* 轴（简称 *X* 轴），是 *V* 投影面与 *H* 投影面的交线，代表长度方向。

② *OY* 轴（简称 *Y* 轴），是 *H* 投影面与 *W* 投影面的交线，代表宽度方向。

③ *OZ* 轴（简称 *Z* 轴），是 *V* 投影面与 *W* 投影面的交线，代表高度方向。

三根投影轴相互垂直，其交点 *O* 称为原点。

(2) 形体在三面投影体系中的投影

将形体放置在三面投影体系中，按正投影法向各投影面投射，即可分别得到物体的正面投影、水平投影和侧面投影，如图 3-13 所示。

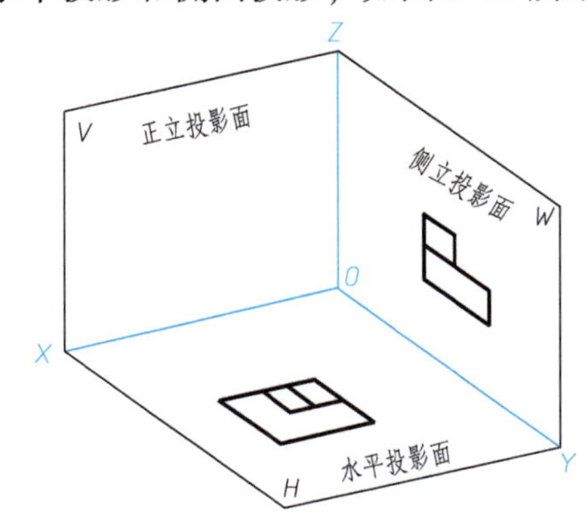

图 3-12　三面投影体系

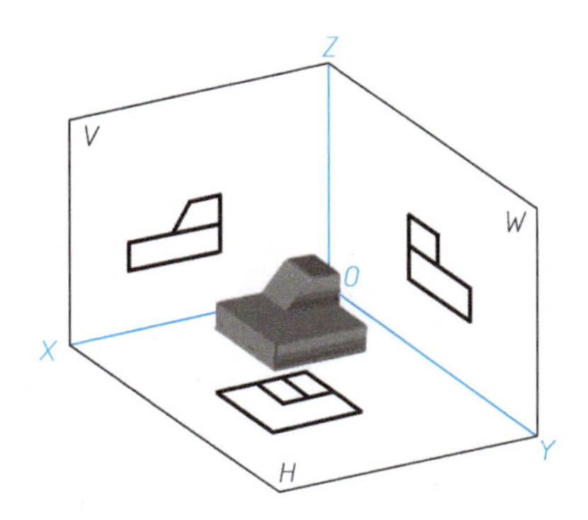

图 3-13　形体的三面投影

(3) 三面投影的展开

画图时规定将相互垂直的三个投影面展开在同一个平面上，即正立投影面不动，将水平投影面绕 OX 轴向下旋转 90°，将侧立投影面绕 OZ 轴向右后方旋转 90°，如图 3-14a 所示，展开后如图 3-14b 所示。应注意，水平投影面和侧立投影面旋转时，OY 轴被分为两处，分别用 OY_H（在 H 投影面上）和 OY_W（在 W 投影面上）表示。

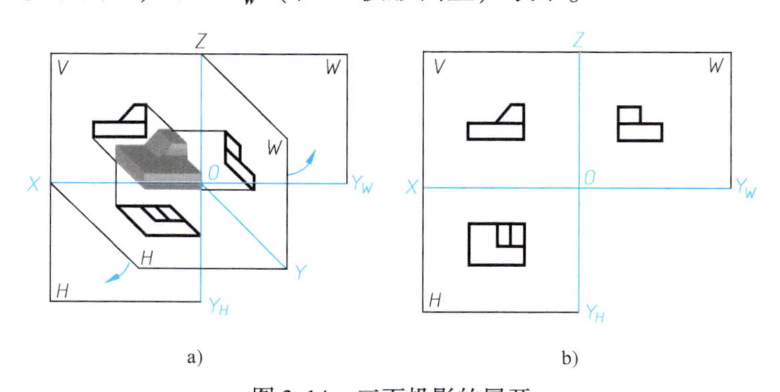

图 3-14 三面投影的展开

a）形体的三面投影展开 b）形体的三面投影图

2. 三面投影之间的对应关系

(1) 三面投影的投影规律

从三面投影的形成过程可以看出，每一个视图只能反映物体两个方向的尺度，如图3-15所示，即正面投影反映物体的长度（X）和高度（Z）；水平投影反映物体的长度（X）和宽度（Y）；侧面投影反映物体的高度（Z）和宽度（Y）。

由此可以归纳出三面正投影图的投影规律（即“三等”关系）。

正立面图与平面图：长度相等，左右对正——“长对正”。

正立面图与侧立面图：高度相等，上下平齐——“高平齐”。

平面图与侧立面图：宽度相等，前后一致——“宽相等”。

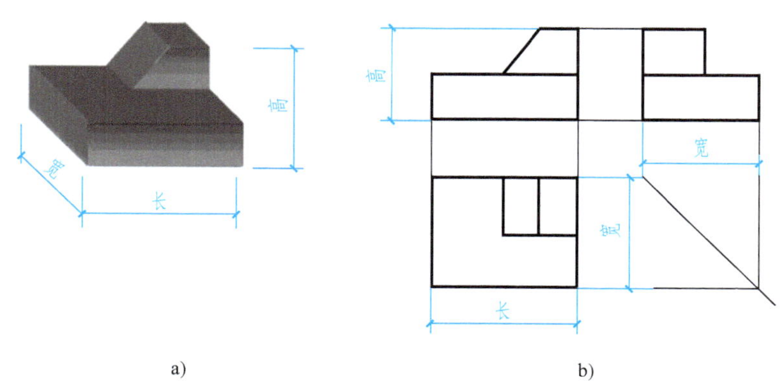

图 3-15 三面投影的投影规律

a）形体的尺度表示 b）形体的投影规律

(2) 三面投影的方位关系

物体有左右、前后、上下六个方位，即物体的长度、宽度和高度。每个投影图只能反映

物体两个方向的位置关系，如图 3-16 所示。

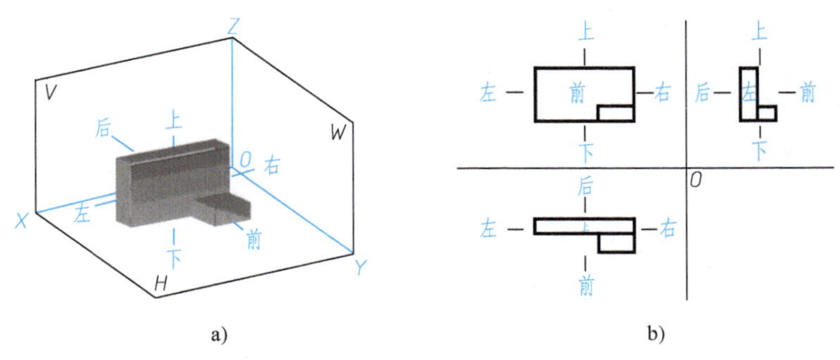

图 3-16　三面投影的方位关系

a）形体的位置表示　b）形体的位置关系

可以归纳出三面正投影的方位关系：

正面投影图——反映物体的左、右和上、下关系。

水平投影图——反映物体的左、右和前、后关系。

侧面投影图——反映物体的上、下和前、后关系。

五、正投影的特性

在运用投影的方法绘制形体的投影图时，事先应该知道形体的投影特性，当空间形体表示在投影图上时，根据其投影的性质，正确且迅速地作出其投影图，同时也便于根据投影图确定形体几何原形及其相对位置。

正投影具有以下几个基本性质：

1. 显实性

显实性又叫全等性，当直线、平面平行于投影面时，其投影反映实长和实形。

如图 3-17 所示，直线 *EF* 平行于投影面，其投影 *ef* 即反应直线的真实长度；平面 *ABCD* 平行于投影面，其投影形状 *abcd* 围成的图形反应平面的真实大小。

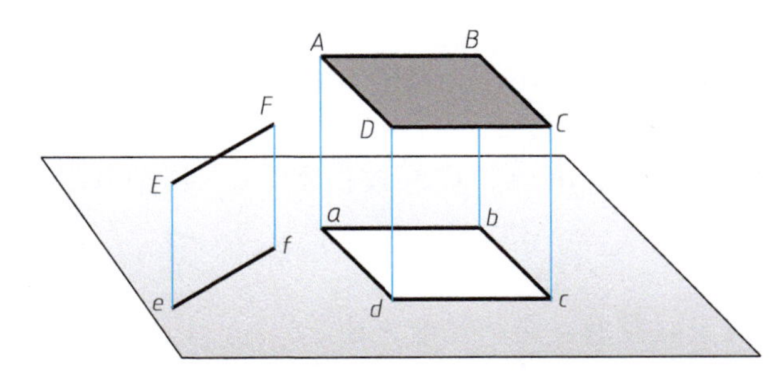

图 3-17　线和面的显实性

2. 积聚性

垂直于投影面的直线，其投影积聚为一点；垂直于投影面的平面，其投影积聚为一条直线。

如图 3-18 所示，平面 *ABCD*、直线 *CD* 均垂直于投影面，因此，平面 *ABCD* 的投影积聚

成直线 ab，直线 CD 的投影积聚成点 c。

3. 类似性

倾斜于投影面的直线和平面，即直线、平面与投影面既不垂直也不平行时，其投影变短或缩小，但投影形状与原形状类似。

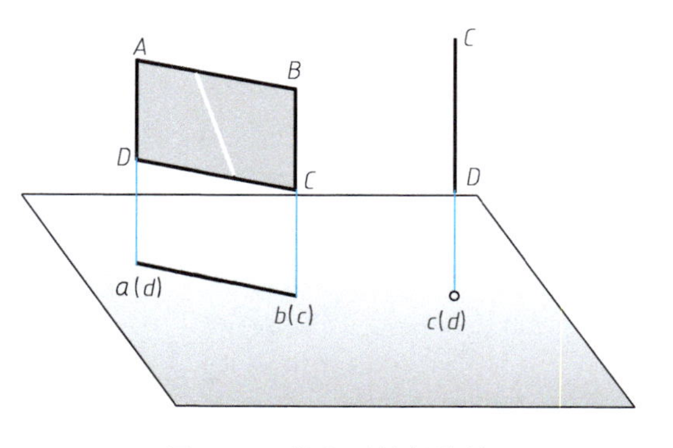

图 3-18　线和面的积聚性

如图 3-19 所示，直线 AB、平面 $CDEF$ 均倾斜于投影面，AB 在投影面的投影仍然是一条直线 ab，但其长度比实际长度短；平面 $CDEF$ 在投影面的投影仍然是一个平面 $cdef$，但其面积比实际面积要小。

注意：类似性不同于初等几何里的相似性。相似性指的是不同的形体之间成一定的比例，而类似性是不成比例的，类似性只能保证属性一致，即原来的形体是直线，投影之后依然是直线，原来的形体是五边形，投影之后依然是五边形。

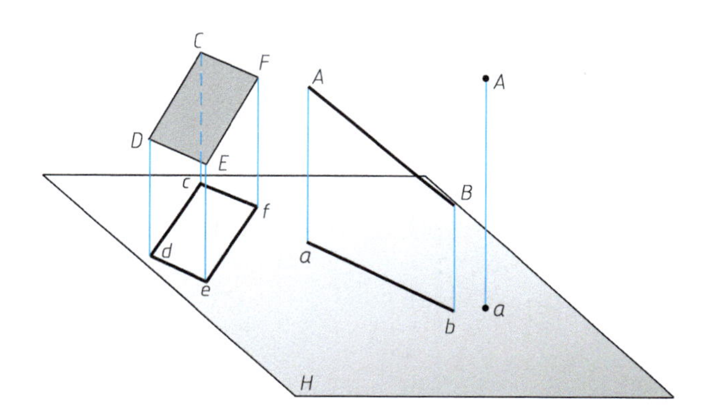

图 3-19　线和面的类似性

4. 从属性

若点在直线上，则点的投影必在该直线的投影上；若直线在平面上，则直线的投影必在该平面的投影上。

如图 3-20 所示，点 C 在直线 AB 上，则经过投影后，点 c 一定位于直线 ab 上，c' 一定位于直线 $a'b'$ 上。

5. 定比性

直线上两线段之比等于其投影对应的长度之比。

如图 3-20 所示，$\dfrac{BC}{CA}=\dfrac{bc}{ca}=\dfrac{b'c'}{c'a'}$。

6. 平行性

空间上相互平行的两直线，经过投影之后在同一投影面上的投影仍互相平行，且其投影长度之比等于两平行线段实际长度之比。

如图 3-21 所示，$AB/\!/CD$，则其投影 $ab/\!/cd$，$a'b'/\!/c'd'$。

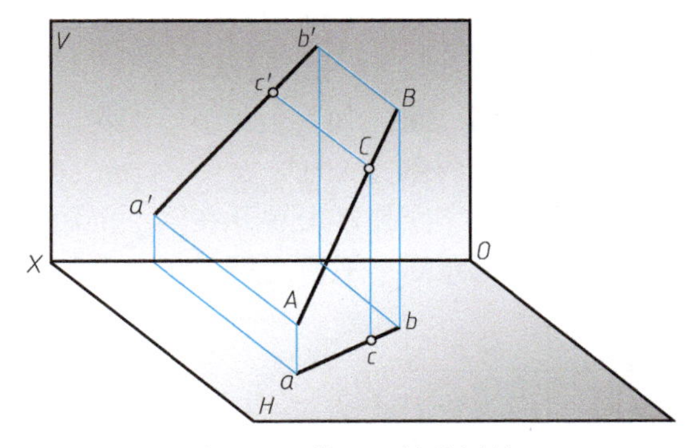

图 3-20　线和面的从属性

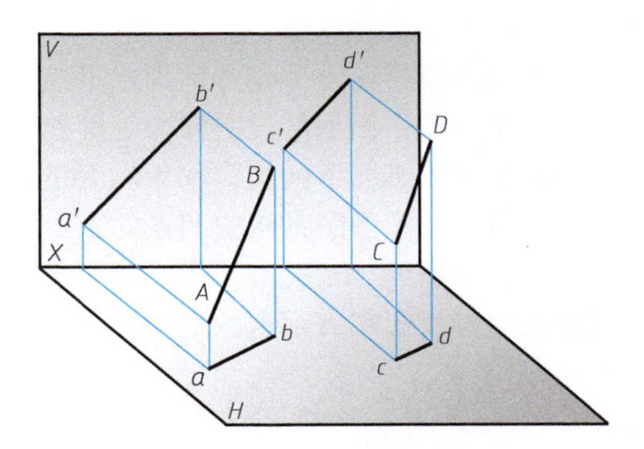

图 3-21　线和面的平行性

任务实施

1. 图 3-22 所示为建筑模型的直观图，请用正投影的原理和方法，在 A4 纸上用 1∶1 比例，画出模型的平面、正立面、左立面投影图。视角自选，注意尺寸关系和位置关系（尺寸从直观图中量取）。

2. 画出图 3-23 的三面投影图，投影视角如图所示，尺寸不作要求，注意尺寸关系和位置关系。

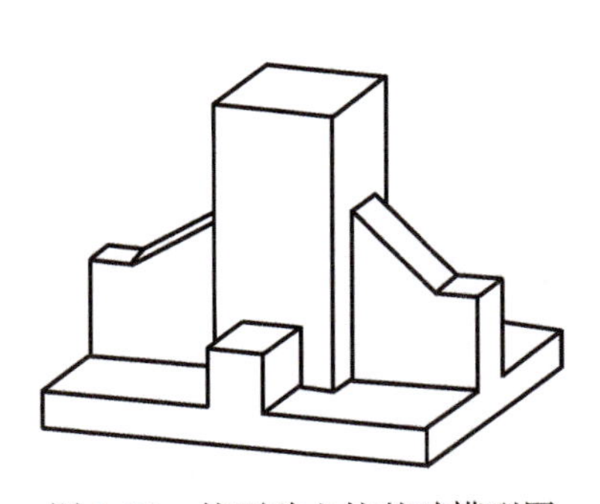

图 3-22　柱下独立柱基础模型图

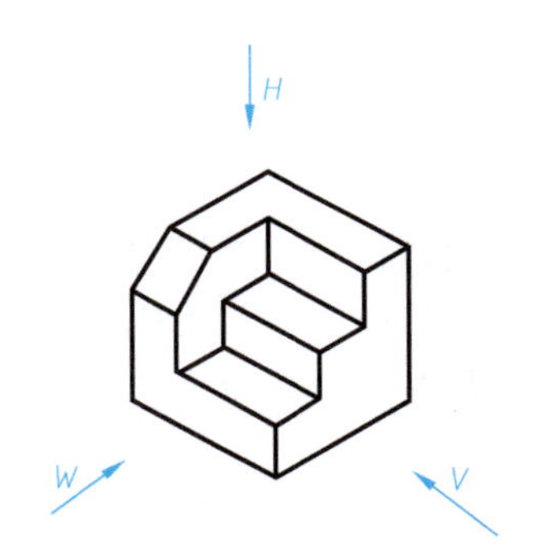

图 3-23　形体的模型图

任务二　学习点、线、面的投影

知识链接

一、点的投影

如图 3-24a 所示，将空间点 A 置于三个相互垂直的投影面体系中，分别过点作垂直于 V 投影面、H 投影面、W 投影面的投射线，得到点 A 的正面投影 a'、水平投影 a 和侧面投影 a''。

空间点用大写字母（如 A、B…）表示。

在水平投影面上的投影称为水平投影，用相应小写字母（如 a、b…）表示。

在正立投影面上的投影称为正面投影，用相应小写字母加一撇（如 a'、b'…）表示。

在侧立投影面上的投影称为侧面投影，用相应小写字母加两撇（如 a''、b''…）表示。

点的三面投影图是将空间点向三个投影面作正投影后，将三个投影面展开在同一个面后得到的，如图 3-24b 所示。用投影图来表示空间点，其实质是在同一平面上用点在三个不同投影面上的投影来表示点的空间位置。

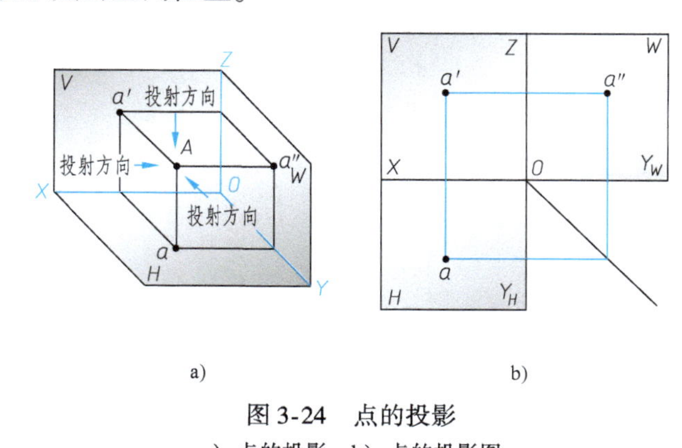

a)　　　　b)

图 3-24　点的投影

a）点的投影　b）点的投影图

点在工程形体中的应用主要表现为几条线的交点。

二、线的投影

将两点的投影相连，就构成直线的投影。

直线的位置是指直线与投影面之间的位置关系。直线的位置共有三种，即一般位置直线、投影面平行线、投影面垂直线。

1. 一般位置直线

相对三个投影面都倾斜的直线，称为一般位置直线，如图 3-25 所示。一般位置直线的投影特性如下：

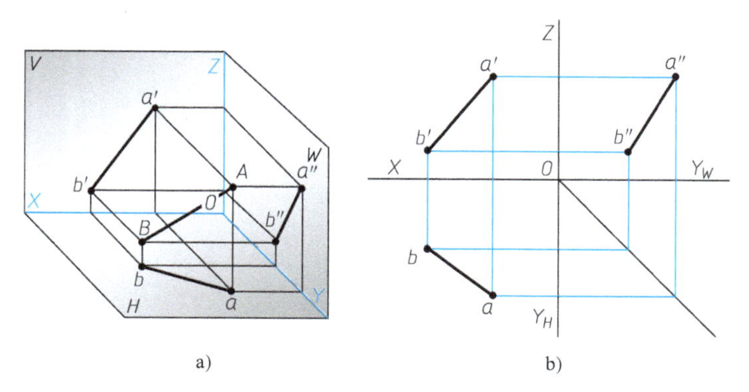

a)　　　　b)

图 3-25　一般位置直线的投影

a）直线的投影　b）直线的投影图

① 一般位置直线的各面投影都与投影轴倾斜。

② 一般位置直线的各面投影的长度均小于实长。

2. 投影面平行线

平行于一个投影面而相对于其他两个投影面倾斜的直线，称为投影面平行线。

根据投影面平行线所平行的平面不同，投影面平行线可分为三种：平行于 *H* 投影面的直线，称为水平线；平行于 *V* 投影面的直线，称为正平线；平行于 *W* 投影面的直线，称为侧平线。

投影面平行线的投影特性见表 3-1。

表 3-1　投影面平行线的投影特性

名称	水平线（//*H* 投影面，与 *V* 投影面、*W* 投影面倾斜）	正平线（//*V* 投影面，与 *H* 投影面、*W* 投影面倾斜）	侧平线（//*W* 投影面，与 *H* 投影面、*V* 投影面倾斜）
轴测图	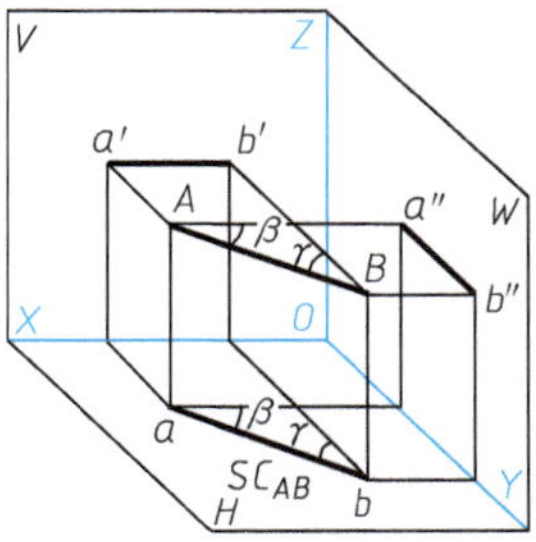	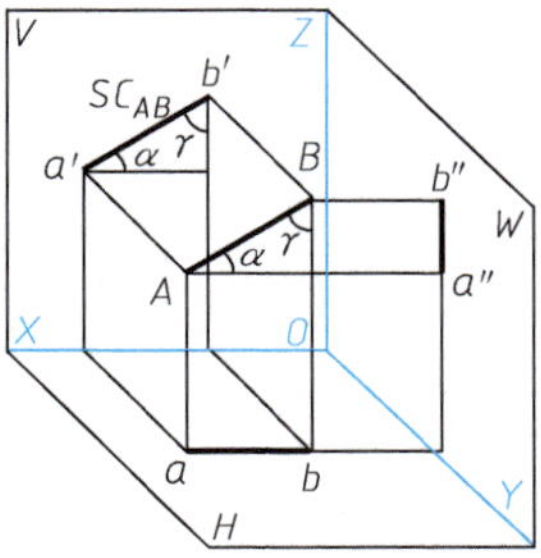	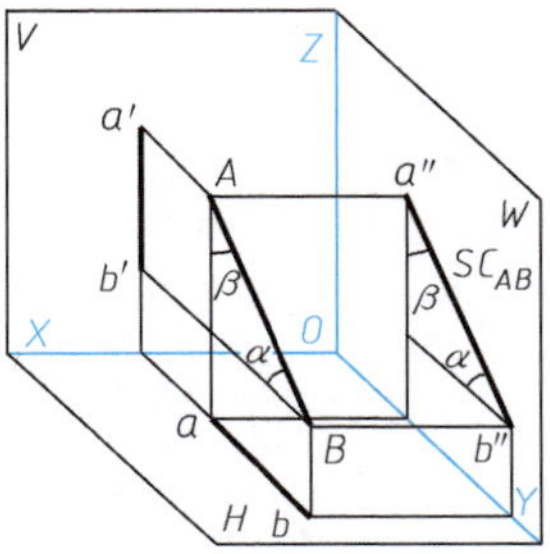
投影图	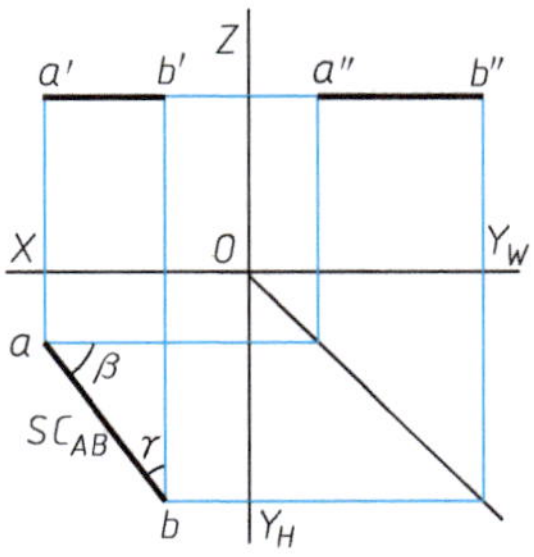	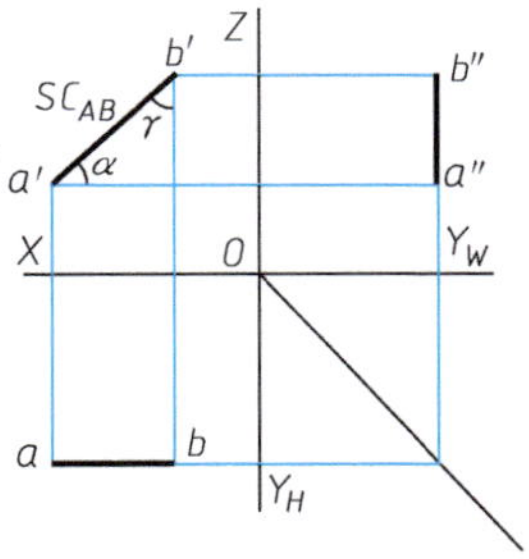	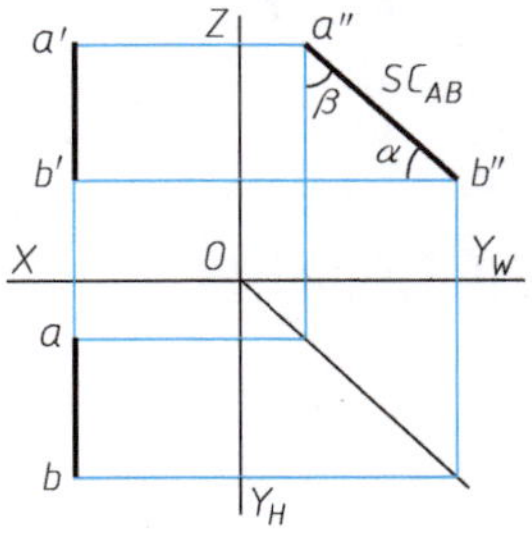
投影特性	(1) 在 *H* 投影面上的投影反映实长，在 *V* 投影面、*W* 投影面上的投影比实长短 (2) 在 *V* 投影面上的投影 //*X* 轴，在 *W* 投影面上的投影 //Y_W 轴	(1) 在 *V* 投影面上的投影反映实长，在 *H* 投影面、*W* 投影面上的投影比实长短 (2) 在 *H* 投影面上的投影 //*X* 轴，在 *W* 投影面上的投影 //*Z* 轴	(1) 在 *W* 投影面上的投影反映实长，在 *H* 投影面、*V* 投影面上的投影比实长短 (2) 在 *H* 投影面上的投影 //Y_H 轴，在 *V* 投影面上的投影 //*Z* 轴

3. 投影面垂直线

垂直于一个投影面的直线，称为投影面垂直线。

根据投影面垂直线垂直的投影面的不同，投影面垂直线又可分为三种：垂直于 *H* 投影面的直线称为铅垂线；垂直于 *V* 投影面的直线，称为正垂线；垂直于 *W* 投影面的直线，称为侧垂线。

投影面垂直线的投影特性见表 3-2。

表 3-2　投影面垂直线的投影特性

名称	铅垂线（⊥H 投影面，//V 投影面、W 投影面）	正垂线（⊥V 投影面，//H 投影面、W 投影面）	侧垂线（⊥W 投影面，//H 投影面、V 投影面）
轴测图	V a′ Z A a″ W b′ O X B b″ H a(b) Y	V Z (a′)b′ A a″ W B b″ X O a H b Y	V Z a′ b′ W A B a″(b″) X O a H b Y
投影图	a′ Z a″ b′ b″ X O Y_W a(b) Y_H	(a′) b′ Z a″ b″ X O Y_W a b Y_H	a′ b′ Z a″(b″) X O Y_W a b Y_H
投影特性	（1）在 H 投影面上，投影有积聚性 （2）在 V 投影面、W 投影面上的投影，反映线段实长，在 V 投影面上的投影⊥X 轴，在 W 投影面上的投影⊥Y_W 轴	（1）在 V 投影面上，投影有积聚性 （2）在 H 投影面、W 投影面上的投影，反映线段实长，在 H 投影面上的投影⊥X 轴，在 W 投影面上的投影⊥Z 轴	（1）在 W 投影面上，投影有积聚性 （2）在 H 投影面、V 投影面上的投影，反映线段实长，在 V 投影面上的投影⊥Z 轴，在 H 投影面上的投影⊥Y_H 轴

三、面的投影

三个不在一直线上的点构成一个平面，如图 3-26a 所示。平面的投影是先画出平面图形各顶点的投影，然后将各点的同面投影依次连接，即为平面图形的投影，如图 3-26b 所示。

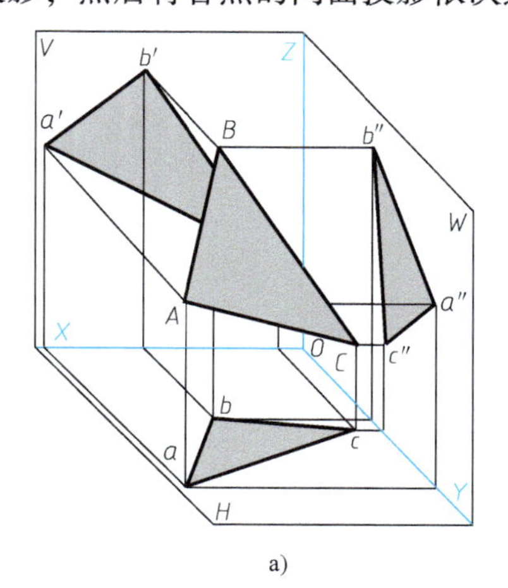

a）

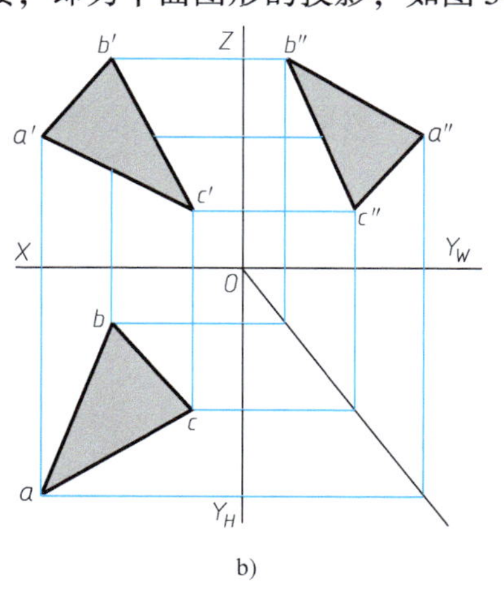

b）

图 3-26　面的投影

a）平面的投影　b）平面的投影图

平面的投影依然遵循：“长对正、高平齐、宽相等”的原则。

在投影体系中，平面相对于投影面的位置有三种，即一般位置平面、投影面平行面、投影面垂直面。

1. 一般位置平面

相对于三个投影面都倾斜的平面，称为一般位置平面，如图 3-26a 所示。

一般位置平面的投影特性为：在三个投影面的投影图具有类似性，且面积都小于原平面图形。

2. 投影面平行面

平行于一个投影面的平面，称为投影面平行面。

根据投影面平行面所平行的平面不同，投影面平行面可分为三种：平行于 H 投影面的平面，称为水平面；平行于 V 投影面的平面，称为正平面；平行于 W 投影面的平面，称为侧平面。

投影面平行面的投影特性见表 3-3。

表 3-3　投影面平行面的投影特性

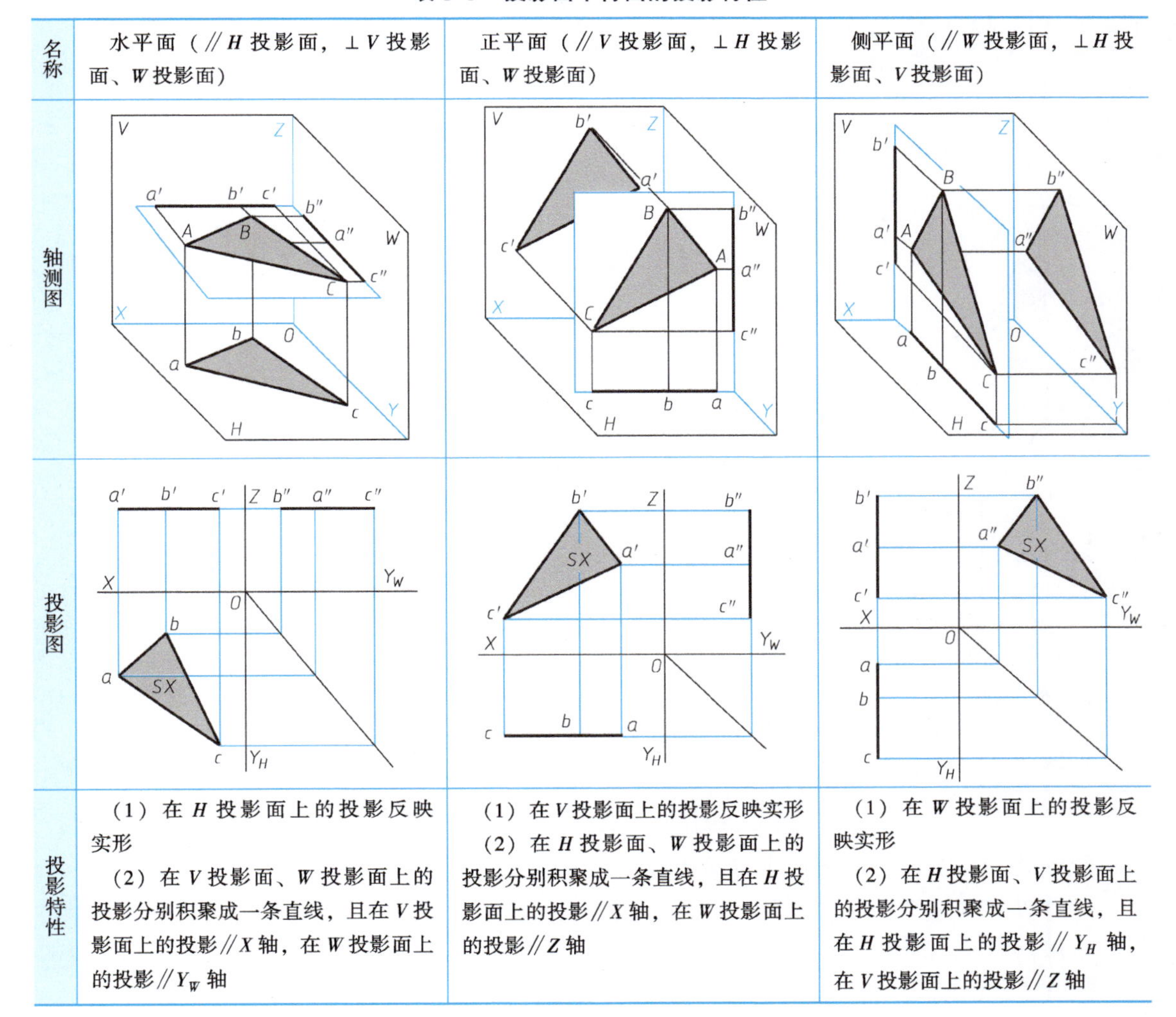

名称	水平面（// H 投影面，⊥ V 投影面、W 投影面）	正平面（// V 投影面，⊥ H 投影面、W 投影面）	侧平面（// W 投影面，⊥ H 投影面、V 投影面）
轴测图			
投影图			
投影特性	（1）在 H 投影面上的投影反映实形 （2）在 V 投影面、W 投影面上的投影分别积聚成一条直线，且在 V 投影面上的投影 // X 轴，在 W 投影面上的投影 // Y_W 轴	（1）在 V 投影面上的投影反映实形 （2）在 H 投影面、W 投影面上的投影分别积聚成一条直线，且在 H 投影面上的投影 // X 轴，在 W 投影面上的投影 // Z 轴	（1）在 W 投影面上的投影反映实形 （2）在 H 投影面、V 投影面上的投影分别积聚成一条直线，且在 H 投影面上的投影 // Y_H 轴，在 V 投影面上的投影 // Z 轴

3. 投影面垂直面

垂直于一个投影面而相对于其他两个投影面倾斜的平面，称为投影面垂直面。

根据投影面垂直面所垂直的平面不同，投影面垂直面可分为三种：垂直于 H 投影面的平面，称为铅垂面；垂直于 V 投影面的平面，称为正垂面；垂直于 W 投影面的平面，称为侧垂面。

投影面垂直面的投影特性见表 3-4。

表 3-4　投影面垂直面的投影特性

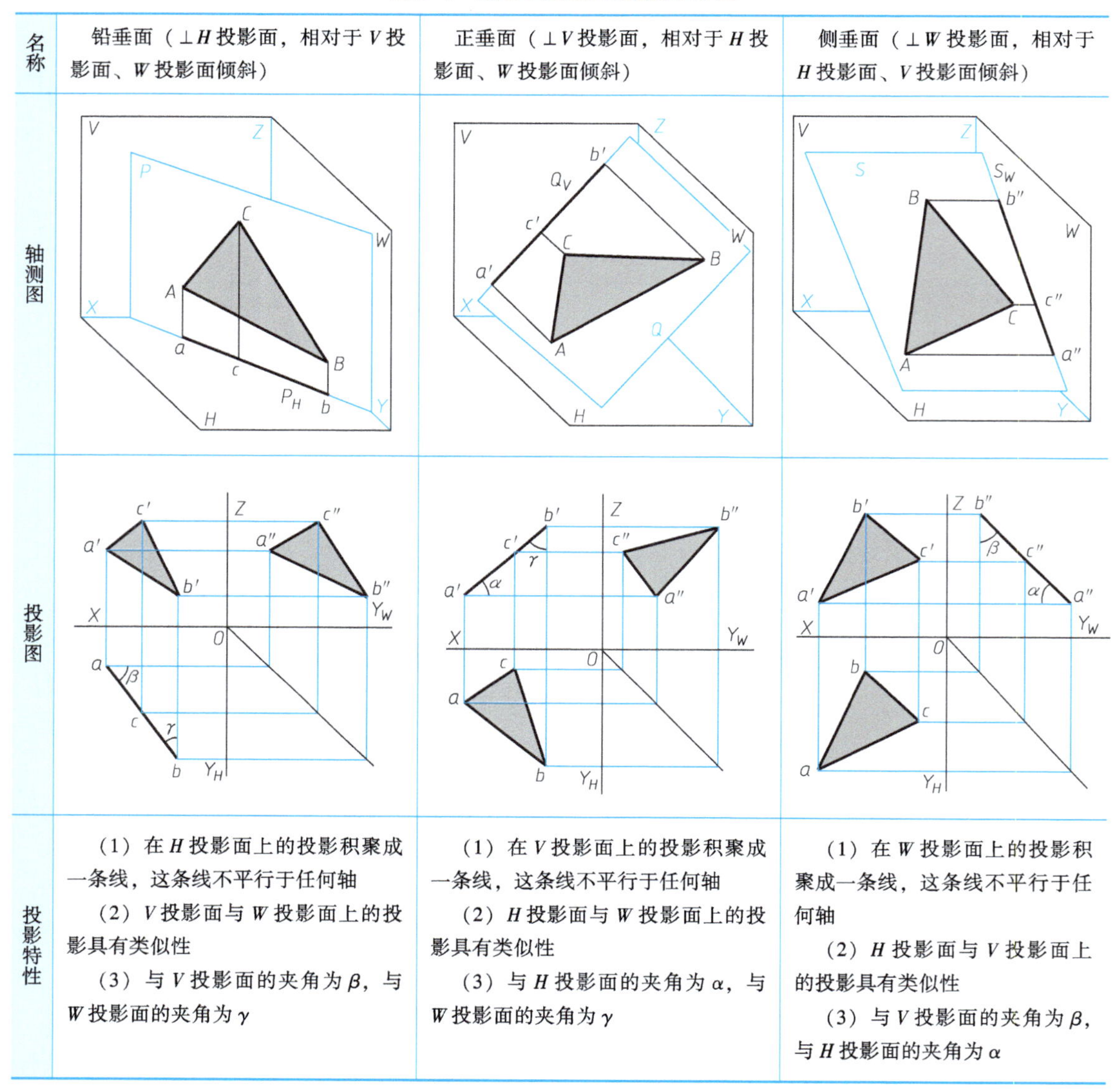

名称	铅垂面（$\perp H$ 投影面，相对于 V 投影面、W 投影面倾斜）	正垂面（$\perp V$ 投影面，相对于 H 投影面、W 投影面倾斜）	侧垂面（$\perp W$ 投影面，相对于 H 投影面、V 投影面倾斜）
投影特性	（1）在 H 投影面上的投影积聚成一条线，这条线不平行于任何轴 （2）V 投影面与 W 投影面上的投影具有类似性 （3）与 V 投影面的夹角为 β，与 W 投影面的夹角为 γ	（1）在 V 投影面上的投影积聚成一条线，这条线不平行于任何轴 （2）H 投影面与 W 投影面上的投影具有类似性 （3）与 H 投影面的夹角为 α，与 W 投影面的夹角为 γ	（1）在 W 投影面上的投影积聚成一条线，这条线不平行于任何轴 （2）H 投影面与 V 投影面上的投影具有类似性 （3）与 V 投影面的夹角为 β，与 H 投影面的夹角为 α

4. 投影面垂直面和投影面平行面的区别

投影面平行面的三面投影图中，有两个面积聚成一条线，且积聚成的线一定平行于某一条投影轴；而投影面垂直面的三面投影图中，只有一个面的投影积聚成一条线，且积聚成的线不平行于任何轴。

任务实施

1. 如图 3-27a 所示，在平面 *ABC* 内作一条水平线，使其到 *H* 投影面的距离为 10mm。
2. 如图 3-27b 所示，已知 *AC* 为正平线，补全平行四边形 *ABCD* 的水平投影。

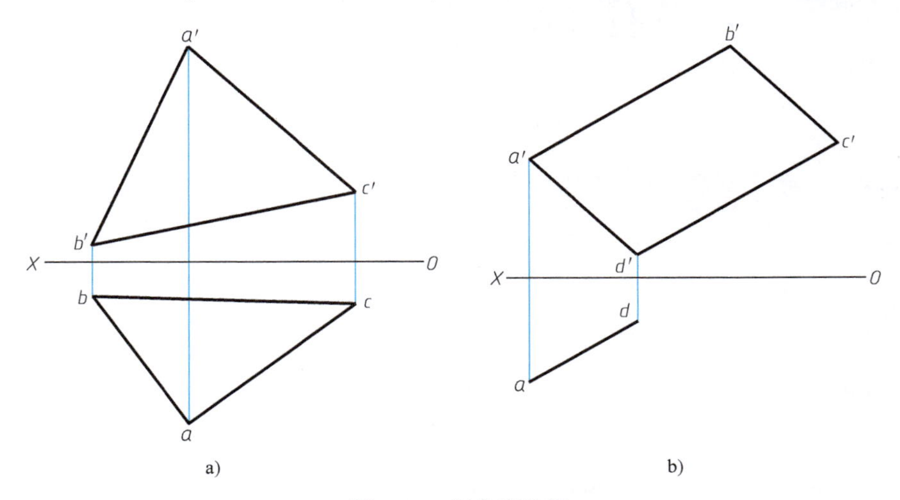

图 3-27　任务实施图

a）任务 1　b）任务 2

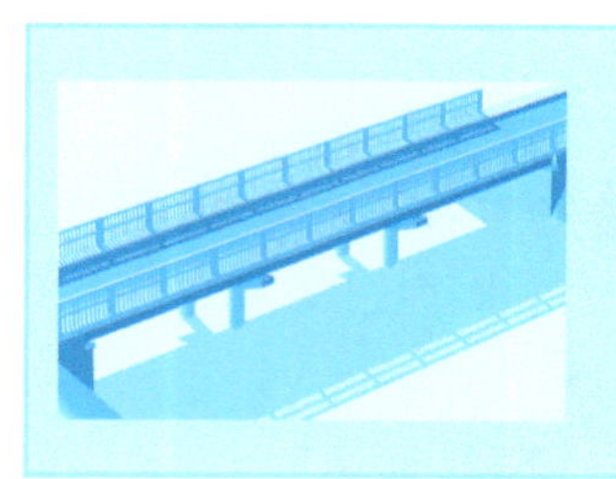

项目四 形体的投影

任务一 学习基本体的投影

知识链接

一、平面立体的投影

由平面多边形所围成的立体称为平面立体，简称平面体。平面体上相邻表面的交线称为棱线。常见的平面立体有棱柱、棱锥等。平面立体的投影是组成平面立体的各平面投影的集合。在平面立体投影中，可见棱线用实线表示，不可见棱线用虚线表示，以区分可见表面和不可见表面。

画平面体视图的实质：画出所有棱线（或表面）的投影，并根据它们的可见与否，分别采用粗实线和虚线表示。

1. 棱柱的投影

棱柱分为直棱柱和斜棱柱。顶面和底面为正多边形的直棱柱，称为正棱柱。

（1）棱柱的三面视图

如图 4-1 所示放置六棱柱：

上下两底面——水平面，*H* 投影面投影具有全等性；

前后两侧面——正平面；

其余四个侧面——铅垂面；

6 个侧面的水平投影都积聚成直线，与六边形的边重合。

（2）棱柱的表面取点

由于棱柱的表面都是平面，所以在棱柱的表面上取点与在平面上取点的方法相同。利用投影的尺寸规律（长对正、高平齐、宽相等）进行求点，求点过程中，注意判断点的可见性。

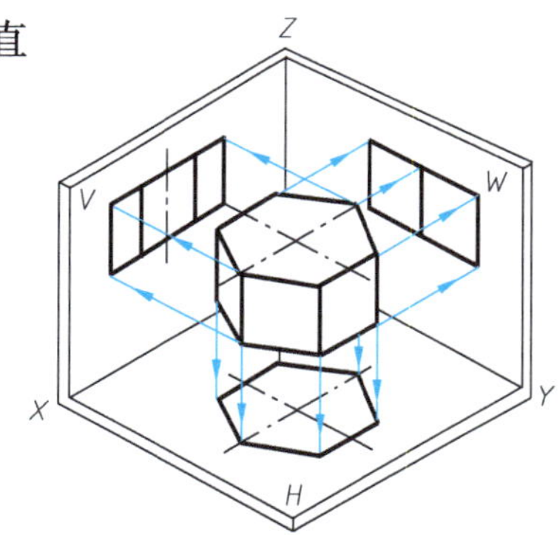

图 4-1　直棱柱投影图

【例 4.1】 已知棱柱表面的点 *A*、*B*、*C* 的投影 a'、b'、c，如图 4-2a 所示，求其他两面投影。

解：*A* 点，从已知条件可知，a'可见，可以判定 *A* 在前、左侧平面上，利用长对正，与俯视图的左前方侧棱的交点即为（a），不可见，因此加上括号。再将 a'高平齐对过来，用分规从俯视图上量取尺寸到左侧视图，即可得到点 *A* 在 *W* 投影面的投影 a''，可见。

同理，可以得到 B 点、C 点的投影，如图 4-2b 所示。

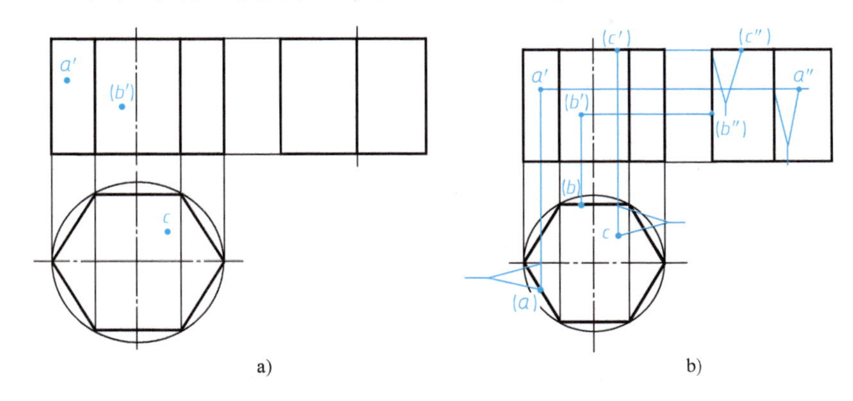

图 4-2　棱柱的表面取点

a）直棱柱表面取点　b）直棱柱表面取点求解

2. 棱锥的投影

棱锥由一个底面和若干个侧面组成，各个侧面由各条棱线交于顶点，顶点常用字母 S 来表示。三棱锥底面为三角形，有 3 个侧面及 3 条棱线；四棱锥的底面为四边形，有 4 个侧面及 4 条棱线，依此类推。

（1）棱锥的三面视图

在作棱锥的投影图时，通常将其底面水平放置，如图 4-3所示。因而，在其 H 投影面投影中，底面反映实形；在 V 投影面、W 投影面投影中，底面均积聚为一直线段；各侧面在 V 投影面、W 投影面的投影通常为类似形，但也可能积聚为直线，如图 4-3 中的△SAC 在 W 投影面的投影就积聚成了一条直线 $s''a''$。

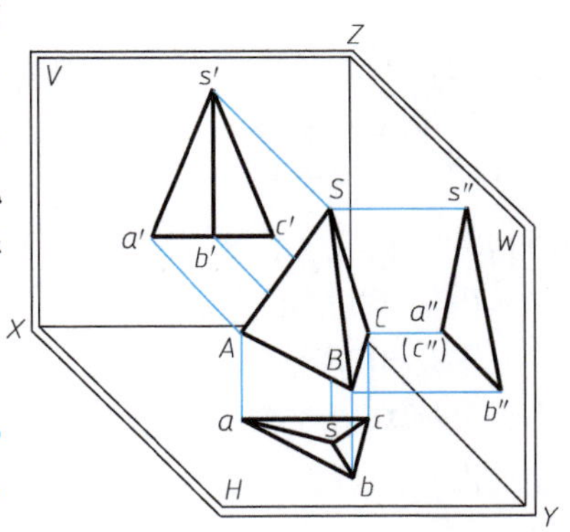

图 4-3　棱锥投影图

（2）棱锥的表面取点

在棱锥表面上取点时，应注意其在侧面的空间位置。由于组成棱锥的侧面有特殊位置平面，也有一般位置平面，在特殊位置平面上作点的投影，可利用投影积聚性作图，在一般位置平面上作点的投影，可选取适当的辅助线作图。

【例 4.2】 已知棱锥表面的点 M、N 的投影 m'、n'，求其他两面投影，如图 4-4a 所示。

解：M 点，从已知条件可知，M 点在 V 投影面上的投影不可见，因此可以推断 M 点位于 SAC 面上，同时过 a''作一条竖直向上的辅助线，用高平齐，可知 m''在 $s''a''$上，不可见。再利用长对正和宽相等，用圆规从 W 投影面的投影图中量取 m 的投影位置，即求得 m 的位置，如图 4-4b 所示。

N 点，从已知条件可知，n'可见，则 N 点位于右前方 SBC 面上，连接 $s'n'$并延长，交 $b'c'$于1′，根据从属性，可知 H 投影面投影图中，用长对正，1 点位于 bc 上，连接 $s1$。再次根据从属性和长对正，确定 n 的位置。然后根据宽相等，用圆规从 H 投影图中量取 n''的位置，n''不可见，因此需加括号，如图 4-4b 所示。

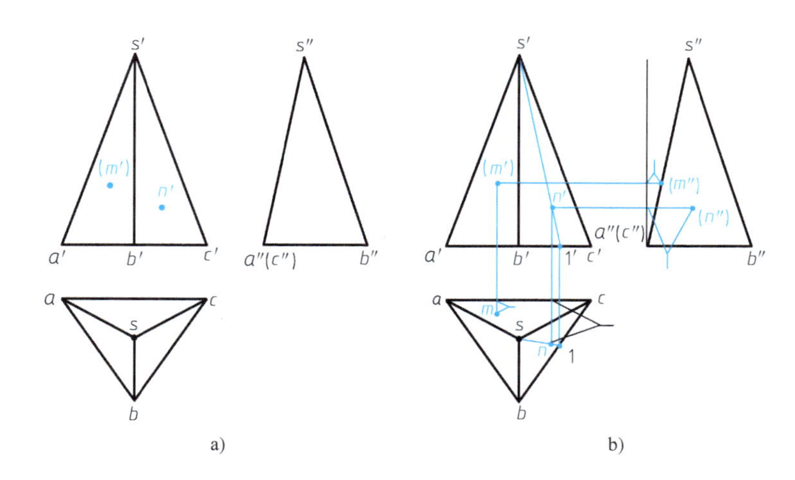

a)　　b)

图 4-4　棱锥的表面取点

a）棱锥表面取点　b）棱锥表面取点求解

二、曲面立体的投影

表面由曲面或曲面与平面组成的立体称为曲面立体。曲面立体的表面是由一母线绕定轴旋转而成的，故也称为回转体。常见的回转体有圆柱、圆锥、圆球等。

由于曲面立体的侧面是光滑曲面，因此，画投影图时，仅画曲面上可见面与不可见面的分界的投影，这种分界线称为转向轮廓线。

1. 圆柱的投影

圆柱面可看成一条直线围绕与它平行的轴线 OO_1 回转而成，如图 4-5a 所示。OO_1 称为回转轴，直线 AA_1 称为母线，母线转至任一位置时称为素线。

（1）圆柱的三视图

图 4-5b 所示为圆柱的三面投影图，其俯视图为一个圆形。由于圆柱轴线是铅垂线，圆柱面上所有素线都是铅垂线，因此，圆柱面的水平投影有积聚性，积聚为一个圆。同时，圆柱顶面、底面的投影（反映实形）也与该圆重合。

圆柱的主视图为一个矩形线框，如图 4-5b 所示。其中左右两根轮廓线 $a'a'_1$、$c'c'_1$，是圆柱面上最左、最右素线（AA_1、CC_1）的投影，它们把圆柱面分为前后两部分，其投影前半部分可见，后半部分不可见，故这两条素线是圆柱正面投影的可见与不可见部分的分界线。最左、最右素线在 W 投影面中的投影与轴线的侧面投影重合（不用画出其投影）。在 H 投影面中的投影，是横向中心线与圆周的交点处。矩形线框的上下两边分别为圆柱顶面、底面的积聚性投影。最左、最右、最前、最后素线称为特殊素线。左视图的矩形线框与主视图类似，区别在于：左视图的前后两根轮廓线 $b'b'_1$、$d'd'_1$，是圆柱面上最前、最后素线（BB_1、DD_1）的投影，它们把圆柱面分为左右两部分，其投影左半部分可见。

画圆柱的三视图时，一般先画投影具有积聚性的圆，再根据投影规律和圆柱的高度完成其他两视图。

对于曲面体，注意轮廓素线的投影与曲面的可见性的判断。

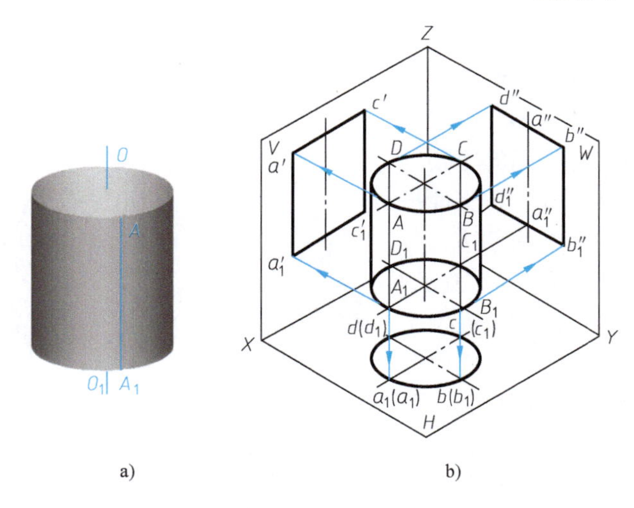

a)　　b)

图 4-5　圆柱投影图

a）圆柱的形成　b）圆柱的三面投影图

（2）圆柱的表面取点

圆柱的表面取点，同样利用的是正投影的尺寸规律和方位关系进行判定。

【例 4.3】 已知圆柱表面的点的投影 1′、2′、3′、4，如图 4-6a 所示，求其他两面投影。

解：由已知条件可知，在空间上，1 点位于最左边素线上，2 点位于最后边素线上，3 点位于圆柱左前部分，4 点位于圆柱顶面上。

1 点：长对正，和俯视图上的圆最左侧的交点即为 1，1 不可见；高平齐，与 *W* 投影图中长方形的竖向对称轴的交点即为 1″，1″可见。利用长对正、高平齐、宽相等，即可得几个点的其他两面投影。

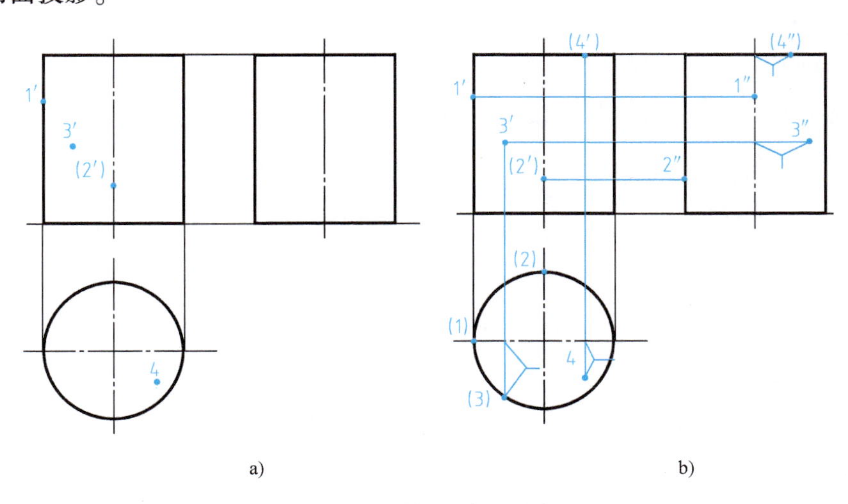

a)　　b)

图 4-6　圆柱的表面取点

a）圆柱表面取点　b）圆柱的表面取点求解过程

2. 圆锥的投影

圆锥面可看作由一条直母线 *SA* 围绕与它相交的轴线 OO_1 回转而成，如图 4-7a 所示。*S* 称为锥顶，圆锥面上过锥顶的任一直线称为圆锥面的素线。

(1) 圆锥的三视图

图 4-7b 所示为圆锥的三视图。其俯视图的圆形反映圆锥底面的实形，同时也表示圆锥面的投影。主、左视图的等腰三角形线框，其下边为圆锥底面的积聚性投影，主视图中三角形的左、右两条边，分别表示圆锥面最左、最右素线 *SA*、*SC* 的投影，并反映实长，它们是圆锥正面投影可见与不可见部分的分界线。左视图中三角形的两条边，分别表示圆锥面最前、最后素线 *SB*、*SD* 的投影，并反映实长，它们是圆锥面侧面投影可见与不可见部分的分界线。

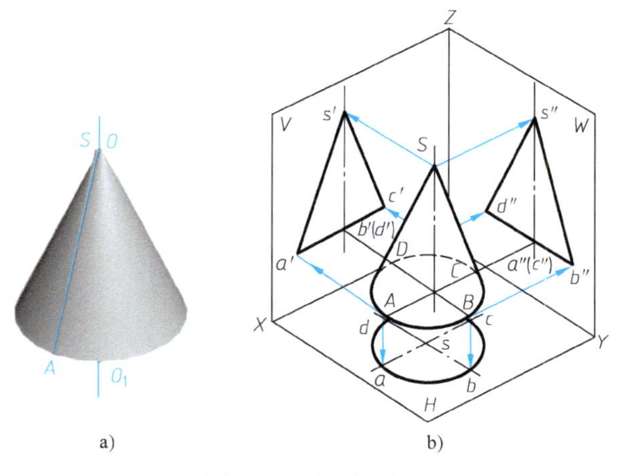

a)　　b)

图 4-7　圆锥投影图

a）圆锥的形成　b）圆锥的三面投影图

画圆锥的三视图时，先画出圆锥底面的各个投影，再画出锥顶点的投影，然后分别画出特殊素线的投影，即完成圆锥的三视图。

(2) 圆锥的表面取点

圆锥表面上的点，分为特殊位置点和一般位置点。特殊位置点即位于底面或者投影图中的素线上。一般位置点则是位于特殊位置点以外的位置上，一般位置点的求解有辅助素线法和辅助圆法两种。

【例 4.4】 已知圆锥表面上点的投影 1′、2′、(3)，如图 4-8a 所示，求其他两面投影。

解：从图 4-8a 的已知条件可知，在空间上，1 点位于圆锥最左侧的素线 *SA* 上，2 点位于最后面的素线 *SD* 上，3 点位于圆锥的底面上。

1 点：长对正，与 *sa* 的交点即为 1 点所在的位置，1 可见；高平齐，与 *W* 投影图中竖向对称轴的交点即为 1″，1″可见。

用同样的方法，可以求得剩余点的另外两面投影图。

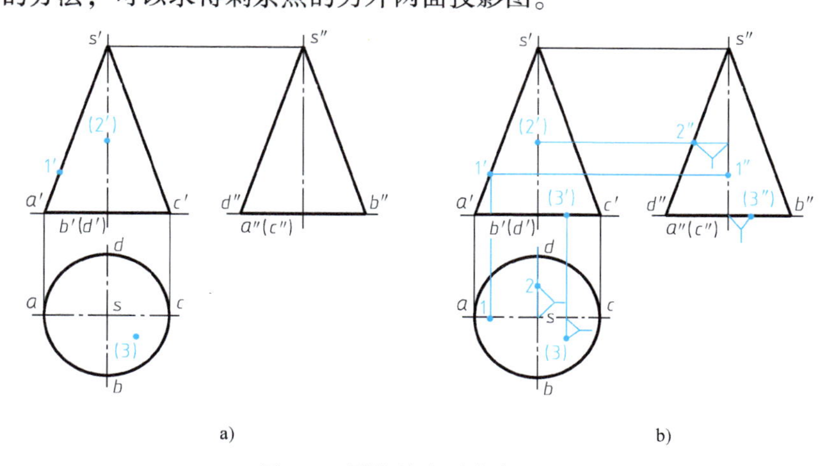

a)　　b)

图 4-8　圆锥的表面取点（一）

a）圆锥的特殊位置点　b）圆锥的特殊位置点的求解

【例 4.5】 已知圆锥表面上点的投影 1′、(2′)，如图 4-9a 所示，求其他两面投影。

解：根据已知条件，在空间上，1、2两点均为一般位置点，1点位于圆锥左前部分，2点位于圆锥右后部分。

1点：用辅助素线法，如图4-9b所示。连接$s'1'$并延长，交圆锥底面于m'。长对正，与俯视图中的圆交于m点，连接sm，利用长对正和从属性，求得1点所在位置，1点可见。利用高平齐，宽相等，用圆规靠前量取1″点在W投影图中所在的位置，1″点可见。

2点：用辅助圆法，如图4-9c所示。过（2′）点作一条水平线$a'b'$，交V投影面投影图中的最左和最右两条素线于点a'、b'，利用长对正，求得俯视图中的b点所在的位置。以s为圆心，sb为半径，在H投影面作圆，根据从属性，2点必定位于该圆上，长对正，与该圆靠后部分的交点即为2点所在的位置，2点可见。利用高平齐，宽相等，用圆规量取左视图中2″点所在的位置，2″点不可见。

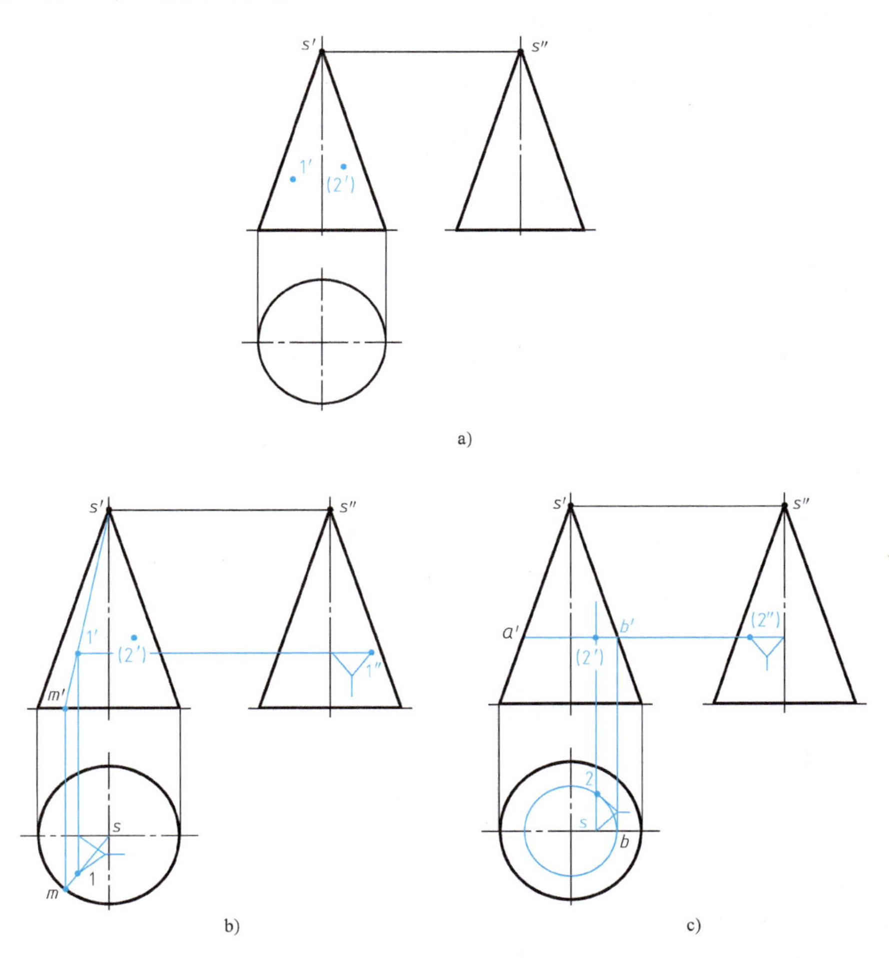

图4-9 圆锥的表面取点（二）

a）圆锥的一般位置点 b）辅助素线法求一般位置点 c）辅助圆法求一般位置点

3. 圆球的投影

圆球体是由圆（母线）绕它的直径（轴线）旋转形成的。圆球体（简称球）由自身封闭的圆球曲面围成。球曲面上任意一点绕轴线旋转所形成的圆，称为纬圆，其中上下、前

后、左右最大的圆，称为球体的转向圆。球直径反映了球体的大小。

（1） 圆球的三视图

圆球的三面投影都是等径圆，如图 4-10a 所示，但是三个圆所代表的意义是不一样的。

正面投影的轮廓是前、后两半球可见与不可见的分界线。因此，正视图中的圆 a' 是球体中 A 素线投影而成的，A 素线在 H 投影面、W 投影面所代表的位置分别为投影图的横轴、纵轴，如图 4-10b 所示。

水平投影的轮廓是上、下两半球面可见与不可见的分界线。因此，俯视图中的圆 b 是球体中 B 素线投影而成的，B 素线在 V 投影面、W 投影面所代表的位置均为投影图的横轴，如图 4-10b所示。

侧面投影的轮廓圆是左、右两半球面可见与不可见的分界线。因此，俯视图中的圆 c'' 是球体中 C 素线投影而成的，C 素线在 V 投影面、H 投影面所代表的位置均为投影图的纵轴，如图 4-10b 所示。

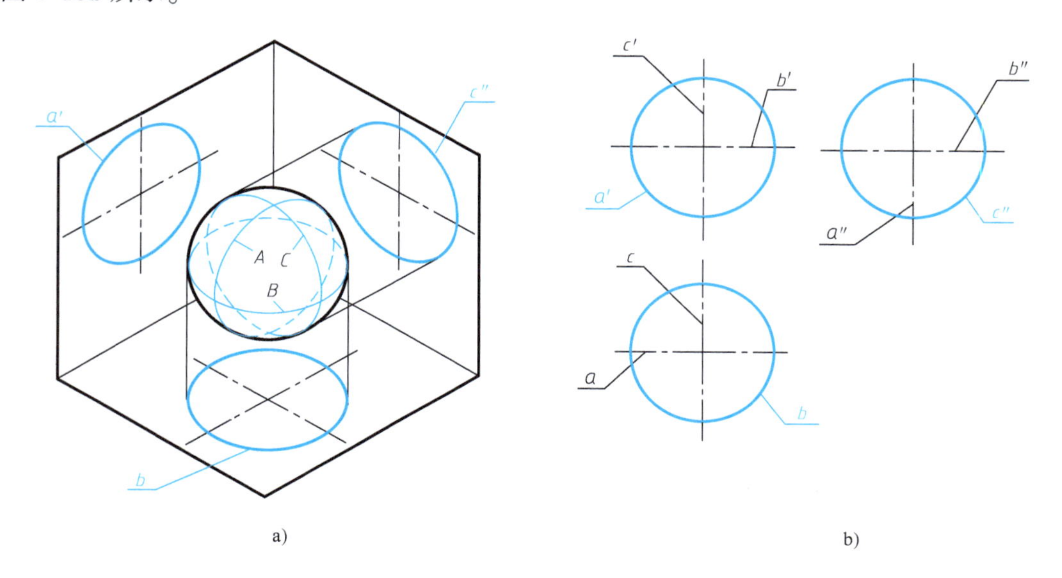

图 4-10　圆球的投影

a）圆球的三面投影　b）圆球的三面投影图

（2） 圆球的表面取点

圆球表面上的点，分为特殊位置点和一般位置点。特殊位置点即位于投影图中的素线上。一般位置点则是位于特殊位置点以外的位置上，圆球中一般位置点的求解用辅助圆法。

【例 4.6】 已知圆球表面上点的投影 1′、2′、（3′），如图 4-11a 所示，求其他两面投影。

解：根据已知条件，在空间上，1 点位于球体在 V 投影面的投影图对应的圆素线上，位于上半球，靠左。2 点位于球体在 W 投影面的投影图对应的圆素线上，位于上半球，靠前。3 点位于球体在 H 投影面的投影图对应的圆素线上，靠右、靠后。这三点都是特殊位置点。

1 点：位于上半球，靠前、靠左。1 点所在的圆素线，在 V 投影面投影成一个圆，在 H 投影面对应横轴的位置，在 W 投影面对应纵轴的位置。长对正，与 H 投影面圆的横轴交点即为 1 点，1 点可见。高平齐，与 W 投影面的纵轴的交点即为 1″点，1″点可见。

同理可得到2、3两个点的剩余两个面的投影图，如图4-11b所示。

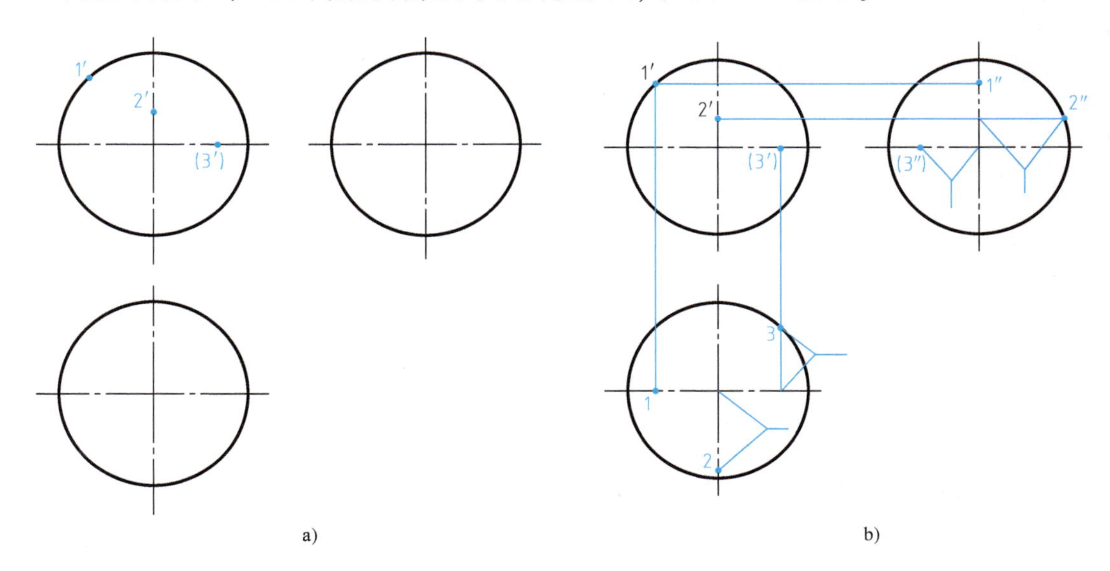

图4-11　圆球的表面取点（一）

a）圆球的特殊位置点　b）圆球的特殊位置点的求解

【**例4.7**】已知圆球表面上点的投影1′、2′，如图4-12a所示，求其他两面投影。

解：根据已知条件可知，点1、2均为一般位置点，用辅助圆法求解。

1点：从图4-12a可知，在空间上，1点位于上半球，靠左、靠前。过1′作水平线，交圆于k'点，K点的H投影面的投影k必定位于其横轴上，长对正，得到点k。以o为圆心，ok为半径画圆，1点必定位于该圆上。长对正，得到1的投影，1点可见。高平齐，然后利用宽相等，用圆规量取1″的位置，1″点可见。

同理，可求得点2的剩余两面投影图，如4-12b所示。

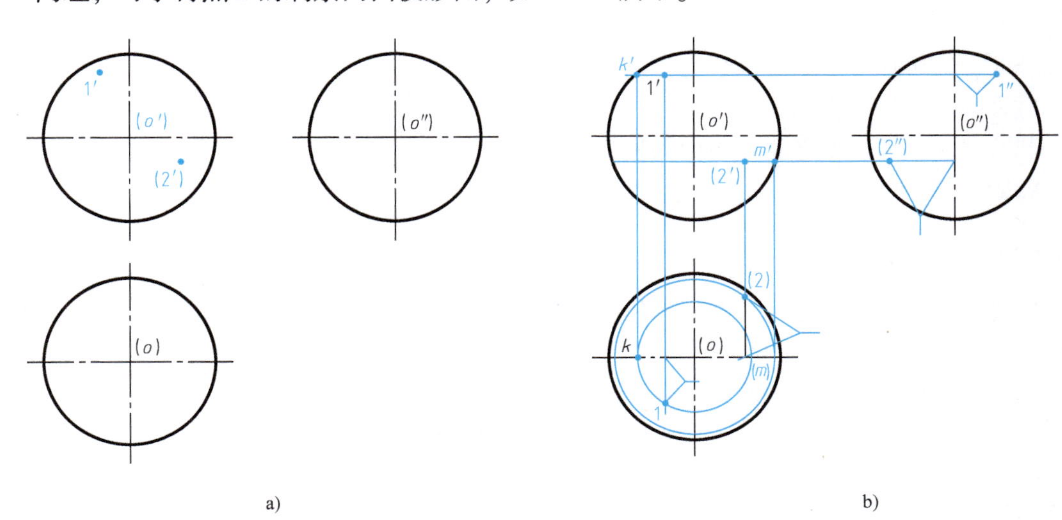

图4-12　圆球的表面取点（二）

a）圆锥的特殊位置点　b）圆锥的特殊位置点的求解

任务实施

如图4-13所示，一个直五棱柱被斜切，补全五棱柱被切后的俯视图和左视图。

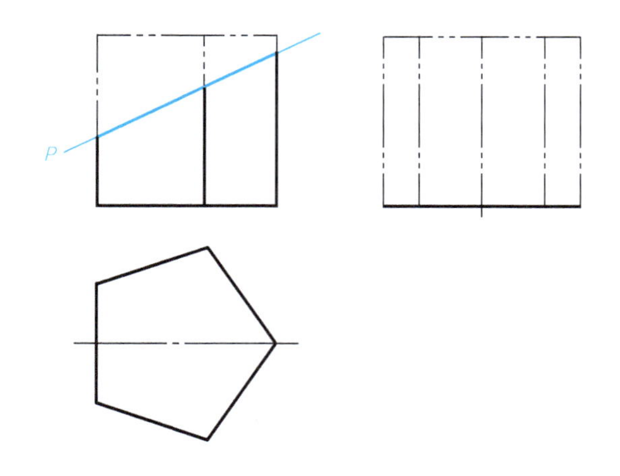

图4-13　补全俯视图和左视图

任务二　学习基本体的截断

知识链接

实际工程中，很多形体不是单一的基本体，可能是很多基本体通过切割、叠加而成的组合体。在绘制投影图时，要将整个组合体都绘制出来，包括不同基本体的相交面的投影，这就是本次任务所涉及的知识。平面与立体相交可看成是立体被平面所截，当立体被平面截成两部分时，其中任意一部分都称为截断体。

截平面——用来截断形体的平面。

截交线——截平面与立体表面的交线。

截断面——由交线围成的平面图形。

一、平面立体的截交线

平面立体截交线的性质：平面立体的截交线一定是一个封闭的平面多边形，多边形的各顶点是截平面与被截棱线的交点，即立体被截断几条棱，那么截交线就是几边形。

求平面立体截交线的实质：求截平面与立体上被截各棱的交点或截平面与立体表面的交线，然后依次连接而得。

求截交线的步骤：

第一步：空间及投影分析。

① 分析截平面与形体的相对位置，确定截交线的形状。

② 分析截平面与投影面的相对位置，确定截交线的投影特性。

第二步：求截交线的投影。

① 求出截平面与被截棱线的交点，并判断可见性。

② 依次连接各顶点成多边形，注意可见性，不可见的部分画成虚线，可见的部分画成实线。

第三步：完善轮廓。

清除多余的线条，加深截交线的轮廓线。

1. 棱柱的截断

下面以正五棱柱为例，分析讲解棱柱的截断，其他棱柱请同学们举一反三即可。

【例 4.8】 求正五棱柱被截切后的视图和立体图。

第一步：空间及投影分析。

（1）分析截平面与形体的相对位置，确定截交线的形状

如图 4-14a 所示，截平面截掉了正五棱柱的五条侧棱，因此，该截交线为五边形，只需要求出截平面与 5 条侧棱的交点，将 5 个交点依次相连，即为所求的截交线。

（2）分析截平面与投影面的相对位置，确定截交线的投影特性

由图 4-14a 可知，该截平面为正垂面，正垂面的投影特性为：在 *V* 面的投影图集聚成一条不平行于任何投影轴的直线，在 ***H*** 面、***W*** 面的投影图都具有类似性。在该例题中，截平面在 ***H*** 面、***W*** 面的投影图都为五边形。

第二步：求截交线。

（1）求出截平面与被截棱线的交点，并判断可见性

如图 4-14b 所示，可以直接确定 ***H*** 面上，正五边形的 5 个顶点即为截交线的 5 个顶点在俯视图上的投影 1、2、3、4、5。在 *V* 面上，利用长对正可得截平面和形体的 5 个交点（即截交线的 5 个顶点）——1′、2′、3′、(4′)、(5′)，其中 4′和 5′不可见，因此加上括号。根据上一节内容中棱柱的表面取点，再利用长对正、高平齐、宽相等，求得这 5 个点在 ***W*** 面的投影 1″、2″、3″、4″、5″，5 个点均可见。

（2）依次连接各顶点成多边形

将 ***W*** 面中 5 个点依次相连，即得到截交线 ***W*** 面的投影图，如图 4-14c 所示。

第三步：完善轮廓。

补全左视图中未画出的侧棱，其中在左视图中，1″点以下的侧棱不可见，要画成虚线，如图 4-14d 所示。

第四步：检查。

检查整个图形和截交线的投影是否符合投影规律，线条是否可见，是否存在少画、漏画的现象。图 4-14d 即为该题所求。

下面，总结正五棱柱被切掉的几种情况，同学们在今后求解类似的棱柱截交线时，可作为参考。

如图 4-15 所示的 6 种情况中，其截交线的形状分别为：

a 图——截平面与上、下底面平行截断 5 条棱，截面为正五边形；

b 图——截平面截断 5 条棱，截面为五边形；

c 图——截平面截断 6 条棱，截面为六边形；

d 图——截平面截断 4 条棱，截面为四边形；

e 图——截平面截断 3 条棱，截面为三边形；

f 图——截平面与侧棱平行，截面为矩形。

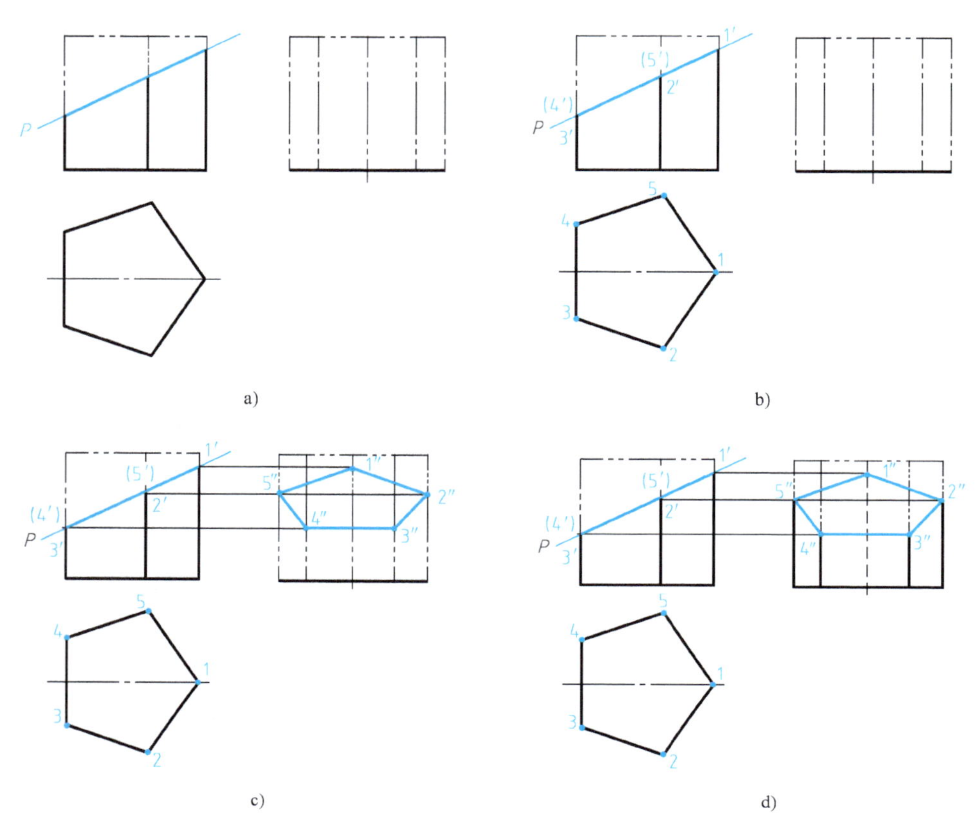

图 4-14　正五棱柱的截交线

a）例 4.8 题目　b）例 4.8 第一步　c）例 4.8 第二步　d）例 4.8 第三步

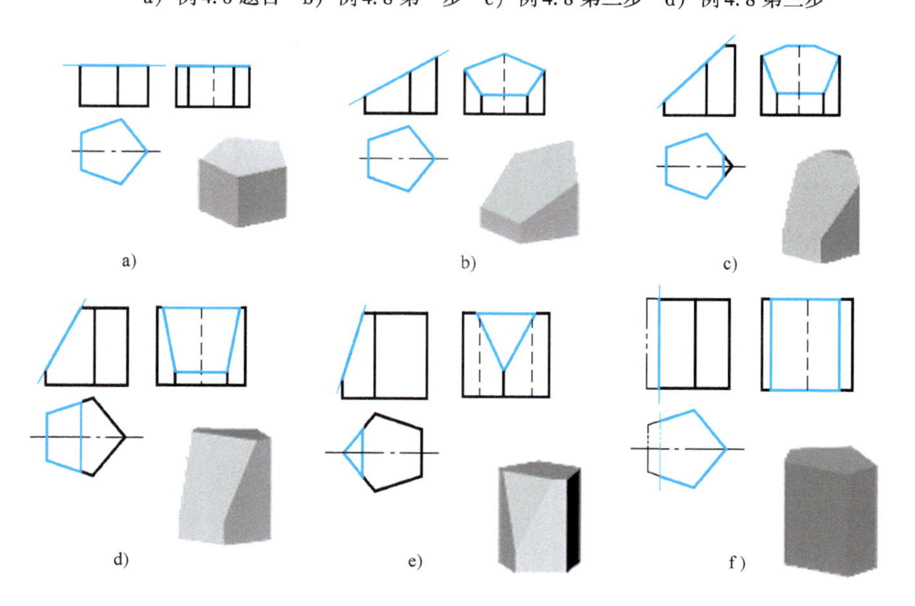

图 4-15　正五棱柱被截断的 6 种情况

2. 棱锥的截断

棱锥的截断相对于棱柱的截断来说要简单一些。下面以某四棱锥为例，讲解棱锥的截断。

【例 4.9】 求四棱锥被截切后的俯视图和左视图。

第一步：空间分析和投影分析。

（1）分析截平面与形体的相对位置，确定截交线的形状

如图 4-16a 所示，截平面截掉了四棱锥的四条侧棱，因此，该截交线为四边形，只需要求出截平面与四条侧棱的交点，将四个交点依次相连，即为所求的截交线。

（2）分析截平面与投影面的相对位置，确定截交线的投影特性

由图 4-16a 可知，该截平面为正垂面，正垂面的投影特性为：在 *V* 面的投影图积聚成一条不平行于任何投影轴的直线，在 *H* 面、*W* 面的投影图都具有类似性。在该例题中，截平面在 *H* 面、*W* 面的投影图都为四边形。

第二步：求截交线。

（1）求出截平面与被截棱线的交点，并判断可见性

如图 4-16b 所示，可以直接确定 *V* 面上截平面和形体的四个交点（即截交线的四个顶点）——1′、2′、3′、(4′)，其中 4′不可见，因此加上括号。根据上一节内容中棱锥的表面取点，利用长对正、高平齐、宽相等，求得这四个点在 *H* 面的投影 1、2、3、4 和 *W* 面的投影 1″、2″、3″、4″，如图 4-16c 所示。

（2）依次连接各顶点成多边形

将 *H* 面、*W* 面中四个点依次相连，即得到截交线在 *H* 面、*W* 面的投影图。

第三步：完善轮廓。

补全俯视图和左视图中未画出的侧棱，其中在左视图中，1″点以下的侧棱均不可见，要画成虚线，如图 4-16d 所示。

第四步：检查。

检查整个图形和截交线的投影是否符合投影规律，线条是否可见，是否存在少画、漏画的现象。图 4-16d 即为该题所求。

二、曲面立体的截交线

曲面立体的截交线也是一个封闭的平面图形，多为曲线或曲线与直线围成，有时也为直线与直线围成。

曲面立体截交线的性质：

① 截交线是截平面与回转体表面的共有线；

② 截交线的形状取决于回转体表面的形状及截平面与回转体轴线的相对位置；

③ 截交线都是封闭的平面图形（封闭曲线或由直线和曲线围成，偶尔为直线和直线围成）。

求曲面体截交线的实质：求截平面与曲面上被截各素线的交点，每一个交点的求解过程，其实就是曲面体的表面取点，求得每个点的三面投影后，依次光滑连接，即为所求截交线。

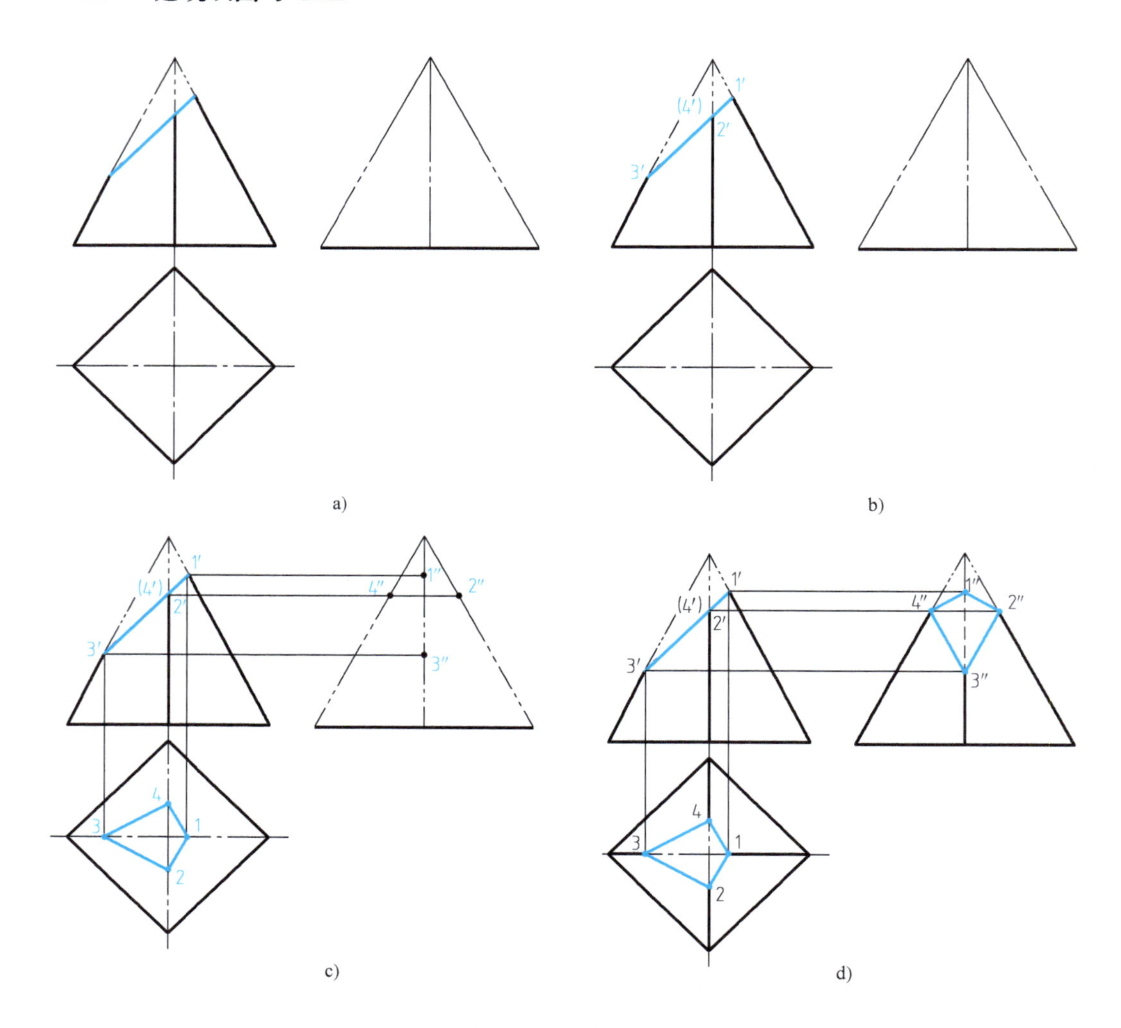

图 4-16　四棱锥的截交线

a）例 4.9 题目　b）例 4.9 第一步　c）例 4.9 第二步　d）例 4.9 第三步

求曲面立体截交线的步骤：

第一步：空间及投影分析。

① 分析回转体的形状以及截平面与回转体轴线的相对位置，确定截交线的形状；

② 分析截平面与投影面的相对位置，确定投影特性，如积聚性、类似性等。找出截交线的已知投影，预见未知投影。

第二步：画出截交线的投影。

（1）截交线的投影为非圆曲线时的作图步骤

① 先找特殊点（外形素线上的点和极限位置点）；

② 补充一般点；

③ 光滑连接各点，并判断截交线的可见性。

（2）截交线的投影为圆时

截交线的投影为圆时，找到圆的圆心和半径，用圆规画出即可。

(3) 截交线的投影为直线时

截交线用长对正、高平齐、宽相等找出直线的两个端点，再画出直线即可。

第三步：完善轮廓。

1. 圆柱的截断

由于截平面与圆柱轴线的相对位置不同，截交线有三种不同的形状，见表4-1。

表4-1　圆柱的截断

截平面位置	与圆柱轴线平行	与圆柱轴线垂直	与圆柱轴线倾斜
截交线形状	长方形	圆形	椭圆形
形体图			
投影图			

总结，圆柱被截断的三种情况为：

第一种，截平面与圆柱轴线平行，截交线的形状为长方形；

第二种，截平面与圆柱轴线垂直，截交线的形状为圆形，相当于将圆柱的高度变短；

第三种，截平面与圆柱轴线倾斜，截交线的形状为椭圆形。

【例4.10】 圆柱被正垂面截断，求作其视图。

第一步：空间及投影分析。

(1) 分析回转体的形状以及截平面与回转体轴线的相对位置，确定截交线的形状

如图4-17a所示，截平面与圆柱轴线倾斜，截交线为椭圆。

(2) 分析截平面与投影面的相对位置，确定投影特性

如图4-17a所示，截平面为正垂面，正垂面的投影特性为：在*V*面的投影积聚成一条线，在*H*面、*W*面的投影具有类似性。根据分析，在*H*面的投影为圆，与圆柱在*H*面的投影重合。在*W*面的投影为椭圆，因此，本题的主要任务是画出截交线在*W*面的投影——椭圆。

第二步：画出截交线的投影。根据第一步的分析可知，截交线在*W*面的投影是椭圆，为非圆曲线，作图步骤如下。

(1) 找特殊点（外形素线上的点和极限位置点）

如图4-17b所示，截交线特殊点为截平面与圆柱的前后左右四个交点，即*H*面上的1、

2、3、4点，根据长对正、高平齐、宽相等，可以找出1、2、3、4点在V面的投影——1′、2′、3′、(4′)，在W面的投影——1″、2″、3″、4″。

(2) 补充一般点

如图4-17c补充的一般点为5′、(6′)、7′、(8′)，长对正，与H面上圆的靠前交点为5，靠后的交点为6。高平齐，然后用圆规量取W面上5″、6″的位置。同理，可以求得7′、(8′)的H面投影和W面投影。

(3) 光滑连接各点，并判断截交线的可见性

将W面上各点依次光滑连接，即为所求的椭圆。如果同学们觉得连成光滑的曲线有困难，可以继续补充更多的一般点，这样连接起来就容易得多。

第三步：完善轮廓。

将W视图中圆柱的下半部分轮廓线加粗，图4-17d即为所求。

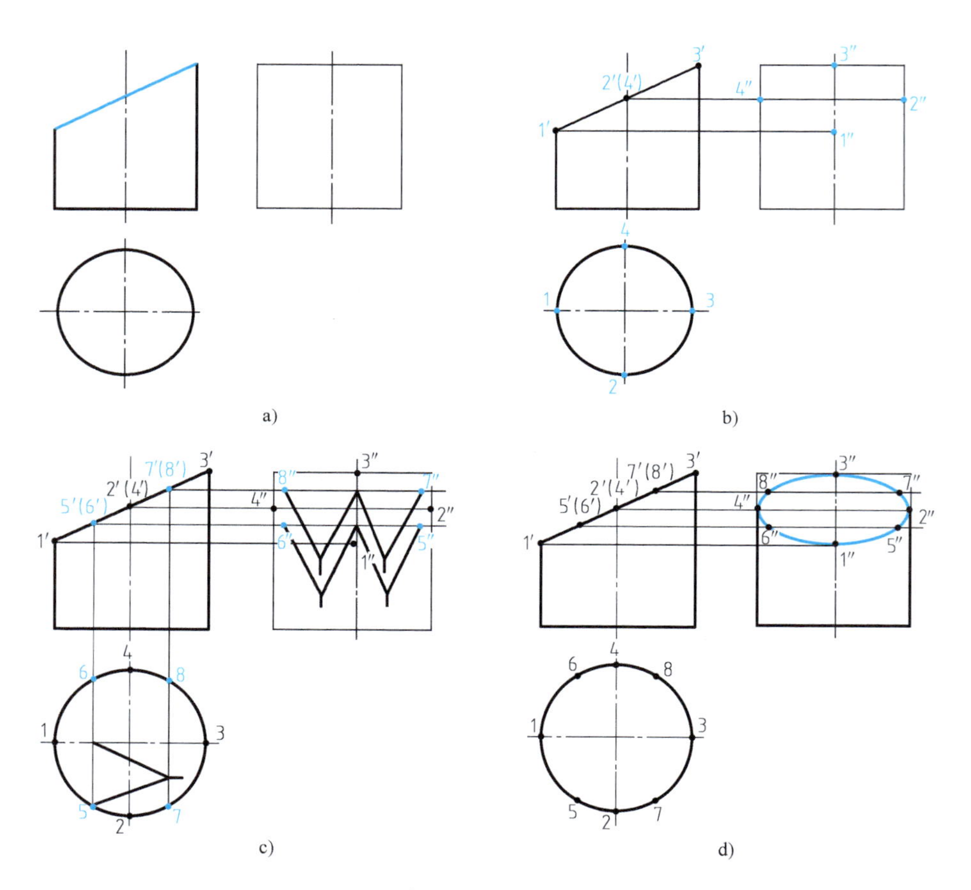

图4-17 圆柱的截交线

a) 例4.10题目 b) 例4.10找到特殊点 c) 例4.10补充一般点 d) 例4.10连成光滑曲线、完善轮廓

2. 圆锥的截断

根据截平面与圆锥轴线的相对位置不同，截交线有五种形状，见表4-2。

表 4-2 圆锥的截断

截平面位置	垂直于轴 $\theta=90°$	倾斜于轴且与圆锥面上所有的素线相交，$\theta>\alpha$	平行于圆锥表上的一条素线，$\theta=\alpha$
截交线形状	圆	椭圆	抛物线
形体图	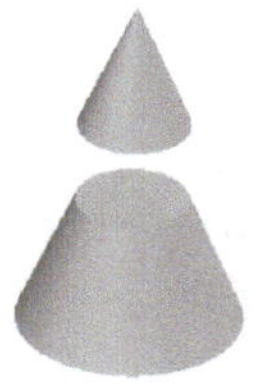	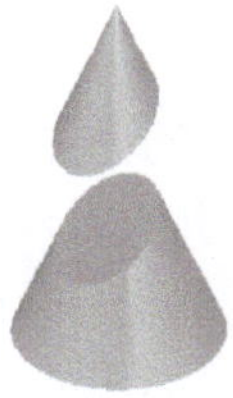	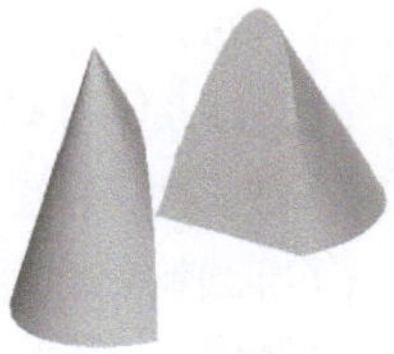
投影图	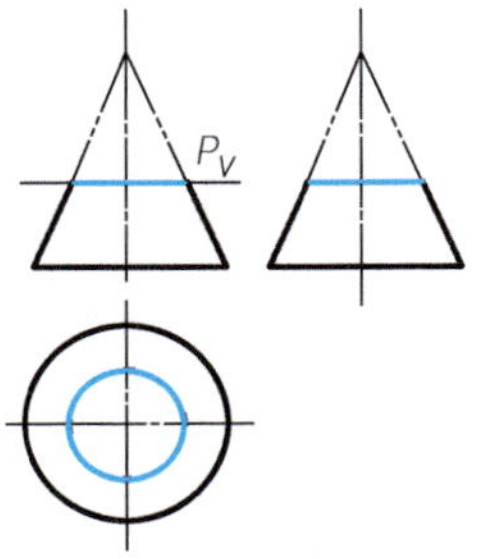 P_V	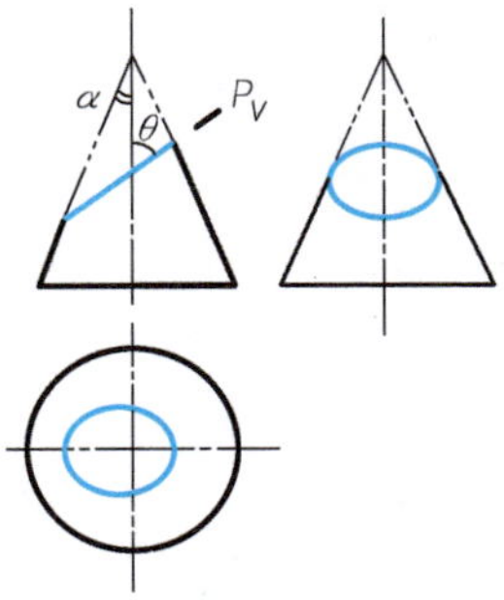 α θ P_V	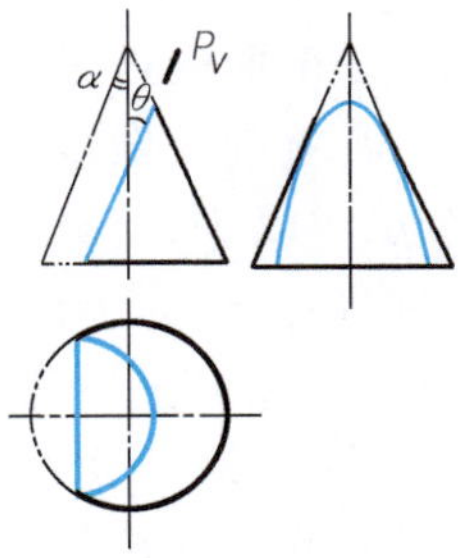 α θ P_V

截平面位置	平行于轴线，$\theta=0°$	过锥顶，与圆锥面的相交	
截交线形状	双曲线	三角形	
形体图	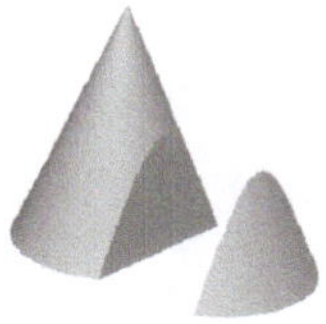		
投影图	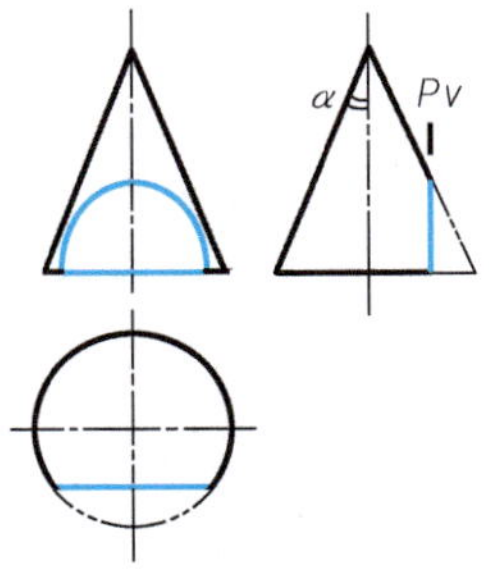 α P_V	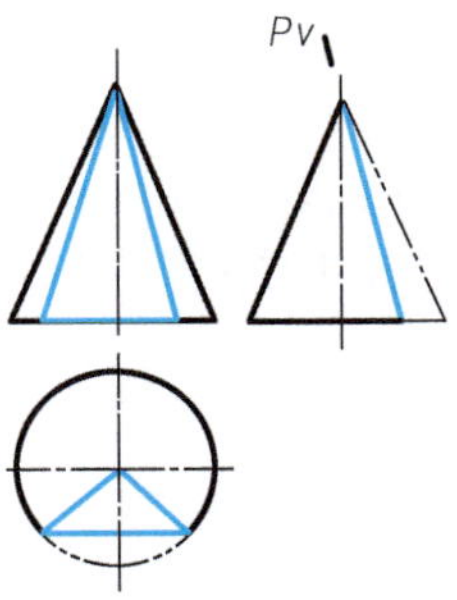 P_V	

【**例 4.11**】 圆锥被正垂面截断，要求完成三视图。

第一步：空间及投影分析。

(1) 分析回转体的形状以及截平面与回转体轴线的相对位置，确定截交线的形状

由图 4-18a 可知，截面倾斜于轴且与圆锥面上所有的素线相交，因此，截交线的形状为

椭圆，在 H 面、W 面的投影也为椭圆。

（2）分析截平面与投影面的相对位置

如图4-18a所示，截平面为正垂面，正垂面的投影特性为：在 V 面的投影积聚成一条线，在 H 面、W 面的投影具有类似性，经分析，在 H 面、W 面的投影均为椭圆，因此，本题的主要任务是画出截交线在 H 面、W 面的投影——椭圆。

第二步：画出截交线的投影。

截交线的投影为非圆曲线时的作图步骤。

① 先找特殊点（外形素线上的点和极限位置点）。如图4-18b所示，截交线的特殊点为截平面与圆锥的前后左右四条转向轮廓线的交点，因为截平面为正垂面，截平面在 V 面的投影积聚成一条线，因此，在 V 面投影图上很容易找到这四个点——1′、2′、3′、（4′）。根据圆锥的表面取点规则，利用长对正、高平齐、宽相等，可以找出 H 面上的1、2、3、4点，在 W 面的投影——1″、2″、3″、4″点。

② 补充一般点。如图4-18c所示，补充的一般点为5′、（6′）、7′、（8′）、9′、（10′）共6个点。以5′、（6′）为例，过5′、（6′）作一条水平线，交圆锥于 k'，长对正，求得 k，以 o 为圆心，ok 为半径，画圆，5、6点必定位于该圆上，5′、（6′）长对正，与圆的交点即为5、6，高平齐，然后用圆规量取 W 面上5″、6″的位置，如图4-18d所示。同理，可以求得7′、（8′）、9′、（10′）的 H 面投影和 W 面投影。

③ 光滑连接各点，并判断截交线的可见性。如图4-18e所示，将 H 面、W 面上各点依次光滑连接，即为所求的椭圆。

第三步：完善轮廓。

补充 W 视图中未画出的圆锥的轮廓线，图4-18f即为所求。

3. 圆球的截交线

用任何位置的截平面截割圆球，截交线的形状都是圆。当截平面平行于某一投影面时，截交线在该投影面上的投影为圆的实形，其他两面投影积聚为直线。

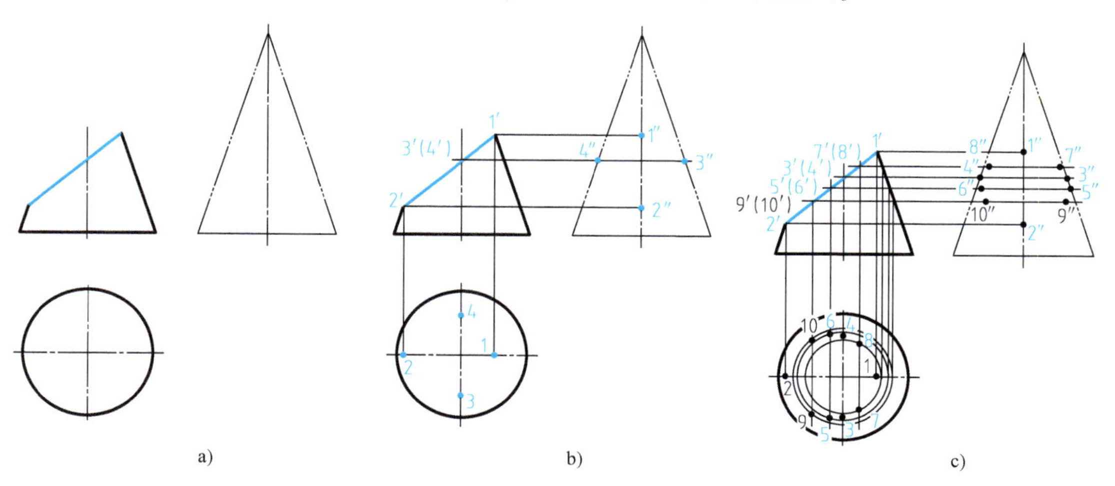

图4-18　圆锥的截交线

a）例4.11题目　b）找到特殊点　c）补充一般点

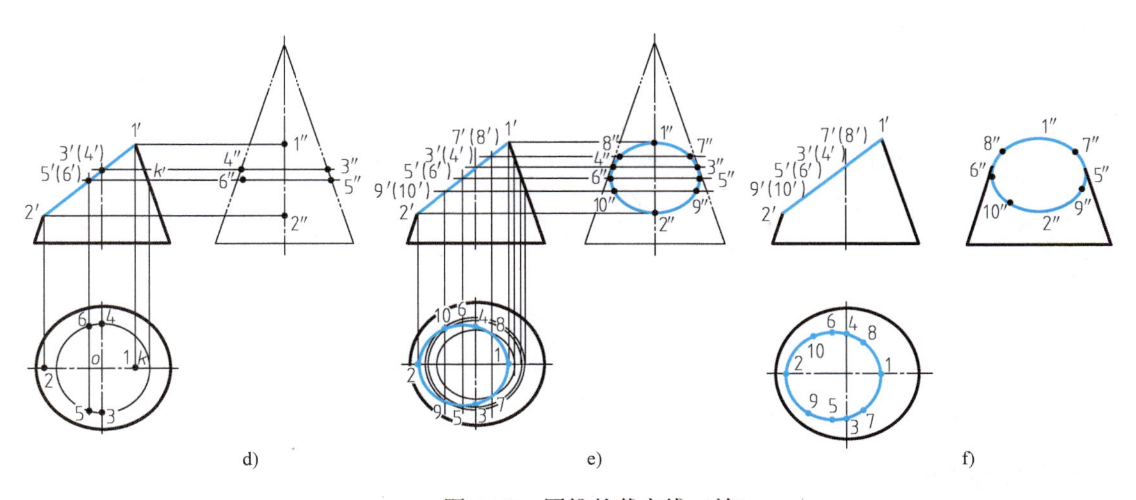

图 4-18　圆锥的截交线（续）

d）用辅助圆法求 5′、6′的投影　e）连成光滑曲线　f）完善轮廓

任务实施

补全图 4-19 所示圆柱切口开槽后的视图。

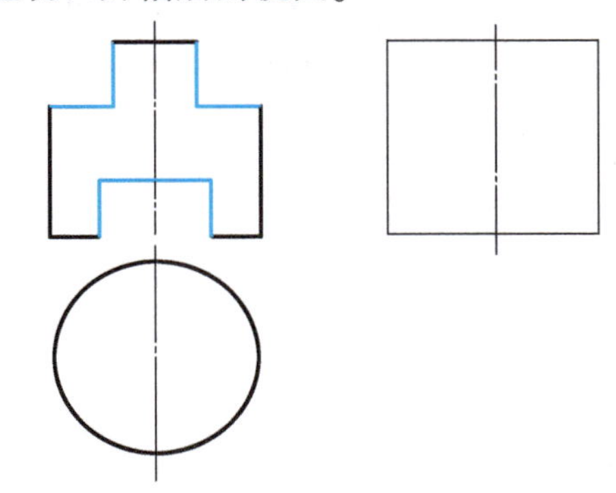

图 4-19　求圆柱切口开槽后的投影

任务三　绘制组合体的三面正投影图

知识链接

建筑物都是由一些基本形体如棱柱、棱锥、圆柱、圆锥、圆球等组成的。由基形体通过叠加、切割或相交等不同的形式组合而成的立体称为组合体。根据组合体各部分间的组合方式的不同，组合体通常可分成以下几类。

叠加型组合体：由若干个基本体叠加而成，如图 4-20a 所示。

切割型组合体：由一个大的基本体经过若干次切割而成，如图 4-20b 所示。

综合型组合体：既有叠加又有切割的组合形式形成的组合体，如图 4-20c 所示。

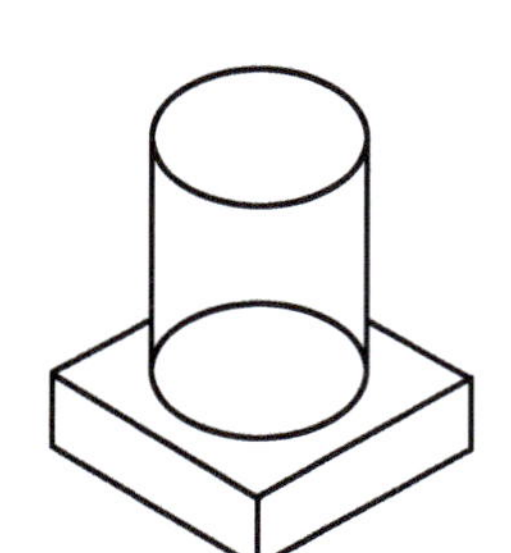

a)

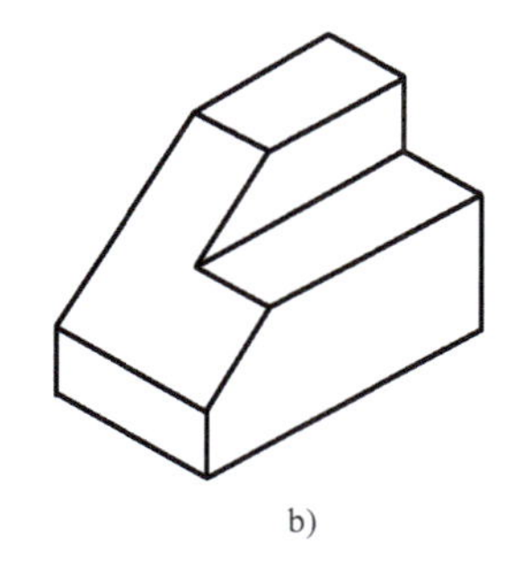

b)

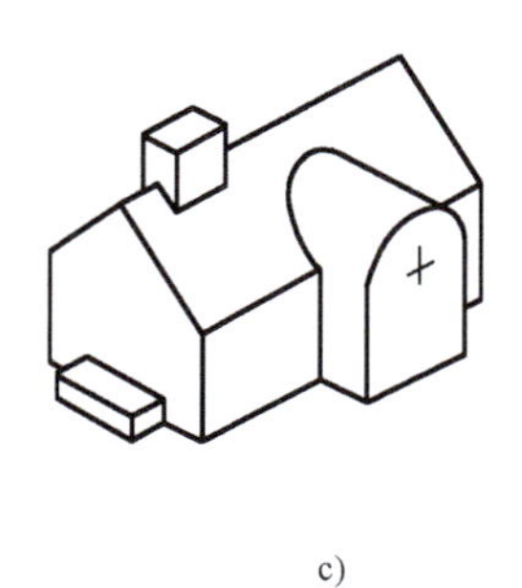

c)

图 4-20　组合体的组合方式
a）叠加型　b）切割型　c）综合型

一、组合体投影图的画法

建筑工程图中常将组合体的水平投影称为平面图，正面投影称为正立面图，侧面投影称为左侧立面图。平面图、正立面图、左侧立面图称为组合体的三面投影图。正确画出组合体的投影图，应遵循以下三点。

1. 形体分析

分析组合体是由哪些基本体组成的，对组合体中基本体的组合方式、表面连接关系及相互位置等进行分析，弄清各部分的形状特征，这种分析过程称为形体分析。

2. 投影图的选择

（1）画组合体的投影图，一般应使组合体处于自然安放位置

将前、后、左、右四个方向投影所得的投影图进行比较，选择合理的投影图有助于清楚地描述组合体。安放位置的选择主要考虑两点：①稳定性，②工作位置。

同一个形体，若按照图 4-21a 所示的形式安放，则为梁柱节点；若按照图 4-21b 所示的形式安放，则为基础节点。

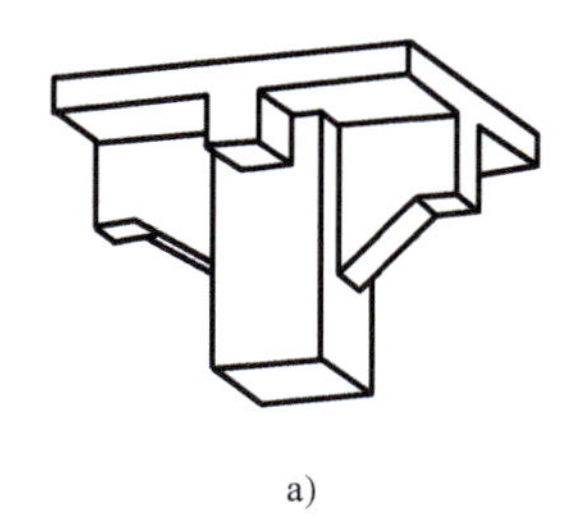

a)

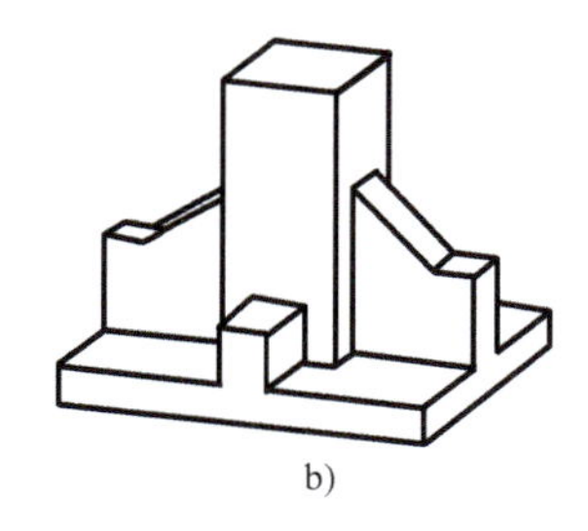

b)

图 4-21　同一形体不同安放形式
a）梁柱节点　b）基础节点

（2）选择正面投影

正立面图是一组投影图中最重要的投影图，一般情况下，应先确定正立面图，根据组合体形状特点，再考虑其他投影图。选择正面投影尽量遵循下列原则：①尽量反映形体特征；②尽量减少虚线。

如图 4-22a 和图 4-23a 所示，这是同一个形体，选择了不同的正面，得到的投影图也不

同，如图4-22b和图4-23b所示，图4-23b的左视图中虚线太多，不符合投影原则，因此图4-22a中的正面投影选择更合理。

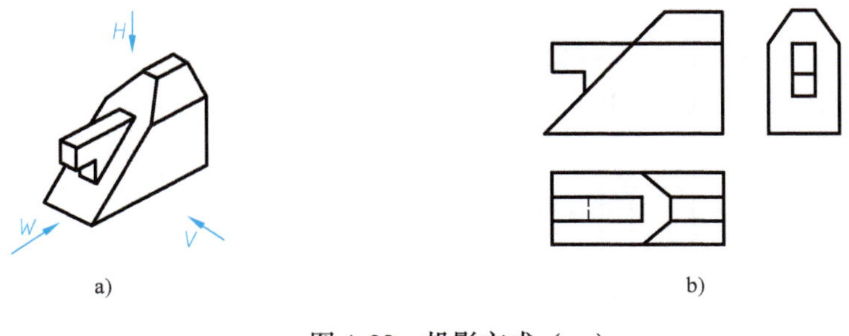

图4-22　投影方式（一）
a）投影方向方式　b）投影图

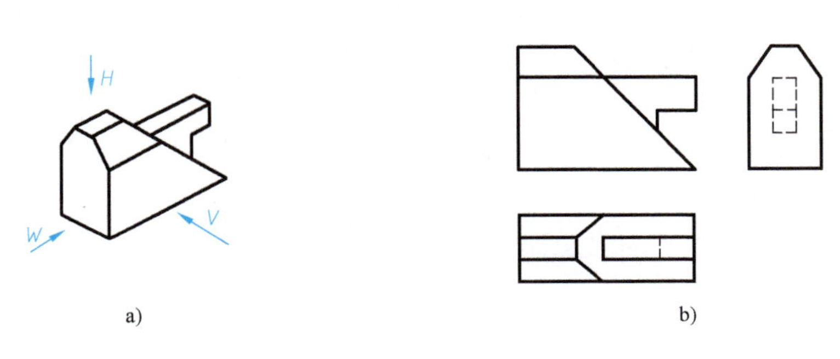

图4-23　投影方式（二）
a）投影方向方式　b）投影图

（3）要合理利用图纸

选择不同的投影面，除了需遵循上文的原则外，投影后的图形，尽量使图纸布局紧凑合理，且没有过多浪费。

3. 组合体的画图步骤

（1）选比例定图幅

根据投影数量，合理布置，并留足注写尺寸标注、图名、投影间距等位置，定出合理的比例或图幅。

（2）画底稿线

用正确的画图方法和步骤与组合体的组合方式相配合，画出形体的底稿线。

画组合体投影图的方法有叠加法、切割法、混合法等。

① 叠加法。叠加法是根据叠加型组合体中基本体的叠加顺序，由下而上或由上而下地画出各基本体的投影图，从而画出组合体投影图的方法。

② 切割法。切割型组合体投影图的画法，应先画出组合体未被切割前的投影图，然后按切割顺序，依次画出切去部分的投影，从而画出组合体投影图的方法。

（3）加深图线

加深前一定要先检查无误方可操作。

（4）标注尺寸、书写文字、完成全图

二、组合体的尺寸标注

1. 基本几何体的尺寸注法

如图 4-24 所示为常见的棱柱、棱锥、棱台、圆柱、圆锥、圆台、球等基本形体尺寸的注法。标注时要注意：长、宽、高标注齐全。

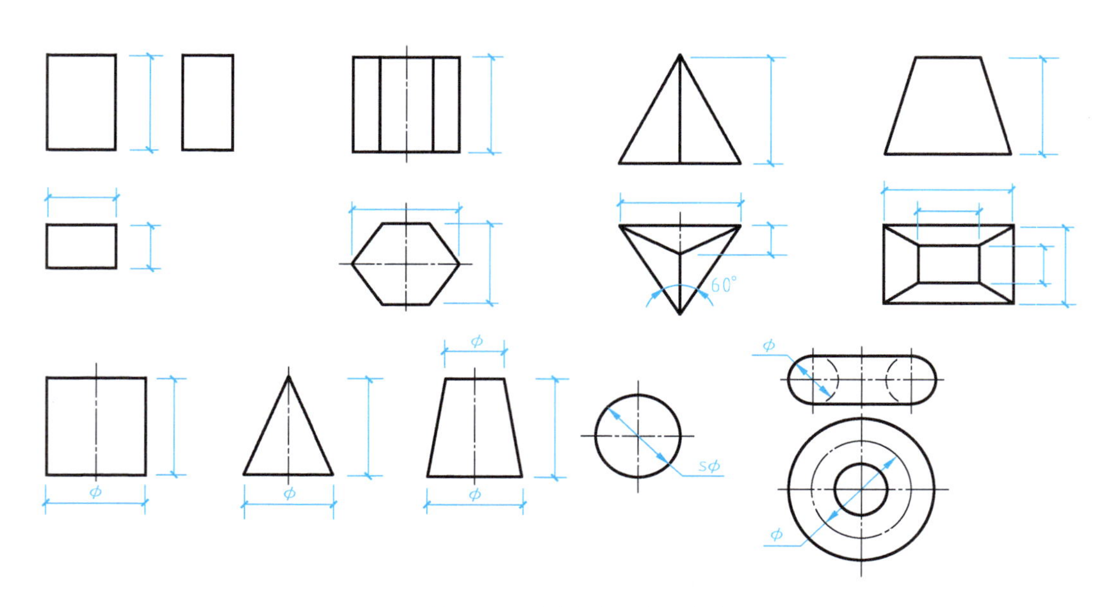

图 4-24 基本形状的尺寸标注

2. 尺寸的种类

要完整地确定一个组合体的大小，应标注如下三种尺寸。

定形尺寸——确定各基本体形状大小的尺寸。

定位尺寸——确定各基本体之间相对位置的尺寸。

总体尺寸——组合体的总长、总宽、总高尺寸。

以上三类尺寸的划分并非绝对，如某些尺寸既是定形尺寸又是总体尺寸，某些尺寸既是定位尺寸又是定形尺寸，这完全是与建筑形体的具体情况相关的。

标注组合体尺寸时，在某一方向确定各组成部分的相对位置，需要有一个相对的基准作为标注尺寸的起点，这个起点称为尺寸基准。由于组合体有长、宽、高三个方向的尺寸，所以每个方向至少有一个尺寸基准。

3. 尺寸布置

尺寸的布置原则：明显、集中、整齐。

【例 4.12】 绘制出下列组合体的三面投影图，如图 4-25 所示，并进行尺寸标注。

（1）形体分析

该形体可看成由四部分组成，顶部是长方体切割两次而成的切割体，主体部分是长方体切割五次而成（上部斜着切割两次，下部凹槽切割三次），左右两旁分别叠加了两个长方体。

（2）正立面的选择

根据正立面的选择原则——尽量反映形体特征和尽量减少虚线，按照图 4-26 所示选择形体的投影方向和正立面。

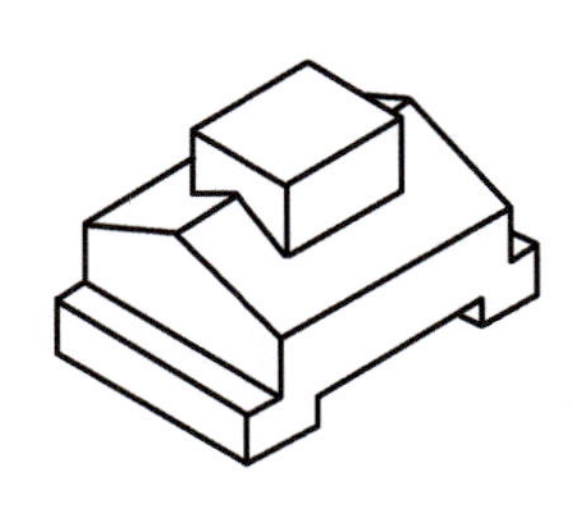

图 4-25　组合体的绘制

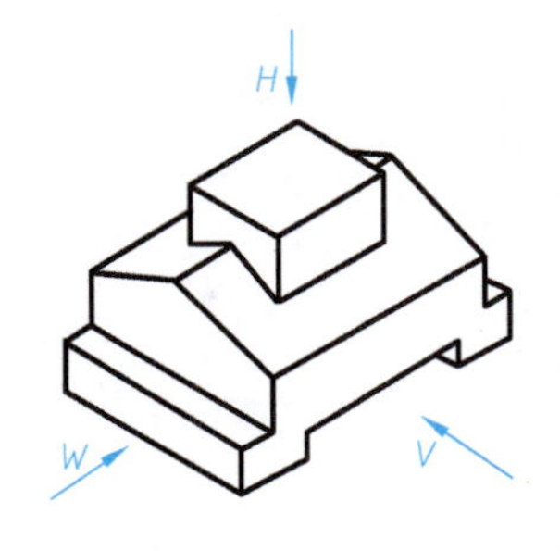

图 4-26　组合体的正立面选择

(3) 绘制组合体投影图

根据绘图步骤，绘制组合体的底稿图，如图 4-27 所示。

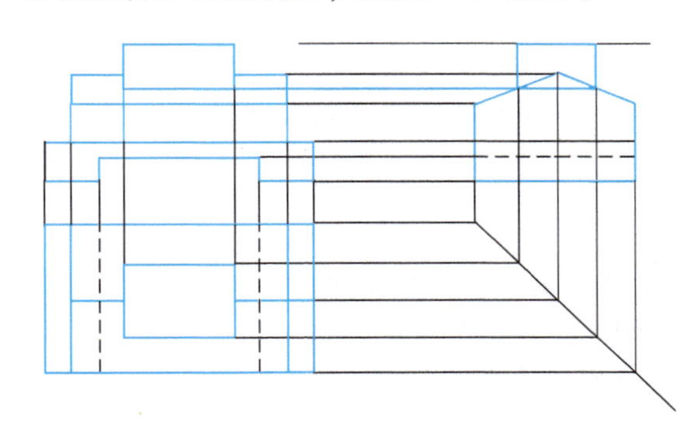

图 4-27　组合体底稿线的绘制

擦去多余线条，加深组合体轮廓线，为尺寸标注作准备，如图 4-28 所示。

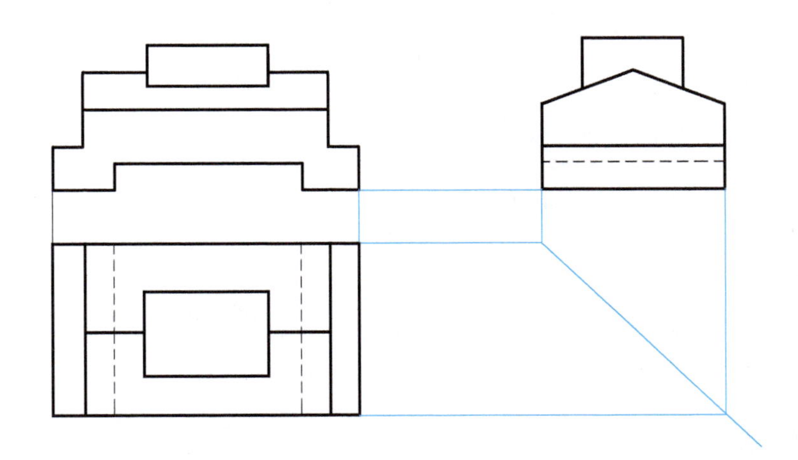

图 4-28　组合体的三视图

(4) 尺寸标注

根据尺寸标注原则，标注出其定型尺寸、定位尺寸、总体尺寸，如图 4-29 所示。

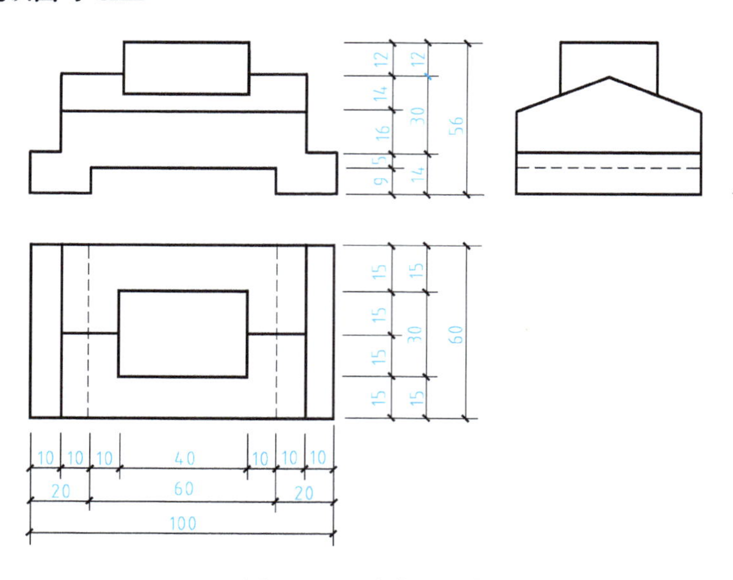

图 4-29　组合体的尺寸标注

任务实施

绘制出下列组合体的三面投影图，如图 4-30 所示，并进行尺寸标注. 要求：用 A3 图纸绘制，绘制时，尺寸按照 A3 图纸满幅布置，遵循长对正、高平齐、宽相等的投影原则。最后的尺寸标注直接在绘制好的图纸上量取。

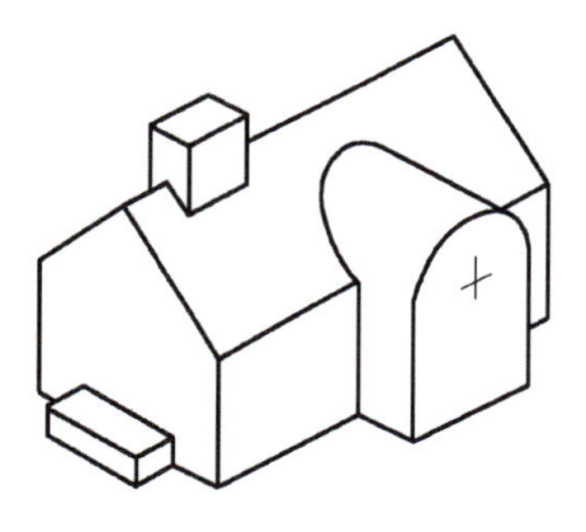

图 4-30　组合体的绘制

任务四　绘制组合体的剖面图和断面图

知识链接

一、剖面图

1. 剖面图的形成与画法

在绘制建筑形体的视图时，形体上不可见的轮廓线需用虚线画出。对于内形复杂的建筑

物，如一幢房屋，内部有各种房间、走廊、楼梯、门窗、基础等，如果都用虚线来表示这些看不见的部分，必然会造成图面虚实线交错，混淆不清，既不便于标注尺寸，也容易产生混乱。一些构配件也存在同样的问题。

为了能直接表达形体内部的形状，假想用剖切面剖开形体，将处于观察者和剖切面之间的部分移去，把剩下部分向投影面投射，所得的图形称为剖面图。剖面图将形体内部构造显露出来，使看不见的形体部分变成了看得见的部分，清晰直观地描述形体的内部构造。

图 4-31b 为杯型基础的三视图，其中 V 投影面投影图和 W 投影面投影图虚线太多（对复杂的建筑而言，内部更复杂），为了表达更清晰，往往用剖面图来表达内部结构。

可假想用一个通过基础前后对称平面的剖切平面 P 将基础剖开，然后将剖切平面 P 连同它前面的半个基础移走，将留下来的半个基础投射到与剖切平面 P 平行的投影面 V 上，所得到的视图称为剖面图，如图 4-32a 所示。同样，可以用一个通过左侧杯口的中心线并平行于 W 投影面的剖切平面 Q 将基础剖开，移去剖切平面 Q 和它左边的部分，然后向 W 投影面进行投射，得到基础的另一个方向的剖面图，如图 4-32b 所示。

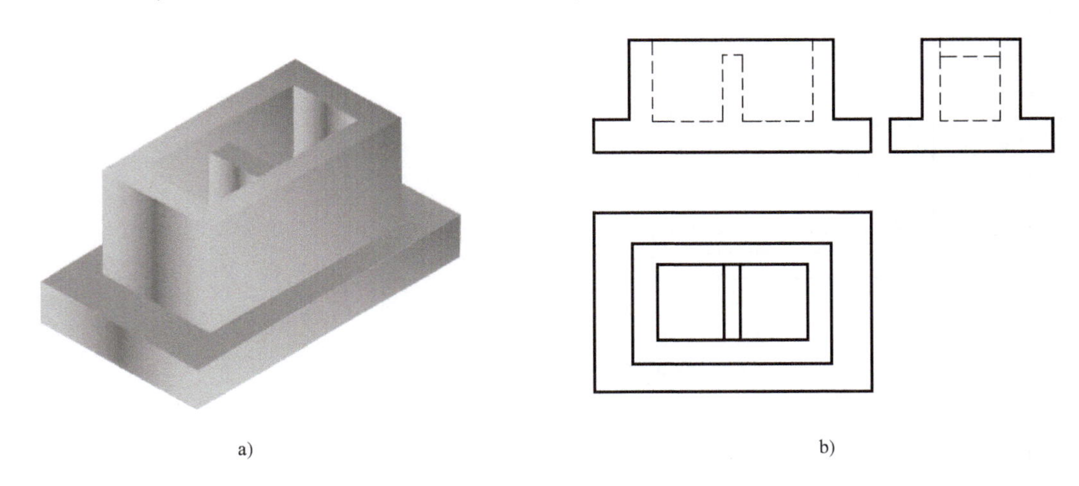

图 4-31　杯型基础及其三视图

a）杯型基础　b）三视图

相对于图 4-31b 的 V 投影面和 W 投影面的投影图，可以看到，在剖面图中，基础内部的形状、大小和构造，如杯口的深度和杯底的长度，都表示得一清二楚，如图 4-32c 所示。

注意：①由于剖切是假想的，所以只在画剖面图时才能假想将形体被切去一部分，形体始终是完整的。在画其他视图时，仍按完整的形体画出。如图 4-32a 所示，在画 V 向的剖面图时虽然已将基础“剖去”了前半部，但在画 W 向的剖面图时，则仍按完整的基础剖开，平面图也按完整的基础画出，因为我们是用假想的剖切面去剖切形体，而不是真的切开。

②剖面图中，剖切后所得到的图中有剖线和看线之分，如图 4-32c 中的细实线部分即为看线。

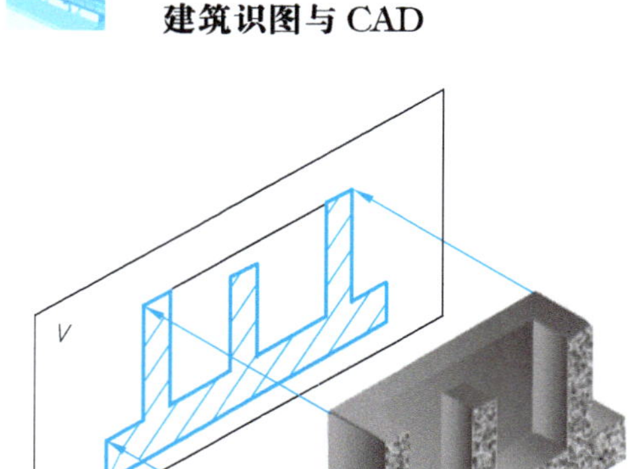

a)

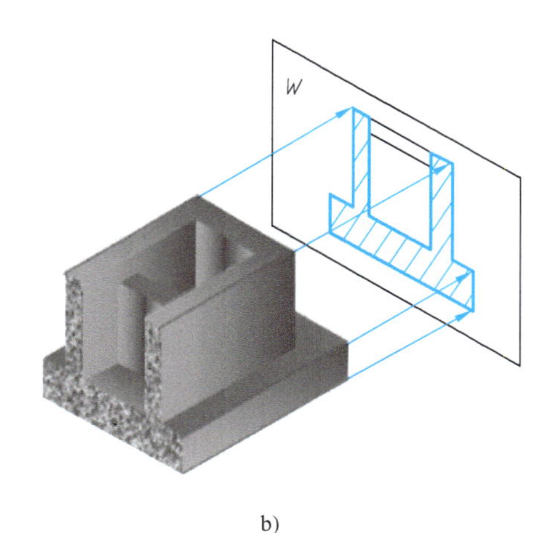

b)

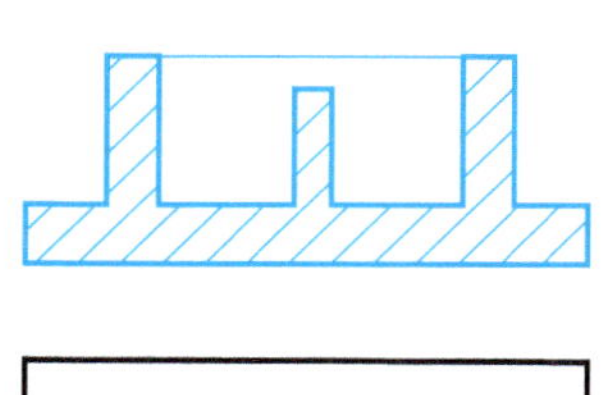

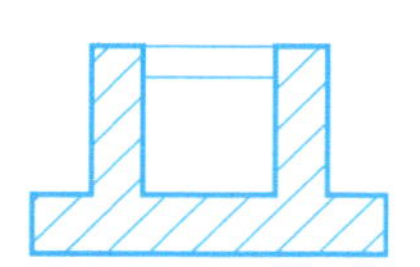

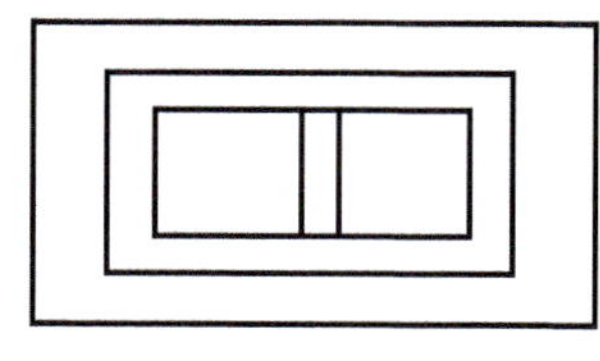

c)

图 4-32　杯型基础剖面

a）杯型基础 *V* 投影面剖面图　b）杯型基础 *W* 投影面剖面图　c）将 *V* 投影面、*W* 投影面投影图替换为剖面图

2. 剖面图的画法规定

（1）图线

剖面图除应画出剖切面切到部分的图形外，还应画出沿投射方向看到的其余部分，即画看线。被剖切面切到部分的轮廓线用粗实线绘制，剖切面没有切到、但沿投射方向可以看到的部分，用中实线或者细实线绘制。剖面图中一般不画虚线。

在剖面图中，应根据不同材料画出相应的建筑材料图例。当不需要表明材料时，通常可按习惯画间隔均匀、同方向的45°细实线。

（2）剖面图标注

剖面图标注由剖切位置线、投射方向线和编号组成。

为了读图方便，需要用剖切符号把所画的剖面图的剖切位置和剖视方向在投影图上表示出来，同时，还要给每一个剖面图加上编号，以免产生混乱。对剖面图的标注方法有如下规定。

① 剖切位置线：用剖切位置线表示剖切平面的剖切位置。剖切位置线实质上就是剖切平面的积聚投影。不过规定它只用两小段粗实线（长度为6～10mm）来表示，绘于剖切面

起、止和转折位置处，并且不应与其他图线相接触，如图 4-33 所示。

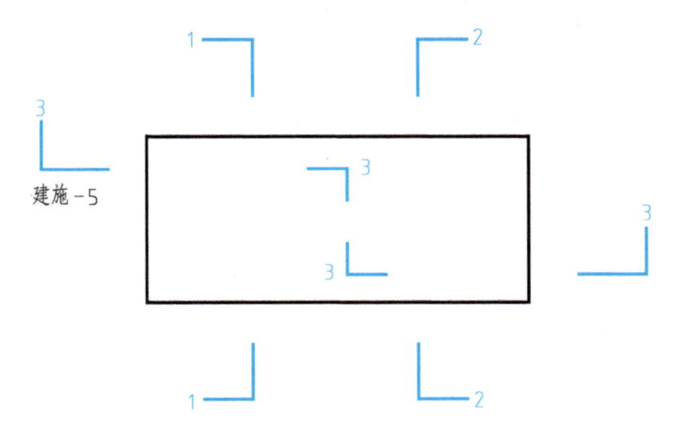

图 4-33　剖面图的标注

② 投射方向线：剖切后的剖视方向用垂直于剖切位置线的短粗实线（长度为 4～6mm）来表示。

③ 剖切符号的编号：应采用阿拉伯数字，按顺序由左至右，由下至上连续编排，并注写在剖视方向线的端部。剖切位置线需转折时，应在转角的外侧加注与该符号相同的编号，如图 4-33 中的“3—3”所示。

④ 剖面图如与被剖切图不在同一张图纸内，可在剖切位置线的另一侧注明其所在图纸的图纸号，如图 4-33 中的 3—3 剖切位置线下侧注写“建施-5”，即表示 3—3 剖面图在“建施”第 5 号图纸上。

⑤ 对习惯使用的剖切符号（如画房屋平面图时，通过门、窗洞的剖切位置）以及通过构件对称平面的剖切符号，可以不在图上作任何标注，即省略标注。

⑥ 在剖面图的下方或一侧，写上与该图相对应的剖切符号的编号，作为该图的图名，如“1—1 剖面图”“2—2 剖面图”等，并应在图名下方画上一条等长的粗实线。

（3）常用剖面图的种类

根据剖切方式的不同，剖面图有全剖面图、半剖面图和局部剖面图等。

1）全剖面图。假想用一个剖切平面将建筑形体全部剖开后得到的剖面图，称为全剖面图。根据剖切平面的数量和剖切平面间的相对位置，可分为用单一的剖切面剖切、用两个平行的剖切面剖切和用两个相交的剖切面剖切等三种情况。

① 一个剖切面剖切。如图 4-34 所示，用一个剖切面，将整个形体一分为二，将剖切面和观察者之间的部分形体移去，然后画出剖面图。

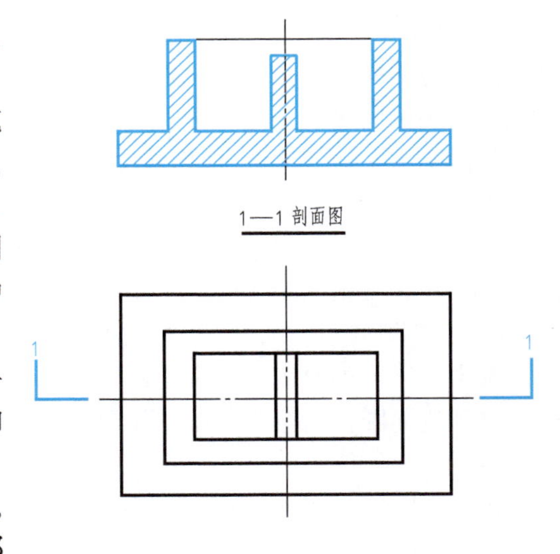

图 4-34　一个剖切面剖切

② 用两个或两个以上平行的剖切面剖切。若一个剖切平面不能将形体上需要表达的内部构造一齐剖开时，可将剖切平面转折成两个或

两个以上互相平行的平面，将形体沿着需要表达的部分剖开，然后画出剖面图。

如图 4-35 所示，使用一个平面剖开形体的小圆孔部分，另一个与其平行的平面剖开形体的大圆孔部分，然后画出剖面图。由于剖切是假想的，因此在剖面图中不应画出两个剖切平面的分界交线。需要转折的剖切线，应在转角的外侧加注与该符号相同的编号。

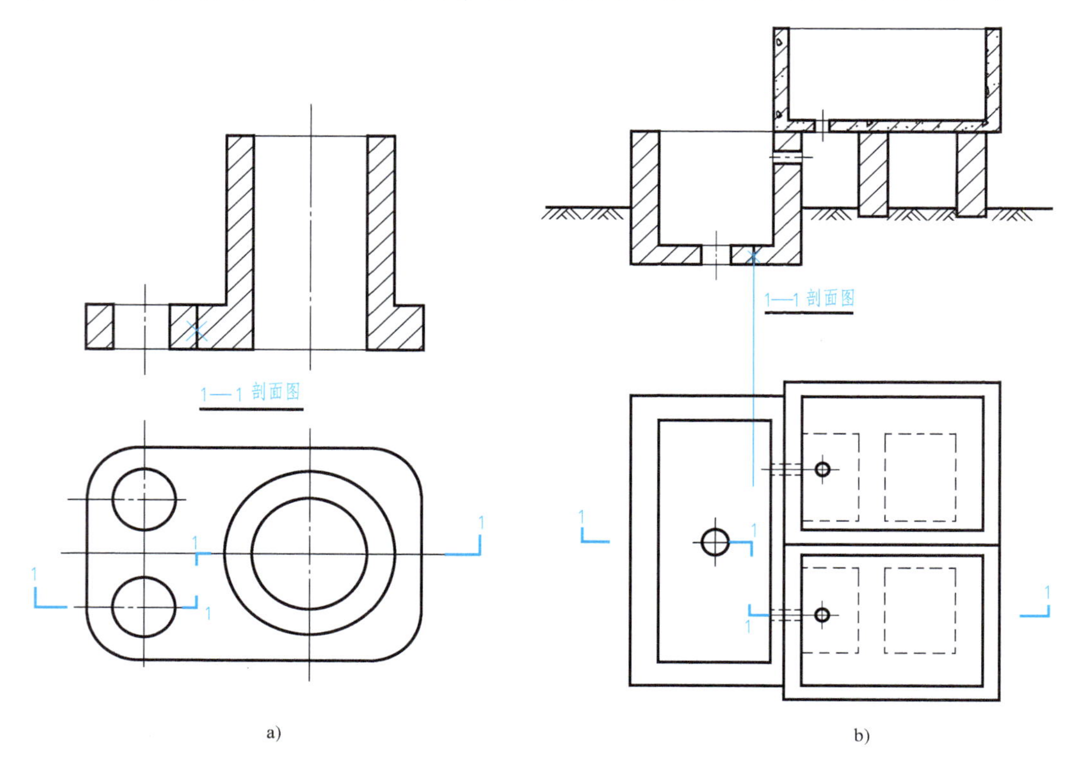

图 4-35　用两个平行剖切面剖切

a）普通形体　b）洗菜池

③ 用两个相交的剖切面剖切。假想按剖切位置剖开建筑形体，然后将倾斜于剖切平面剖开的部分旋转到与选定的投影面平行后，再进行投射得到的剖面图。用此方法剖切时，应在该剖面图的图名后加注“展开”两字。

如图 4-36a、b 所示，楼梯和检查井，是用两个相交的铅垂剖切平面，沿 1—1 位置将组合体上不同位置剖开，并将其中一个剖面绕两剖切平面的交线旋转展开，使两个剖面都平行于正立投影面，再一起向投影面投射得到的剖面图。在剖面图中不应画出两个相交剖切平面的交线。在相交的剖切线外侧，应加注与该剖切符号相同的编号。

2）半剖面图。当建筑形体左右对称或前后对称而外形又比较复杂时，在画投影图时，可以画出由半个外形正面投影图和半个剖面图拼成的图形，以同时表示形体的外形和内部构造。这种剖面图称为半剖面图，如图 4-37 所示。

习惯上：

① 当对称中心线是竖直线时，其右边画剖面图，左边画外形。

② 当对称中心线是水平横线时，其下边画剖面图，上边画外形。

③ 要特别注意：半剖面图与全剖面图的标注完全相同。

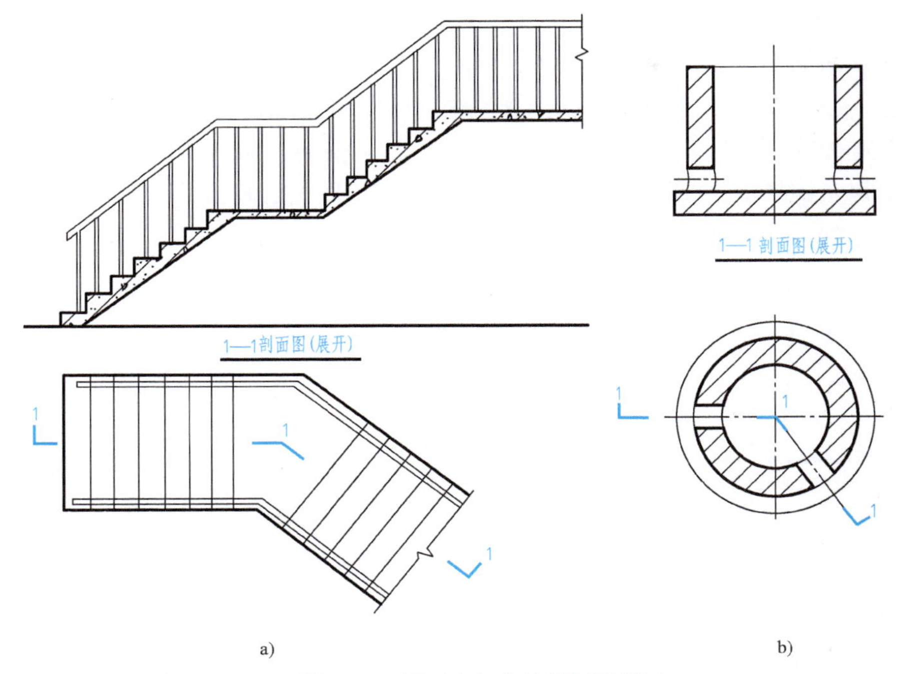

图 4-36　用两个相交的剖切面剖切

a）楼梯　b）检查井

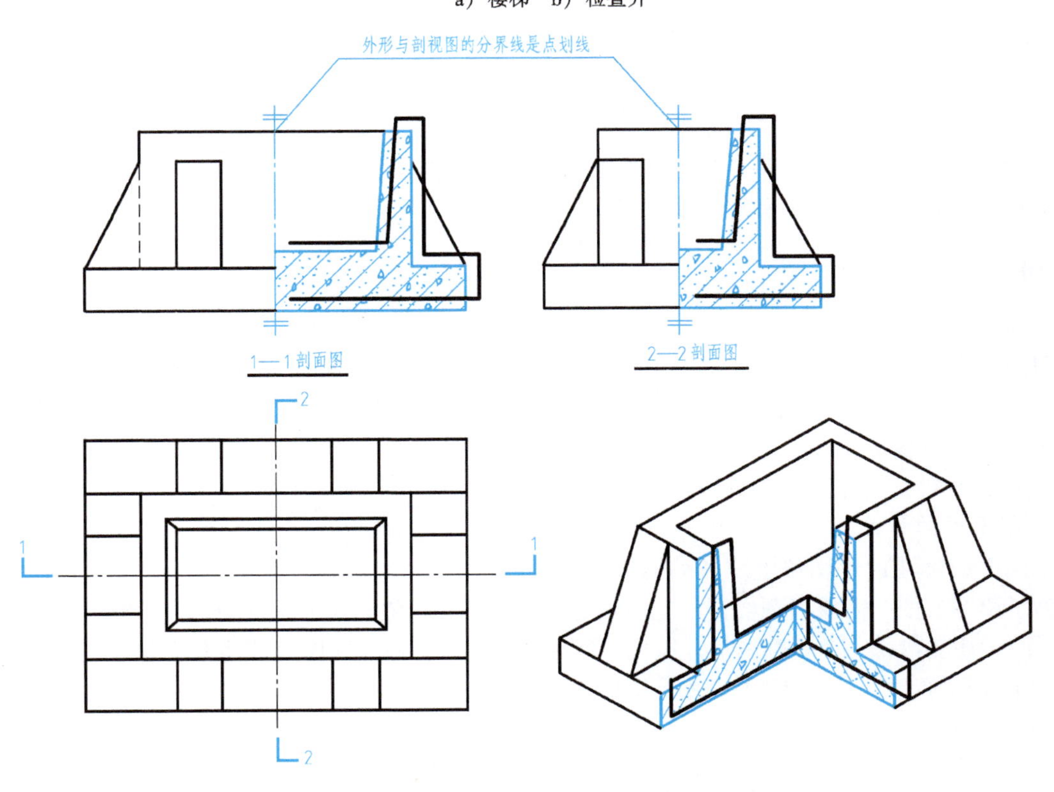

图 4-37　杯型基础半剖图

3）局部剖面图。当建筑形体的外形比较复杂，完全剖开后无法清楚表示它的外形时，可以保留原投影图的一部分，而只将局部地方画成剖面图。这种剖面图称为局部剖面图。

如图 4-38 所示，在不影响外形表达的情况下，将杯形基础水平投影的一部分画成剖面图，表示出基础内部钢筋的配置情况。按国标的规定，投影图与局部剖面之间应使用手画的波浪线分界。该基础的正面投影已被剖面图所代替。因为图上已画出了钢筋的配置情况，故在断面上便不再画钢筋混凝土的图例符号。

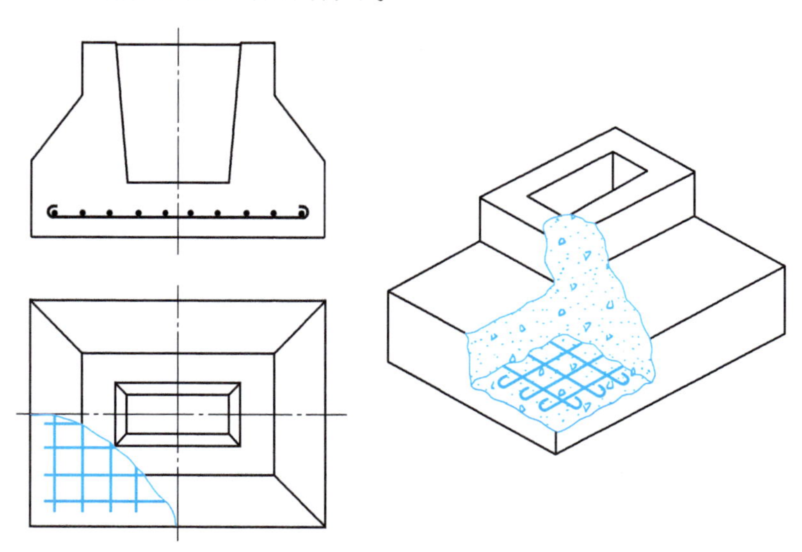

图 4-38　基础的局部剖切

若局部剖面的层次较丰富，可应用分层局部剖切的方法，画出分层剖切剖面图，这种剖面图多用于表达楼面、地面和屋面的构造。

二、断面图

1. 断面图的形成

假想用剖切面将物体某处切断，仅画出该剖切面与物体接触部分（接触的区域内画上剖面线或材料图例），向投影面投射所得的图形，称为断面图。剖切后所得到的断面图中只有剖线，没有看线。

杯型基础断面图如图 4-39 所示。

2. 断面图的标注

断面图的标注由剖切位置线和编号组成。

为了读图方便，需要用剖切符号把所画的断面图的剖切位置和剖视方向在投影图上表示出来，同时，还要给每一个断面图加上编号，以免产生混乱，对断面图的标注方法有如下规定。

① 剖切位置线：与剖面图一致。

② 投射方向线：无。

③ 剖切符号的编号：应采用阿拉伯数字，按顺序由左至右，由下至上连续编排，编号写在投射方向一侧。如写在剖切位置线下侧，表示向下投射；注写剖切位置线在左侧，表示向左投射。

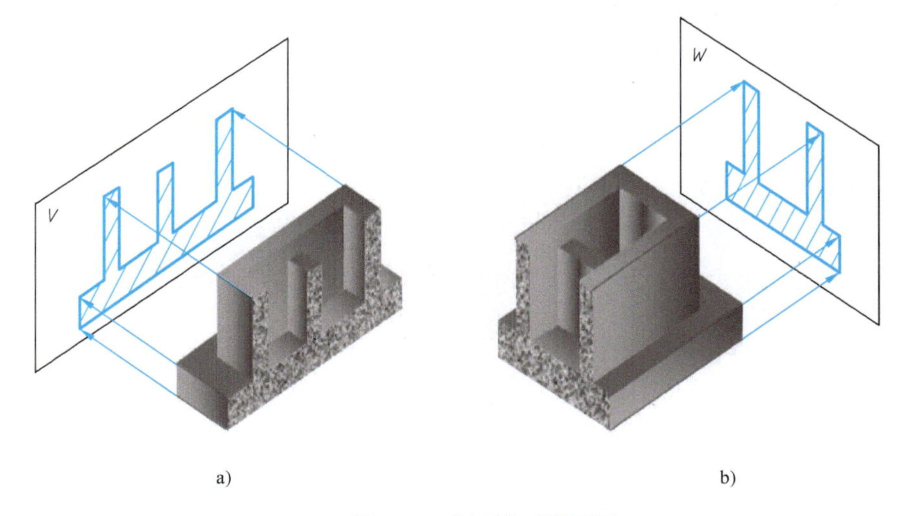

图 4-39　杯型基础断面图

a）杯型基础 V 投影面断面图　b）杯型基础 W 投影面断面图

3. 剖面图和断面图的区别

① 断面图只画出形体被剖开后断面的实形，如图 4-39 所示。而剖面图要画出形体被剖开后整个余下部分的投影，如图 4-37 所示。

② 剖面图是被剖开的形体的投影，是体的投影，而断面图只是一个截口的投影，是面的投影。被剖开的形体必有一个截口，所以剖面图必然包含断面图在内，而断面图虽属于剖面图中的一部分，但一般单独画出。

③ 剖切符号的标注不同。断面图的剖切符号只画剖切位置线，不画投射方向线，用编号的注写位置来表示投影方向。

④ 习惯上，剖面图的图名写"×－×剖面图"，断面图的图名只写"×－×"，不写"断面图"三个汉字。

4. 断面图的种类

（1）移出断面图

当一个形体构造比较复杂，需要有多个断面图时，通常将断面图画在视图轮廓线以外，排列整齐，这样的断面图称为移出断面图。移出断面图是表达建筑构件时常用的一种图样，如结构施工图中的基础详图、配筋图中的断面图等都属于移出断面图。如图 4-40 所示为梁的移出断面图。

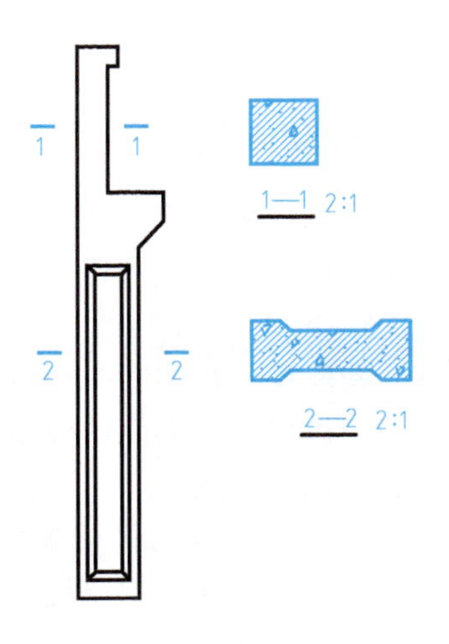

图 4-40　移出断面

（2）重合断面图

在表达一些比较简单的断面形状时，可以将断面图画在原视图之内，比例与原视图一致，这样的断面图称为重合断面图。重合断面图经常用来表示墙壁立面的装饰，如图 4-41a 所示，用重合断面表示出墙壁装饰板的凹凸变化。此断面图的形成是用一个竖直剖切平面，将装饰板剖开后，再将断面图向外翻转 90°与立面图重合在一起。

结构梁板的断面图可画在结构布置图上，如图 4-41b 所示。

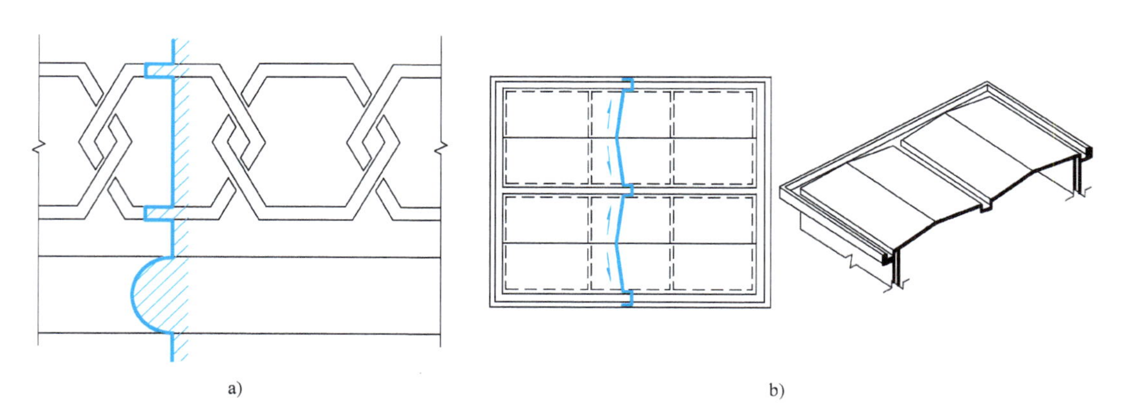

图 4-41　重合断面

a）墙面装修断面图　b）屋顶断面图

（3）中断断面图

在表达较长且只有单一断面的杆件时，可以将杆件的视图在某一处打断，在断开处画出其断面图，这种断面图称为中断断面图。中断断面不需要标注剖切符号，也不需任何说明。中断断面经常用在钢结构图中来表示型钢的断面形状，如图 4-42a 所示，图 4-42b 所示为花篮形梁的中断断面图。

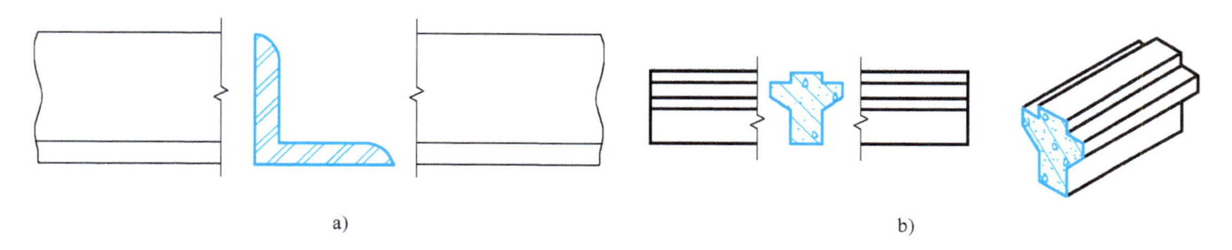

图 4-42　中断断面

a）角钢断面图　b）花篮形梁断面图

三、简化画法

为减少画图工作量，提高工作效率，或由于绘图位置不够，建筑制图国家标准允许在必要时采用下列简化画法。

1. 对称简化画法

构配件的视图有一条对称线，可只画该视图的一半，并画出对称符号，如图 4-43 所示。

形体需要画剖面图或断面图时，可以以对称符号为界，一半画视图（外形图）一半画剖面图或断面图。

2. 相同要素的简化画法

构配件内多个完全相同且连续排列的构造要素，可以在排列两端或适当位置画出其完整形状，其余部分以中心线或中心线交点表示，如图 4-44 所示。

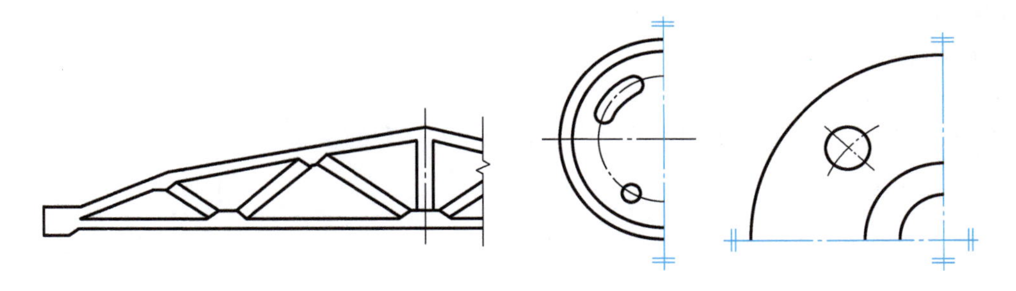

图 4-43　有对称轴图形的简化

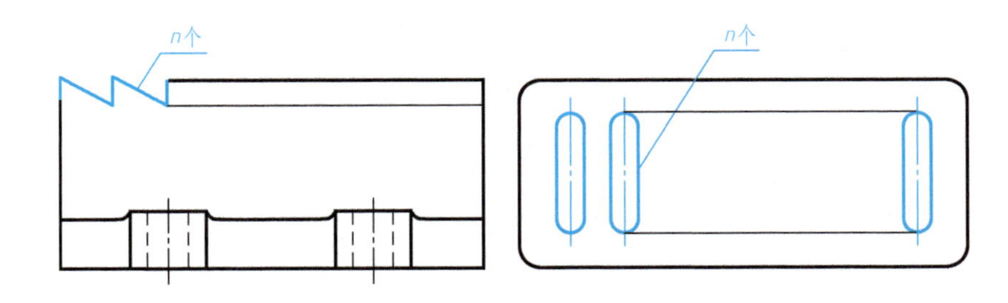

图 4-44　相同要素的简化画法

3. 折断简化画法

较长的构件，当沿长度方向的形状相同或按一定规律变化时，可断开省略绘制，断开处应以折断线表示，如图 4-45 所示。

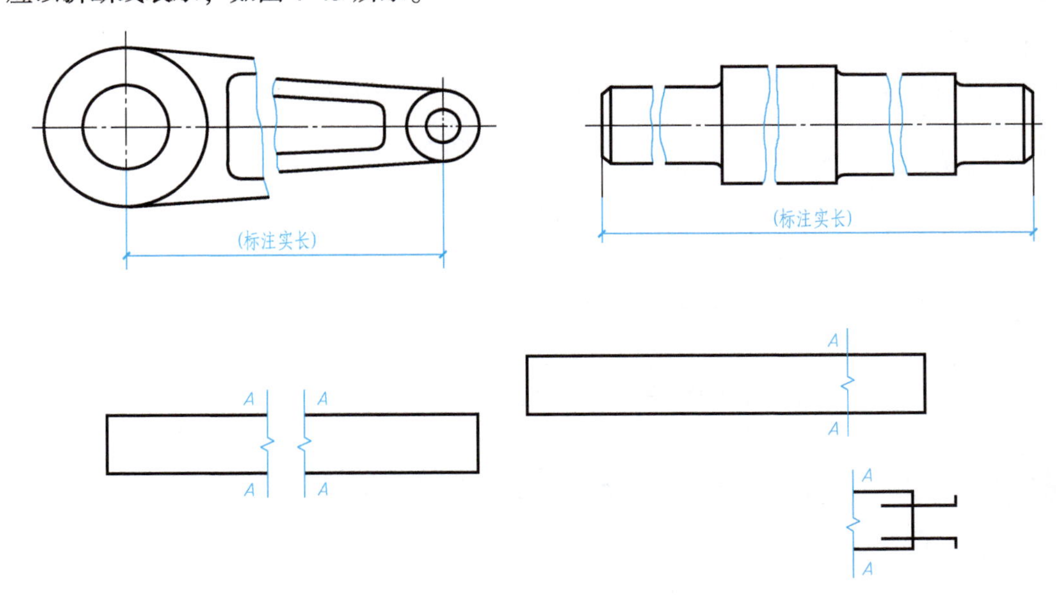

图 4-45　较长构件的简化画法

一个构配件，如果绘制位置不够，可分成几个部分绘制，并应以连接符号表示相连。连接符号应以折断线表示需连接的部位。两部位相距过远时，折断线两端靠图样一侧应标注大写拉丁字母以表示连接编号。两个被连接的图样应使用相同的字母编号。

4. 省略标注

用对称平面剖切，并且剖面图位于基本视图的相应位置时可省略标注。如图 4-46 所示即为省略标注，剖切位置为俯视图中的水平对称轴，剖切后的投影图与主视图重合。

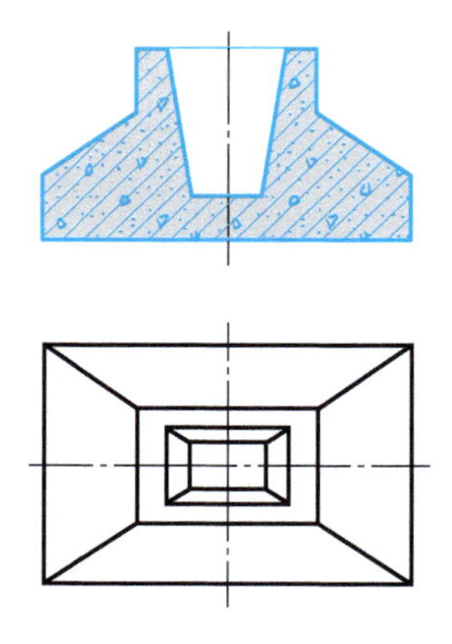

图 4-46　对称剖切的省略标注

习惯的剖切位置可省略标注。如房屋建筑图中的平面图（通过门窗洞口的水平面剖切而成）。

任务实施

图 4-47 所示为某杯型基础的轴测图和俯视图，请画出该形体的正视图和左视图，并将基础的主视图（V 投影）改为全剖面图，侧视图（W 投影）画成半剖面图。

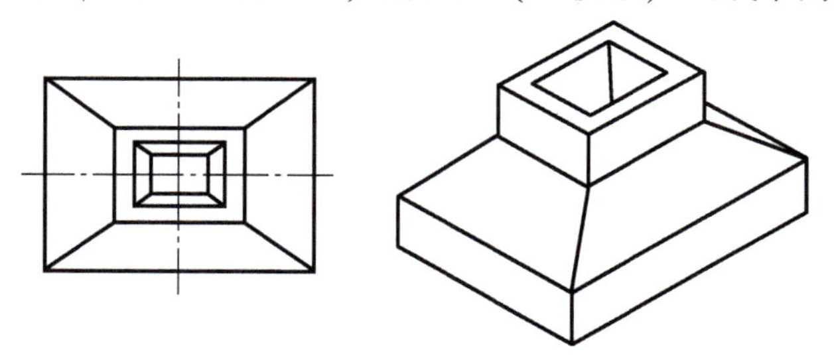

图 4-47　某杯型基础轴测图和俯视图

任务五　学习 AutoCAD 基本绘图命令

知识链接

一、绘图方法

AutoCAD 的绘图方法有三种：

① 绘图菜单栏绘图。绘图菜单栏中，命令旁如果有三角形，说明该命令有多个选项，可以单击三角形将其展开，如图 4-48a 所示。

② 绘图工具栏绘图。单击绘图工具栏的对应图标，可以进行绘图，如图 4-48b 所示，将鼠标放在图标上，系统会自动展开并显示出该图标对应命令的操作方法。

③ 绘图命令绘图。在命令行可以直接输入命令的英文单词或者快捷键，然后跟着命令行提示进行操作，如图 4-48c 所示。

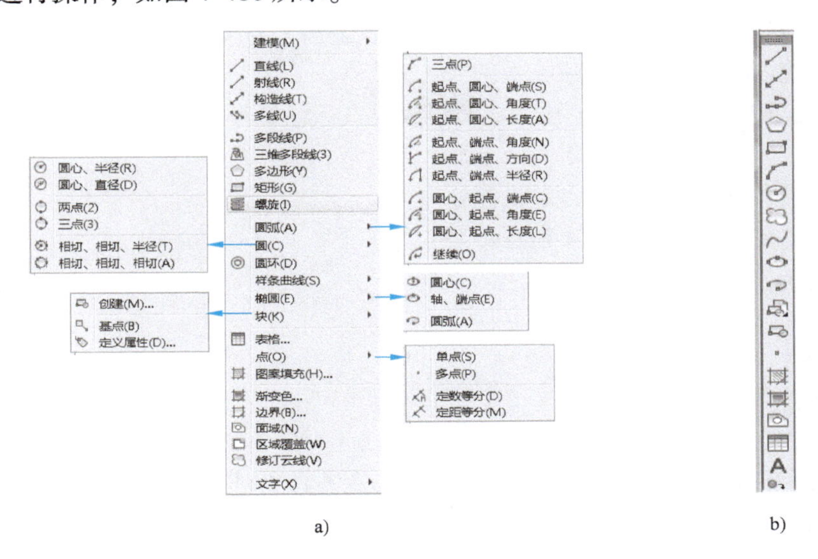

命令: 指定对角点或 [栏选(F)/圈围(WP)/圈交(CP)]:
键入命令

c)

图 4-48　AutoCAD 的绘图方法
a）绘图菜单栏绘图　b）绘图工具栏绘图　c）绘图命令绘图

提示：可根据“工具”菜单栏查询不同命令的英文单词和快捷键，具体操作为：工具→自定义→编辑程序参数。

二、绘制点

1. 点（POINT）

POINT 命令用于在指定位置绘制单个点。

（1）输入命令的方法

① 命令行提示。命令行输入“POINT”，按 <Enter> 键。

② 绘图工具栏。单击“绘图”→“点”→“单点”。

（2）绘制多个点

单击“绘图”→“点”→“多点”。

（3）点的样式设置

单击“格式”→“点样式”。

2. 定数等分（DIVIDE）

DIVIDE 命令用于等分一个选定的实体，并在等分点处设置点标记符号或图块。等分段数的取值为“2～32767”。

（1）输入命令的方法

下拉菜单：“绘图”→“点”→“定数等分”。

命令行：输入“DIVIDE”（快捷键 DIV），按 < Enter > 键。

（2）可根据命令提示，按分段数等分实体并在分点处插入一个块

3. 定距等分（MEASURE）

MEASURE 命令能在选定的实体上按指定间距放置点标记符号或图块。输入命令的方法如下。

下拉菜单：“绘图”→“点”→“定距等分”。

命令行：输入“MEASURE”，按 < Enter > 键。

三、绘制线

1. 直线（LINE）

输入命令的方法：

① 下拉菜单：“绘图”→“直线”。

② 工具栏：单击“绘图”工具栏中的工具按钮。

③ 命令行：输入“LINE”（或输入快捷键 L），按 < Enter > 键。

【例 4.13】 如何绘制角度线，如：与水平方向成 45°的线。

命令行：输“LINE”，并进行如下操作。

指定第一点 [放弃（U）]：选择直线的第一点；

指定下一点 [放弃（U）]：输入“ <45”（即指定和水平方向夹角为 45°的意思，其他角度线同样操作）；

指定下一点 [放弃（U）]：输入直线的长度或者终点；

指定下一点 [放弃（U）]：按 < Enter > 键结束命令。

提示：CAD 系统默认东方为 0°，逆时针为正，顺时针为负，因此，在绘制角度线时，一定要转换成和东方的夹角。

【例 4.14】 用相对坐标绘制 A3 图纸。

命令行：输“LINE”，并进行如下操作。

指定第一点 [放弃（U）]：0，0；

指定下一点 [放弃（U）]：@420，0；

指定下一点 [放弃（U）]：@297 <90；

指定下一点 [放弃（U）]：@ －420，0；

指定下一点 [放弃（U）]：按 < Enter > 键结束命令。

【例 4.15】 如何绘制比例是 1:100 楼梯的折断线？

命令行：输“LINE”，并进行如下操作。

指定第一点 [放弃（U）]：按 < F8 > 键（打开正交），再画一段水平线；

指定下一点［放弃（U）］：按<F8>键（关闭正交），再输入“<285”，按<Enter>键，输入“223”；

指定下一点［放弃（U）］：输入“<75”，按<Enter>键，输入“426”；

指定下一点［放弃（U）］：输入“<285”，按<Enter>键，输入“203”；

指定下一点［放弃（U）］：再画一段水平线，按<Enter>键结束命令。

【例 4.16】其他比例的楼梯折断线如何绘制？

解决办法：用 SCALE 命令将比例为 1:100 的折断线进行放大或者缩小。

【练习 1】绘制图 4-49 所示图形。

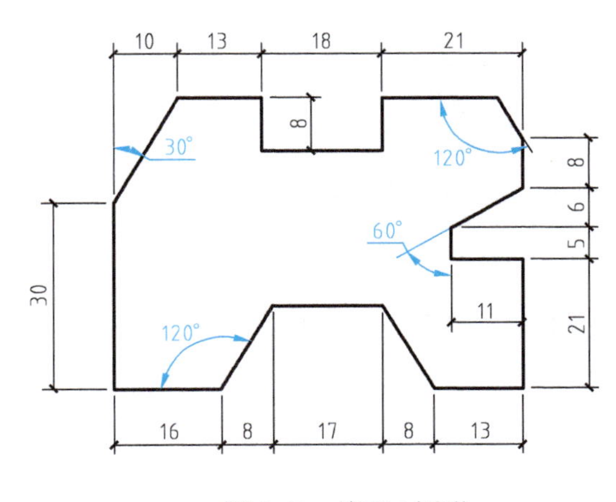

图 4-49　练习 1 图形

2. 射线（RAY）

输入命令的方法如下。

① 下拉菜单：“绘图”→“射线”。

② 命令行：输入“RAY”，按<Enter>键。

3. 构造线（XLINE）

（1）输入命令的方法

① 下拉菜单：“绘图”→“构造线”。

② 工具栏：单击“绘图”工具栏中的工具按钮。

③ 命令行：输入“XLINE”（或快捷键 XL），按<Enter>键。

（2）选项说明

输入构造线命令之后，除了用两点定一条线的方式绘制一条构造线外，在中括号中有选项“水平（H）垂直（V）角度（A）二等分（B）偏移（O）”。

① 水平（H）：在输入构造线命令之后，再输入“H”，绘制的构造线为水平线。

② 垂直（V）：在输入构造线命令之后，再输入“V”，绘制的构造线为垂直线。

③ 角度（A）：在输入构造线命令之后，再输入“A”，然后输入一个角度，可以绘制和水平方向呈指定角度的构造线。

④ 二等分（B）：在输入构造线命令之后，再输入“B”，绘制的构造线将指定角度二等分。

⑤ 偏移（O）：在输入构造线命令之后，再输入“O”，然后输入一个尺寸，可将构造线偏移指定距离。

提示：可用构造线绘制辅助线。如绘制建筑立面图时，可用构造线，从平面图上定位立面图中窗的位置。

4. 多线（MLINE）

（1）输入命令的方法

① 下拉菜单：“绘图”→“多线”。

② 命令行：输入“MLINE”（或输入快捷键 ML），按 <Enter> 键。

提示：多线可用于绘制建筑平面图中的墙体，如图 4-50所示。

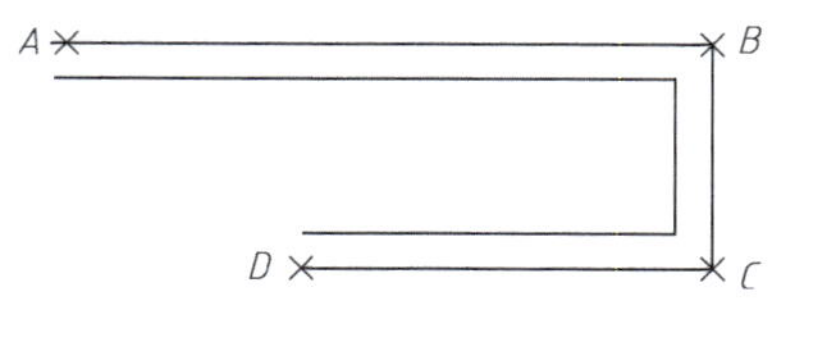

图 4-50　多线示例

（2）选项说明

输入多线命令之后，在中括号中有选项“对正（J）比例（S）样式（ST）”。

① 对正（J）：可以改变对正方式，如图 4-51 所示。

② 比例（S）：可改变多线的比例。

③ 样式（ST）：可以通过输入多线样式的名称来指定多线的样式。

图 4-51　多线的对正方式

（3）设置多线样式

单击菜单：“格式”→“多线样式”或在命令行输入“MLSTYLE”命令均可打开多线样式对话框。

提示：此处设置的宽度乘以多线选项说明中“比例（S）”中设置的比例，为最后绘制的多线中两条线之间的宽度。

（4）多线编辑

在命令行输入“MLEDIT”命令，对话框中提供了 4 列工具，分别为十字交线、T 形交线、角形交线、切断交线。

提示：可以用 EXPLODE 命令将多线炸开成单条直线，然后进行编辑。

【练习 2】用多线命令绘制图 4-52 所示图形。

5. 多段线（POLYLINE）

（1）输入命令的方法

① 下拉菜单：“绘图”→“多段线”。

② 工具栏：单击“绘图”工具栏中的工具按钮。

③ 命令行：输入“PLINE”（或输入快捷键 PL），按 <Enter> 键。

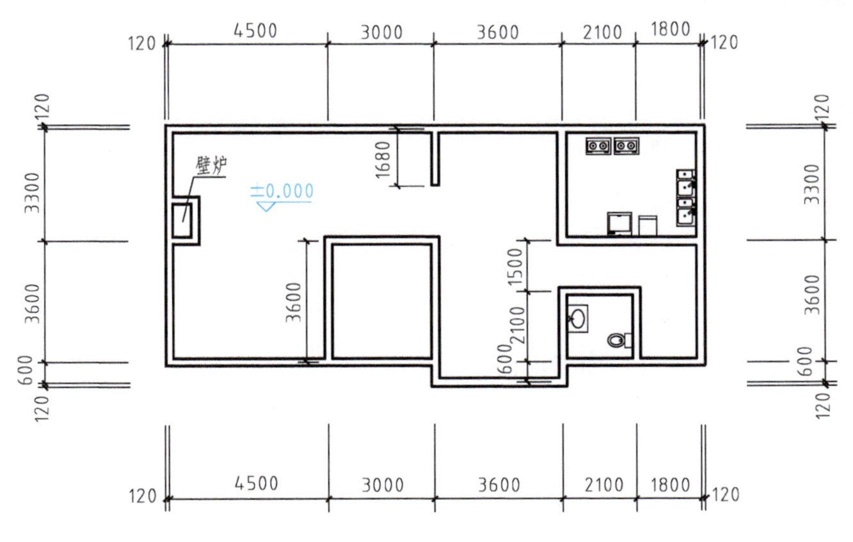

图 4-52　练习 2 图形

（2）选项说明

输入多线命令，指定多线第一个点之后，在中括号中有选项“圆弧（A）半宽（H）长度（L）放弃（U）宽度（W）”。

① 圆弧（A）：指定多段线起点之后，输入“A”，绘制圆弧。

② 半宽（H）：指定多段线起点之后，输入“H”，指定多段线的半宽度。

③ 长度（L）：指定多段线起点之后，输入“L”，然后输入尺寸，绘制一段指定长度的直线。

④ 放弃（U）：指定多段线起点之后，输入“U”，放弃命令执行。

⑤ 宽度（W）：指定多段线起点之后，输入“W”，指定多段线的宽度。

【例 4.17】 绘制比例为 1:100 的楼梯的箭线。

命令行：输入“POLYLINE”并进行如下操作。

指定下一个点［放弃（U）］：选择楼梯箭线起点；

指定下一个点［放弃（U）］：指定箭线下一个点；

指定下一个点［放弃（U）］：输入“W”；

指定下一个点［放弃（U）］：输入起点宽度“200”；

指定下一个点［放弃（U）］：输入端点宽度“0”；

指定下一个点［放弃（U）］：输入“450”；

指定下一个点［放弃（U）］：按 <Enter> 键结束命令。

提示：指定多段线宽度时，如果端点和起点宽度一样，则绘制出一条有指定宽度的多线，建筑 CAD 中常常用这种方法绘制粗线。

四、绘制圆、弧、椭圆

1. 圆（CIRCLE）

（1）输入命令的方法

① 下拉菜单：“绘图”→“圆”→“圆心、半径”。圆的画法有 6 种，如图 4-53 所示。

② 工具栏：单击“绘图”工具栏的⊘工具按钮。

③ 命令行：输入“CIRCLE”（或输入快捷键 C），按 < Enter > 键。

（2）选项说明

输入圆的命令后，在中括号中有选项“三点（3P）两点（2P） 切点、切点、半径（T）”。

① 三点（3P）：如图 4-54c 所示。

② 两点（2P）：如图 4-54d 所示。

③ 切点、切点、半径（T）：如图 4-54e 所示。

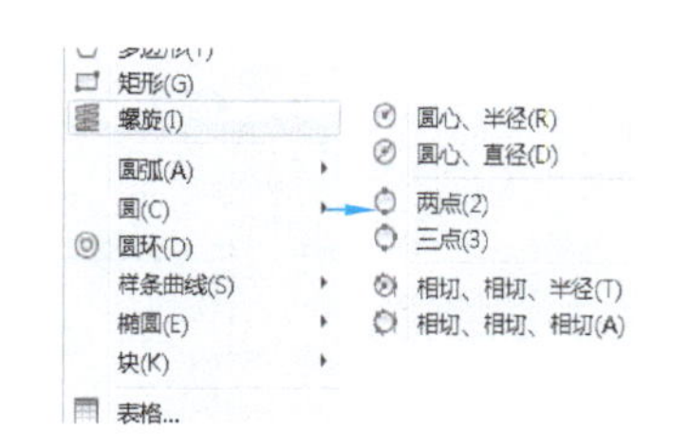

图 4-53 菜单栏中圆的 6 种画法

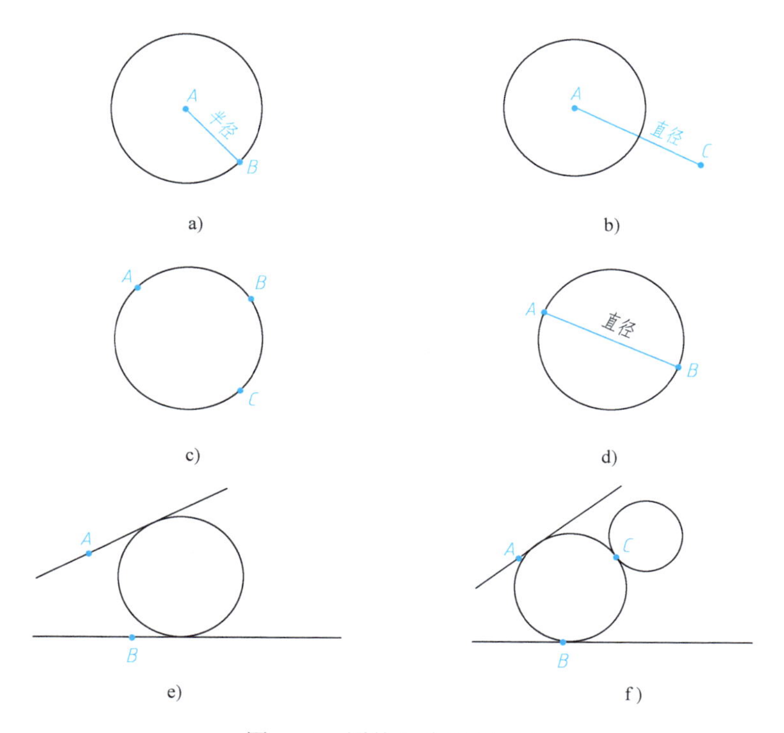

图 4-54 圆的六种画法展示

a）圆心、半径 b）圆心、直径 c）三点画圆 d）两点画圆 e）相切、相切、半径 f）相切、相切、相切

（3）三切点定圆

下拉菜单：“绘图” → “圆” → “相切、相切、相切”。

如图 4-54f 中的直线 *A*、*B* 和圆 *C* 是在三切点圆之前已经绘制的三个实体。

【练习 3】 绘制图 4-55 所示图形。

2. 弧（ARC）

输入命令的方法有以下 3 种。

① 下拉菜单：“绘图” → “弧” → “3 点”，绘制圆弧的方式如图 4-56 所示。

② 工具栏：单击“绘图”工具栏的⌒工具按钮。

③ 命令行：输入“ARC”（或输入快捷键 A），按 < Enter > 键。

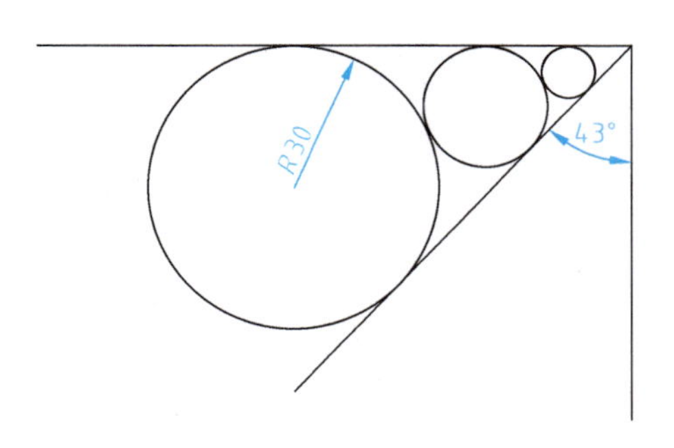

图 4-55　练习 3 图形

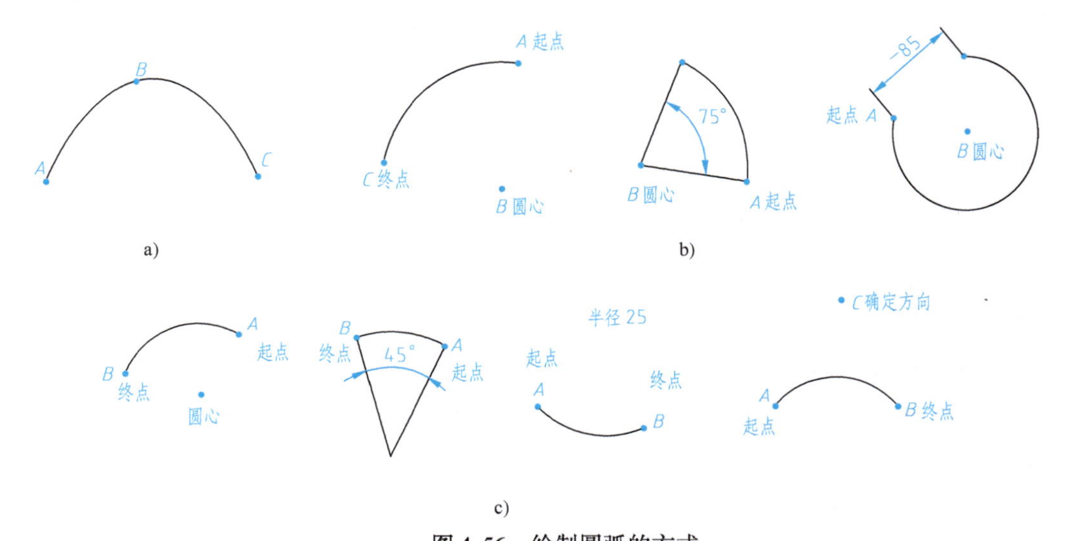

图 4-56　绘制圆弧的方式

a）三点定圆弧　b）起点、圆心方式画弧　c）起点、终点方式画弧

3．椭圆（ELLIPSE）

输入命令的方法有以下 3 种。

① 下拉菜单："绘图" → "椭圆" → "轴、端点"。

② 工具栏：单击"绘图"工具栏的工具按钮。

③ 命令行：输入"ELLIPSE"（或输入快捷键 EL），按 <Enter> 键。

【练习 4】 绘制图 4-57 所示两个图形。

五、绘制多边形

1．矩形（RECTANG）

输入命令的方法有以下 3 种。

① 下拉菜单："绘图" → "矩形"。

② 工具栏：单击"绘图"工具栏的工具按钮。

③ 命令行：输入"RECTANG"（或输入快捷键 REC），按 <Enter> 键。

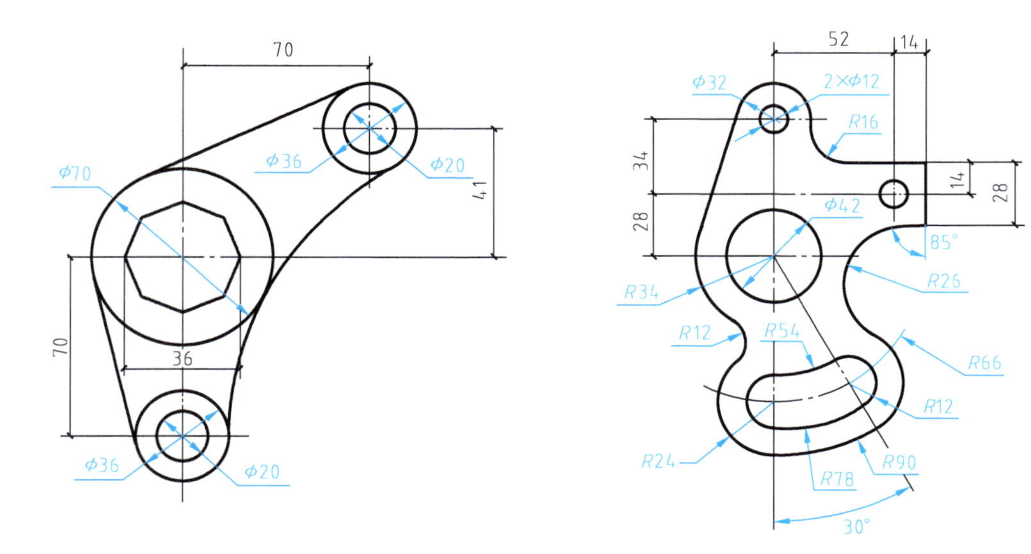

图 4-57　练习 4 图形

2. 正多边形（POLYGON）

（1）输入命令的方法

① 下拉菜单：“绘图”→“多边形”。

② 工具栏：单击“绘图”工具栏的⬠工具按钮。

③ 命令行：输入“POLYGON”（或输入快捷键 POL），按 <Enter> 键。

（2）正多边形的画法

正多边形有 3 种画法，如图 4-58 所示。

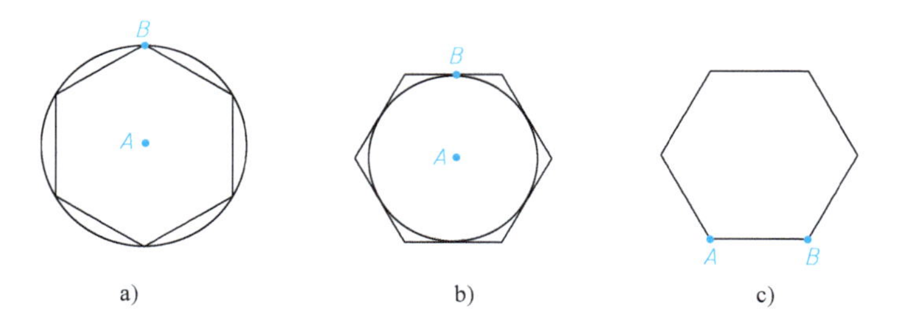

a)　b)　c)

图 4-58　正多边形的 3 种画法

a）内接圆画法　b）外切圆画法　c）边长画法

六、填充

图案填充（HATCH），输入命令的方法：

① 下拉菜单：“绘图”→“图案填充”。

② 工具栏：单击“绘图”工具栏的▧工具按钮。

③ 命令行：输入“HATCH”（或输入快捷键 H），按 <Enter> 键。

任务实施

绘制电视机立面图、燃气灶平面图、橱柜立面图，如图4-59所示。

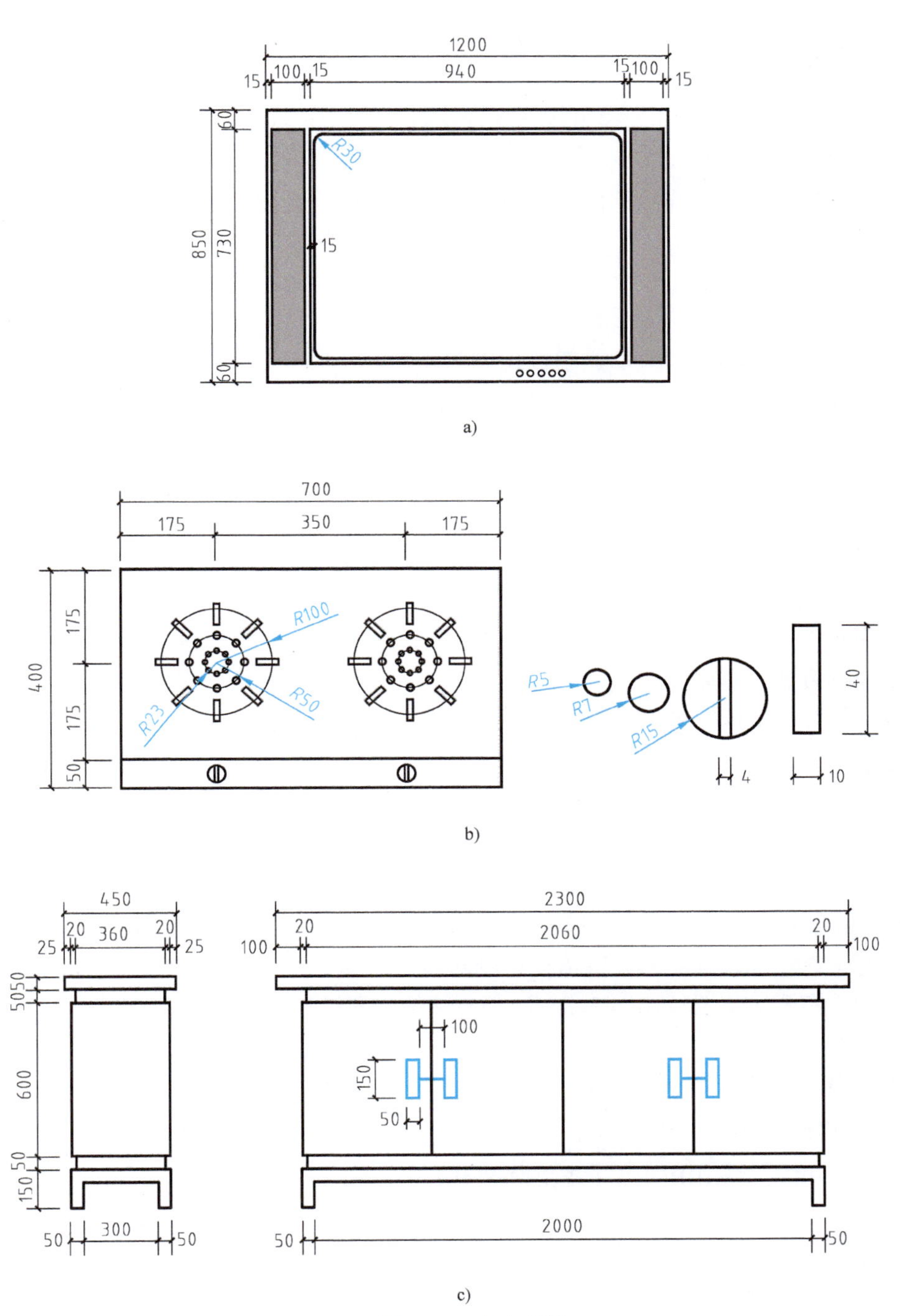

图4-59　任务实施

a）电视机立面图　b）燃气灶平面图　c）橱柜立面图

任务六　学习 AutoCAD 基本编辑命令

知识链接

一、删除

在绘图过程中，常常会需要删除一些不需要的图形或画错的图形。“删除”命令是用来删除这些图形对象的。

输入命令的方法：

① 下拉菜单：“修改”→“删除”。

② 单击“修改”工具栏中的图标。

③ 命令行：输入“ERASE”（或快捷键 E）。

提示： *在删除对象时可以先选择再执行“删除”命令，也可以先执行“删除”命令再根据提示选择要删除的对象。另外，按 <Delete> 键也可以删除所选择的对象，但该方法只能在选择对象后使用。*

二、复制

使用“复制”命令重复绘制选定的实体。

输入命令的方法：

① 下拉菜单：“修改”→“复制”。

② 单击“修改”工具栏中的按钮。

③ 命令行：输入“COPY”（或快捷键 CP 或 CO）。

三、镜像

“镜像”命令可以在复制建筑图形的同时将其沿指定的镜像线（即对称线）进行翻转处理。因此，对于有对称轴的图形，只需要绘制对称轴一侧图形，另一侧通过镜像命令获得。有一条对称轴，图形只需要绘制 1/2，有两条对称轴，图形只需要绘制 1/4。

输入命令的方法：

① 下拉菜单：“修改”→“镜像”。

② 单击“修改”工具栏中的按钮。

③ 命令行：输入“MIRROR”（或快捷键 MI）。

四、偏移

使用“偏移”命令可以将已有对象进行平行（如线段）或同心（如圆）复制。例如，在绘制建筑平面图时，可以用偏移命令绘制轴网。

输入命令的方法：

① 下拉菜单："修改"→"偏移"。

② 单击"修改"工具栏中的按钮。

③ 命令行：输入"OFFSET"（或快捷键 O）。

提示："偏移"命令与其他编辑命令有所不同，只能用直接点选的方式一次选择一个对象进行偏移，不能偏移点、图块、属性和文本。如果偏移的对象是直线，则偏移后的直线长度不变；如果偏移的对象是圆或矩形等，则偏移后的对象将被放大或缩小。

【练习 5】绘制图 4-60 所示图形。

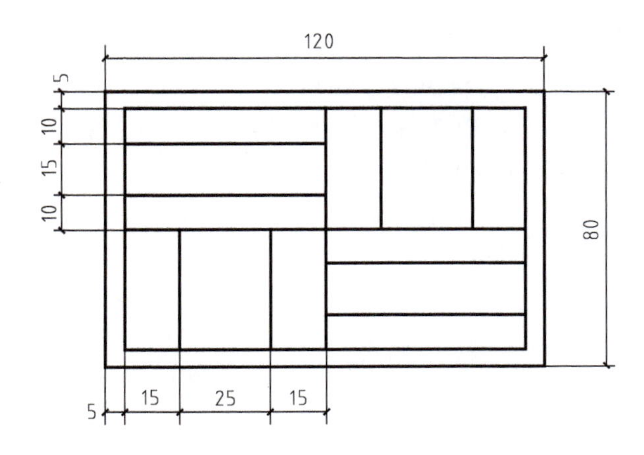

图 4-60　练习 5 图形

五、阵列

"阵列"命令用于对已经绘制好的图形进行规则分布复制。"阵列"命令包括矩形阵列、路径阵列和环形阵列。

输入命令的方法：

① 下拉菜单："修改"→"偏移"→"矩形阵列/路径阵列/环形阵列"。

② 单击"修改"工具栏中的按钮（该图标为矩形阵列）。

③ 命令行：输入"ARRAY"（或快捷键 AR）。

【练习 6】绘制图 4-61 所示图形。

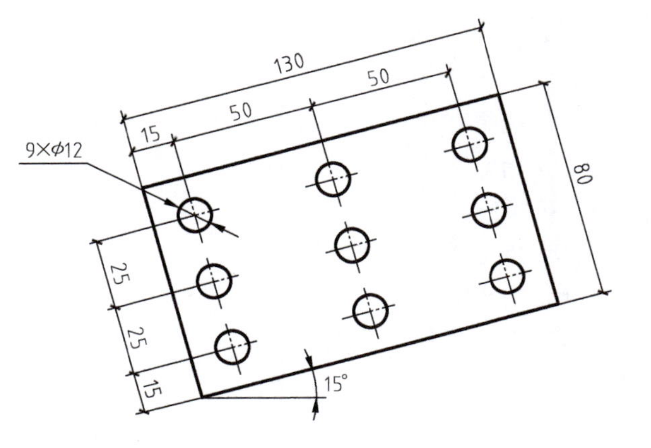

图 4-61　练习 6 图形

六、移动

使用"移动"命令将图形移动到新的位置。

输入命令的方法：

① 下拉菜单："修改"→"移动"。

② 单击“修改”工具栏中的按钮。

③ 命令行：输入“MOVE”（或快捷键 M）。

七、旋转

使用“旋转”命令将某一图形旋转指定的角度。

输入命令的方法：

① 下拉菜单：“修改” → “旋转”。

② 单击“修改”工具栏中的按钮。

③ 命令行：输入“ROTATE”（或快捷键 RO）。

【例 4.18】 如图 4-62 所示，用 ROTATE 命令旋转图形，使长方形 *ABCD* 的长边与直线 *EF* 平行，旋转后的图形如图 4-63 所示。

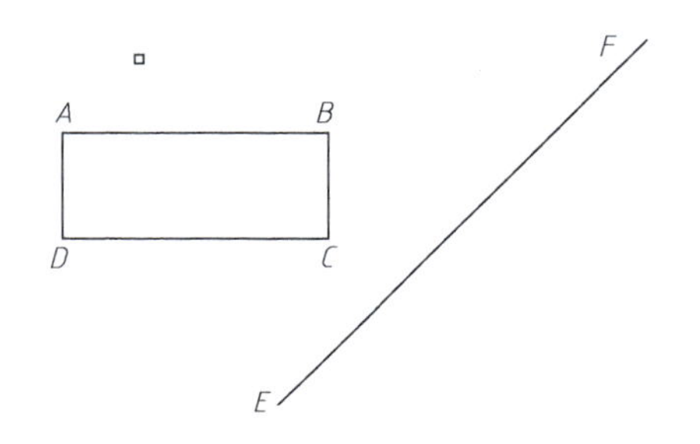

图 4-62　例 4.18 题目

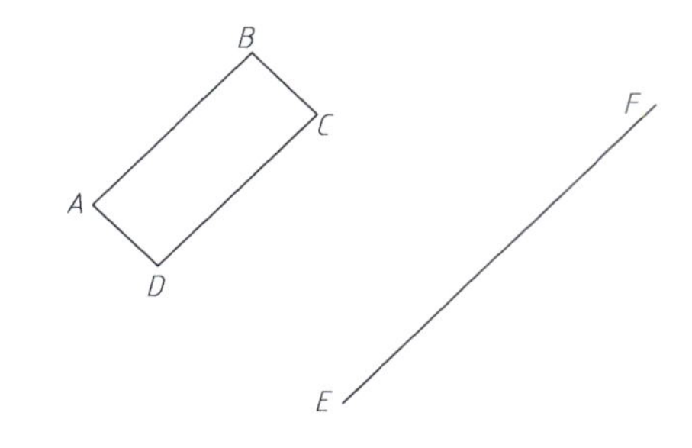

图 4-63　旋转后的图形

解题步骤：

① 输入“ROTATE”，按 <Enter> 键；

② 选择对象：选择需要旋转的长方形 ABCD；

③ 指定基点：基点选 *D* 点；

④ 指定角度：输入“R”；

⑤ 指定参照角度：选 *D* 点；

⑥ 指定第二点：选 *C* 点；

⑦ 指定新角度：输入“P”；

⑧ 指定第一点：选点 *E*；

⑨ 指定第二点：选点 *F*。

八、缩放

使用“缩放”命令使实体按指定的比例缩放，如放大 10 倍等。

输入命令的方法：

① 下拉菜单：“修改” → “缩放”。

② 单击“修改”工具栏中的按钮。

③ 命令行：输入“SCALE”（或快捷键 SC）。

九、拉伸

利用“拉伸”命令可以将图形按指定的方向和角度进行拉长或缩短。在选择拉伸对象时，必须用交叉窗口方式或交叉多边形来选择需要拉长或缩短的对象。

输入命令的方法：

① 下拉菜单：“修改”→“拉伸”。

② 单击“修改”工具栏中的按钮。

③ 命令行：输入“STRETCH”（或快捷键 S）。

注意： ① 该命令只能用交叉窗口方式（C）选取对象。

② 选择整个实体或用窗口模式选取时该命令相当于移动。

【例 4.19】 用“拉伸”命令将图 4-64 所示的图形中宽为 3300 mm 的房间向右拉伸 4200 mm。

解题步骤：

① 输入“STRETCH”命令，按 <Enter> 键；

② 选择对象：以交叉窗口选择对象；

③ 指定基点或［位移（D）］<位移>：选择 *A* 点；

指定第二个点或 <使用第一个点作为位移>：输入拉伸长度“4200”，再按 <Enter> 键。

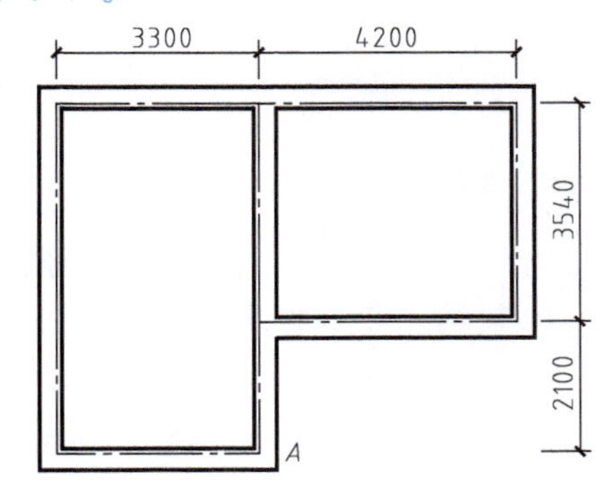

图 4-64　例 4.19 题目

十、修剪

通过“修剪”命令可以将指定边界外的对象修剪掉。

（1）输入命令的方法

① 下拉菜单：“修改”→“修剪”。

② 单击“修改”工具栏中的按钮。

③ 命令行：输入“TRIM”（或快捷键 TR）。

提示： 输入修剪命令后，命令行要求“选择对象”，此处的选择对象指的是被修剪对象的边界。若不选择直接按 <Enter> 键，则默认修剪的对象为从被选择对象的最近交点剪切。

（2）选项说明

命令行提示信息中各主要选项的含义如下。

① 全部选择：使用该选项将选择所有可见图形对象作为剪切边界。

② 栏选（F）：选择与选择栏相交的所有对象。

③ 窗交（C）：以右选框的方式选择要剪切的对象。

④ 投影（P）：指定剪切对象时使用的投影方式，在三维绘图时才会用到该选项。

⑤ 边（E）：确定是在另一对象的隐含边处修剪对象。

⑥ 删除（R）：从已选择的对象中删除某个对象。此选项提供了一种用来删除不需要的对象的简便方式，且无须退出修剪命令。

【练习 7】 绘制图 4-65 所示窗户。

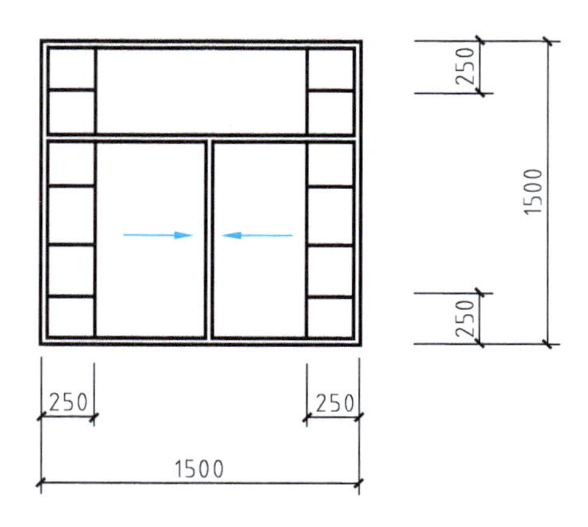

图 4-65　练习 7 图形

十一、延伸

“延伸”命令可以将直线、圆弧和多段线等对象延伸到指定边界。

（1）输入命令的方法

① 下拉菜单：“修改” → “延伸”。

② 单击“修改”工具栏中的按钮。

③ 命令行：输入“EXTEND”（或快捷键 EX）。

（2）选项说明

延伸命令的选项说明和修剪命令的一样，不同之处在于，其选项是为了执行“延伸”命令。

提示：① 输入延伸命令后，命令行要求“选择对象”，此处的选择对象指的是被延伸对象要延伸到的边界。若不选择直接回车，则默认将延伸的对象延伸至最近的交点。

② 按住 <Shift> 键可以在“延伸”和“修剪”命令之间切换。例如，正在执行修剪命令，按住 <Shift> 键，则会执行延伸命令。

十二、倒圆角

用指定的圆角半径对相交的两条直线或圆弧进行倒圆角。

输入命令的方法：

① 下拉菜单：“修改” → “圆角”。

② 单击“修改”工具栏中的按钮。

③ 命令行：输入“FILLET”（或快捷键 F）。

【练习 8】 用倒圆角、镜像等命令绘制图 4-66 所示图形。

任务实施

图 4-67 所示图形为某一形体的不同位置的投影图，绘制此图形。

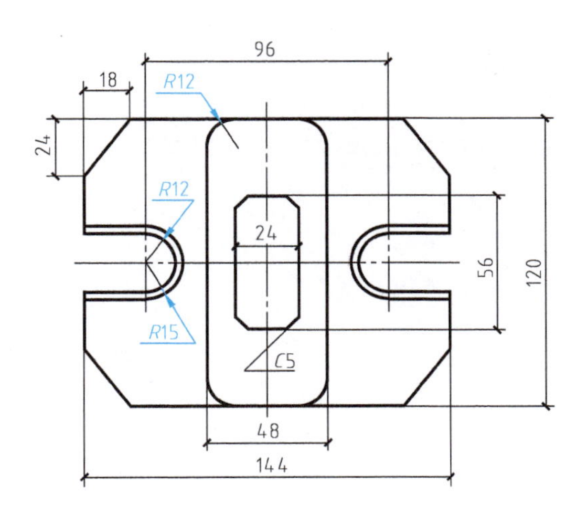

图 4-66　练习 8 图形

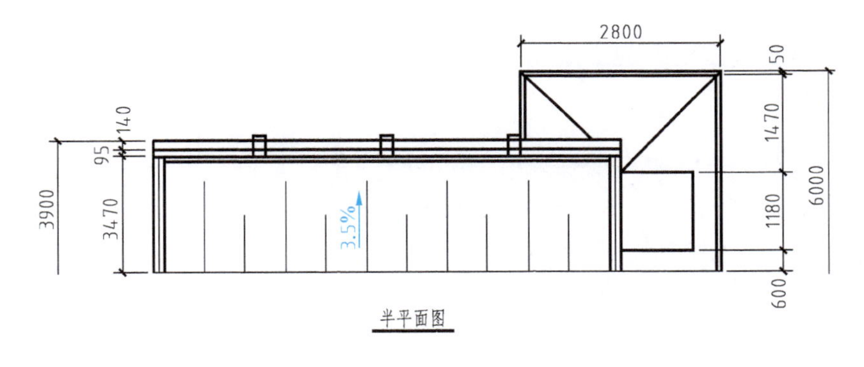

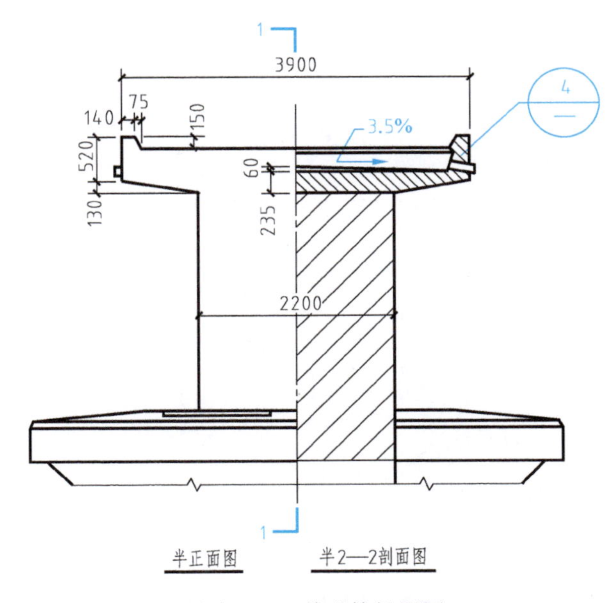

图 4-67　某形体投影图

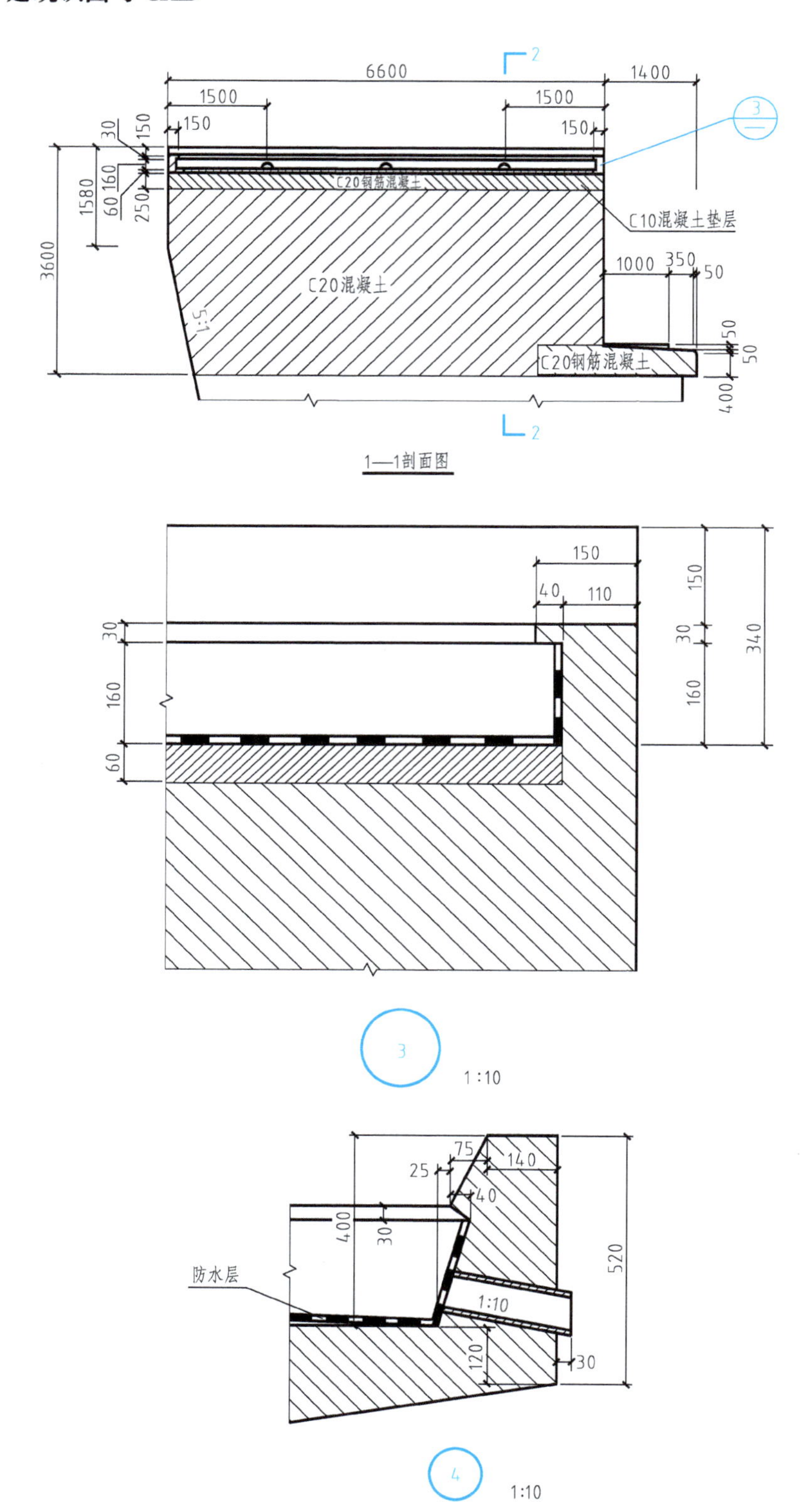

图 4-67　某形体投影图（续）

任务七　学习 AutoCAD 块与尺寸标注

知识链接

一、图块

1. 图块的定义

图块指那些组合起来形成单个对象的对象集合。

图块在 AutoCAD 中有许多优点——建立图形库、避免重复工作，节省存储空间，便于图形修改，可以加入属性。

图块是 CAD 操作中比较核心的工作，分为内部图块和外部图块两类。内部图块只能在定义它的图形文件中调用，存储在图形文件内部；外部图块是以文件的形式保存于计算机中，可以将其调用到其他图形文件中。

2. 图块的创建

（1）内部图块——只限于本图形使用（见图 4-68）

命令的输入方法：

① 下拉菜单：“绘图”→“块”→“创建”。

② 命令行：输入“BLOCK/BMAKE”（或快捷键 B）。

（2）外部图块——可用于任何图形（见图 4-69）

外部图块是将块或图形对象保存到一个独立的图形文件中。新的图形将图层、线型、样式及其他设置应用于当前图形中，该图形文件可以作为块定义在其他 CAD 图形中使用。

命令的输入方法：命令行输入“WBLOCK”（或快捷键 W）。

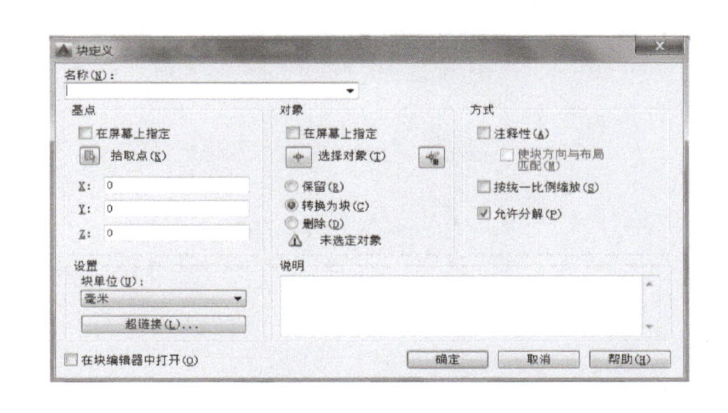

图 4-68　内部块的创建

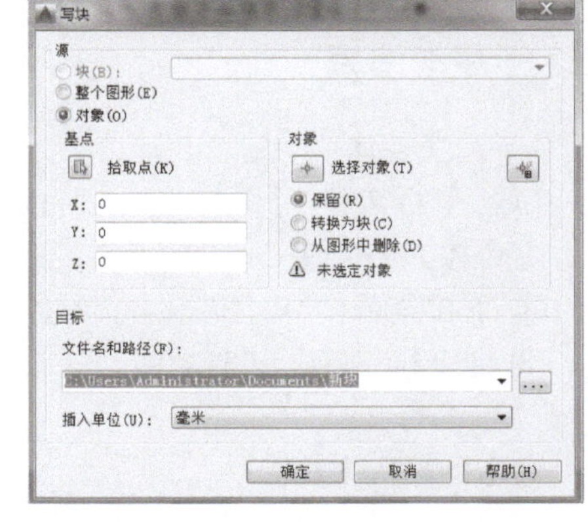

图 4-69　外部块的创建

3. 图块的插入（见图 4-70）

（1）块的一次插入

功能：将已定义的块或图形文件以块的形式插入到图形中。

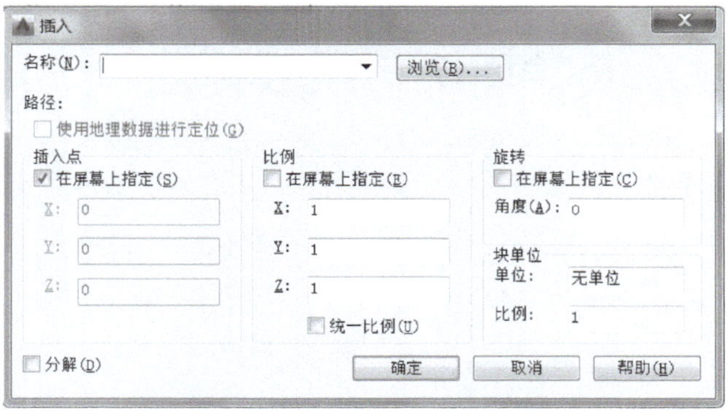

图 4-70　块的插入

命令的输入方法：

① 下拉菜单：“插入” → “块”。

② 命令行：输入 “INSERT”（或快捷键 I）。

注意：如果选择了对话框的 “分解” 复选框，则将块插入后分解为组成此块的单个实体；缩放比例系数若为负值，插入的图形为原图形的镜像。

（2）块的阵列插入

功能：以矩形阵列方式插入图块。

命令的输入方法：命令行输入 “MINSERT”。

注意：MINSERT 命令不能生成环形阵列，形成的阵列角度 = 图块的旋转角度。插入的所有图块是一个整体，不能用 EXPLODE 命令分解。通过特性修改可以改变插入块时所设的特性（如插入点、比例因子、旋转角度、行数、列数、行距和列距等参数）。

（3）块的拖动插入

直接将某一 . dwg 文件拖入 CAD 即可。

二、标注与编辑

1. 文字标注

（1）单行文字

命令输入的方法：

① 下拉菜单：“绘图” → “文字” → “单行文字”。

② 命令行：输入 “TEXT”。

（2）多行文字

命令的输入方法：

① 下拉菜单：“绘图” → “文字” → “多行文字”。

② 工具栏：单击 “绘图” 工具栏中的 A 按钮。

③ 命令行：输入 “MTEXT”（或快捷键 MT）。

（3）文字的编辑

命令输入的方法：

① 下拉菜单：“修改”→“对象”→“文字”→“编辑”。

② 命令行：输入“DDEDIT”。

③ 直接双击需要编辑的文字。

注意：① 可以通过“格式”→“文字样式”修改文字的格式，亦可通过命令行输入STYLE（快捷键ST）修改。

② 输入“%%D”，标注符号度“°”；输入“%%P”，标注符号“±”；输入“%%C”，标注符号“Φ”。

2. 尺寸标注

（1）尺寸标注按关联性分类

尺寸标注按关联性分类可分为关联性尺寸标注、非关联尺寸标注和分离尺寸标注。

关联性尺寸标注：尺寸标注为一整体，标注随着图形的变化而变化。

非关联尺寸标注：尺寸标注为一整体，标注不随着图形的变化而变化。

分离尺寸标注：尺寸标注分解为单个对象。

注意：Dimassoc =2（关联）1（非关联）0（分离）。可通过“格式”→“标注样式”对标注的格式进行修改，亦可新建标注样式。

（2）尺寸标注按标注内容分类

尺寸标注按标注内容分类可分为长度型尺寸标注、半径型及直径型尺寸标注、弧长标注、折弯标注、坐标型尺寸标注、角度型尺寸标注、引线标注。

长度型尺寸标注又分为线性标注、对齐标注、连续标注和基线标注。

1）线性标注：用于图形的水平标注和垂直标注。

命令的输入方法：

① 下拉菜单：“标注”→“线性”。

② 工具栏：单击“标注”工具栏中的图标。

③ 命令行：输入“DIMLINEAR”。

2）对齐标注：用于标注与倾斜线平行的尺寸。

命令的输入方法：

① 下拉菜单：“标注”→“对齐”。

② 工具栏：单击“标注”工具栏中的图标。

③ 命令行：输入“DIMALIGNED”。

3）连续标注：第1次标注的第2根尺寸界线与第2次标注的第1根尺寸界线重合。

命令的输入方法：

① 下拉菜单：“标注”→“连续”。

② 工具栏：单击“标注”工具栏中的图标。

③ 命令行：输入“DIMCONTINUE”。

4）基线标注：第1次尺寸标注和第2次尺寸标注的第1根尺寸界线重合。

命令的输入方法：

① 下拉菜单：“标注”→“基线”。

② 工具栏：单击“标注”工具栏中的图标。

③ 命令行：输入“DIMBASELINE”。

其他的如半径型及直径型尺寸标注、角度型尺寸标注、坐标型尺寸标注亦采用同样的方法进行标注。

任务实施

绘制图 4-71 所示图形并进行标注。

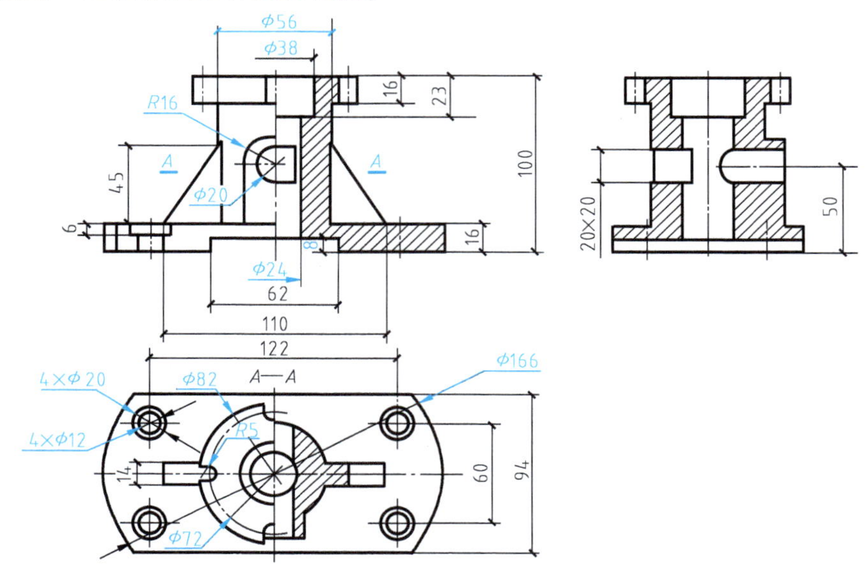

图 4-71　任务图形

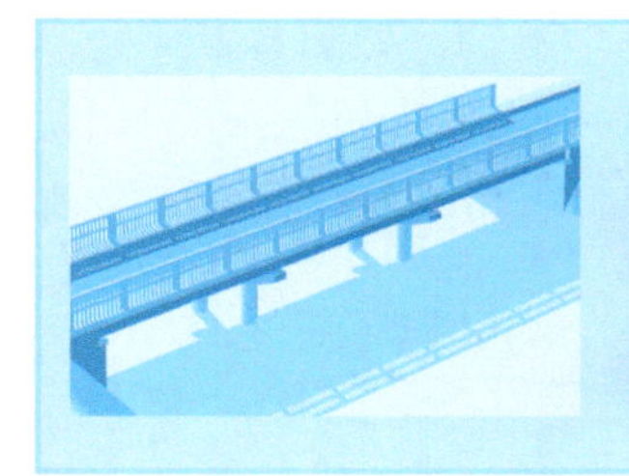

项目五 轴测投影

任务一 了解轴测投影

知识链接

轴测图即人们常说的立体图。

用三面投影图来描述形体，制图方便、度量性好，但直观性差，读图时必须将三个投影图结合起来想象形体的空间形状，需具备一定的投影知识基础和空间想象力，如图 5-1a 所示。而轴测投影图则是用平行投影的方法，画出来的一种富有立体感的图形，它接近于人们的视觉习惯，如图 5-1b 所示。不过，轴测图也有他的缺点——度量性差、作图步骤复杂。轴测图和三面投影图的优缺点正好互补。因此，工程上常采用轴测投影图与三面投影图相结合的方式共同描述形体，把轴测图作为一种辅助图样。

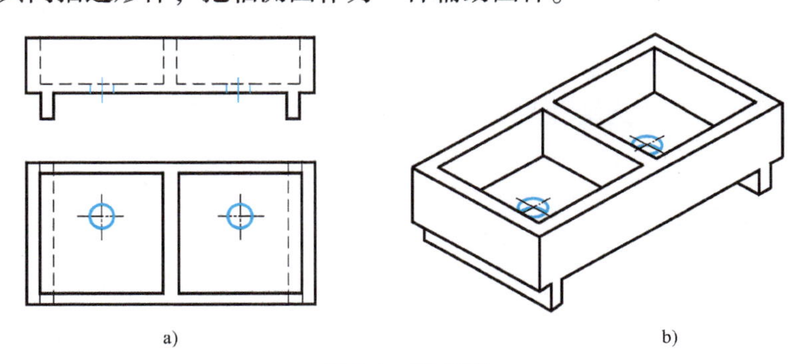

图 5-1 洗衣槽

a）洗衣槽的两面正投影图 b）洗衣槽的轴测图

一、轴测图的基本概念

1. 轴测图

轴测投影是将物体连同其直角坐标体系，沿不平行于任一坐标面的投射方向，用平行投影法将其投射在单一投影面上所得的图形，投影形成的图形简称轴测图。

2. 轴测投影面

轴测投影的单一投影面叫轴测投影面。

3. 轴测轴

空间直角坐标系的 OX、OY、OZ 在轴测投影面上的投影 O_1X_1、O_1Y_1、O_1Z_1 称为轴测轴，

即物体上 OX、OY、OZ 是坐标轴，投影面上的 O_1X_1、O_1Y_1、O_1Z_1 是轴测轴，如图 5-2 所示。

4．轴间角

在轴测投影面上，相邻两轴测轴之间的夹角 $\angle X_1O_1Y_1$、$\angle Y_1O_1Z_1$ 和 $\angle X_1O_1Z_1$ 称为轴间角，如图 5-3 所示。

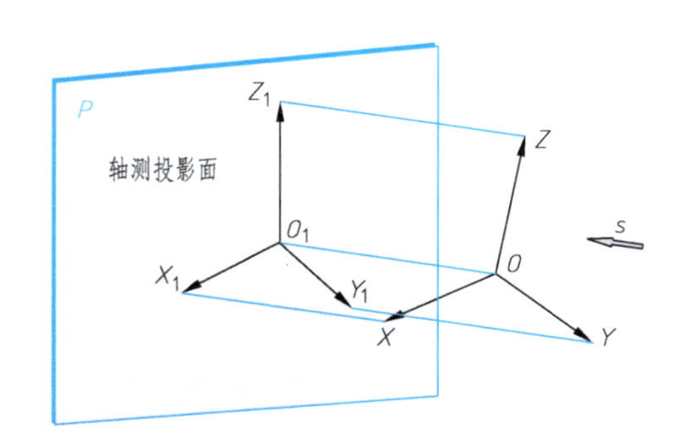

图 5-2 轴测轴

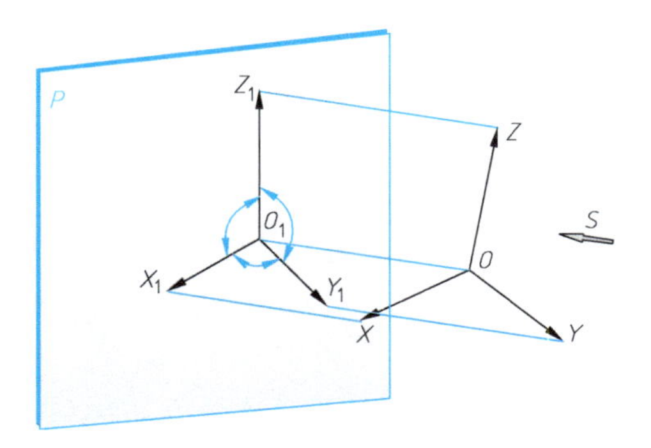

图 5-3 轴间角

5．轴向变形系数（轴向伸缩系数）

轴测轴上线段与相应的原坐标轴上线段的长度之比，称为轴向变形（伸缩）系数。

X 轴轴向变形系数：$p=\dfrac{O_1X_1}{OX}$

Y 轴轴向变形系数：$q=\dfrac{O_1Y_1}{OY}$

Z 轴轴向变形系数：$r=\dfrac{O_1Z_1}{OZ}$

轴间角和轴向变形系数是画轴测图的两大要素，它们的具体值因轴测图的种类不同而不同。

二、轴测投影图的形成

1．正轴测图的形成

投射方向 S 与轴测投影面 P 垂直，将物体放斜，使物体上的三个坐标面和 P 面都斜交，这样所得的投影图称为正轴测投影图，如图 5-4 所示。正轴测图的形成有两个关键点：一是用正投影法投影；二是物体与投影面倾斜。

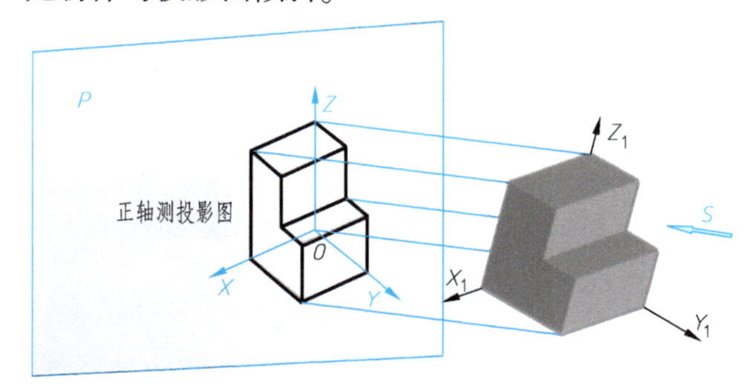

图 5-4 正轴测图的形成

2. 斜轴测图的形成

投射方向 S 与轴测投影面 P 倾斜，为了便于作图，通常取平行于 XOZ 坐标面，这样所得的投影图称为斜轴测投影图。斜轴测图的形成有两个关键点：一是用斜投影法投影；二是不改变物体与投影面的相对位置（物体正放）。

三、轴测图的分类

轴测图根据投射方向与轴测投影面是否垂直，分为正轴测图和斜轴测图，见表 5-1。

表 5-1　轴测图的种类

S 与 P 的关系	S 垂直于 P		S 不垂直于 P	
轴测图种类	正轴测投影	$p=q=r$，正等轴测	斜轴测投影	$p=q=r$，斜等轴测
		$p=r=2q$，正二等轴测		$p=r=2q$，斜二等轴测
		$p\neq q\neq r$，正三等轴测		$p\neq q\neq r$，斜三等轴测

表 5-1 中，S 指的是投射方向，P 指的是轴测投影面。

本书重点讲的内容为正等轴测图和斜二等轴测图。

四、轴测投影的基本性质

1. 平行性

平行性是指空间相互平行的直线，轴测投影仍然平行。

根据平行性规律，原物体与轴测投影间保持以下关系：

① 原物体上两直线平行，其轴测投影也平行。

② 两平行线段的轴测投影长与空间长的比值相等。

③ 物体上与坐标轴平行的直线，其轴测投影也平行于相应轴测轴，可以在轴测图上沿轴向进行度量和作图。

2. 从属性

从属性是指属于直线的点，轴测投影仍然属于该直线。

3. 定比性

定比性是指点分空间线段之比，等于其轴测投影之比。

五、轴测投影的特点

① 与轴测轴平行的线段，其长度才可以直接量取。

② 其他线段必须用坐标法、作辅助线法求出。

③ 轴测投影中看不见的虚线不画。

六、轴测图绘制的有关规定

① 轴测图可见轮廓线宜用 0.5b 线宽的实线绘制，断面轮廓线宜用 0.7b 线宽的实线绘制。不可见轮廓线可不绘出，必要时，可用 0.25b 线宽的虚线绘出所需部分。

② 轴测图的断面上应画出其材料图例线，图例线应按其断面所在坐标面的轴测方向绘

制。如以 45°斜线为材料图例线时，应按图 5-5 所示绘制。

③ 轴测图线性尺寸应标注在各自所在的坐标面内，尺寸线应与被标注长度平行，尺寸界线应平行于相应的轴测轴，尺寸数字的方向应平行于尺寸线，如出现字头向下倾斜的情况，应将尺寸线断开，在尺寸线断开处水平方向注写尺寸数字。轴测图的起止符号宜用小圆点，如图 5-6 所示。

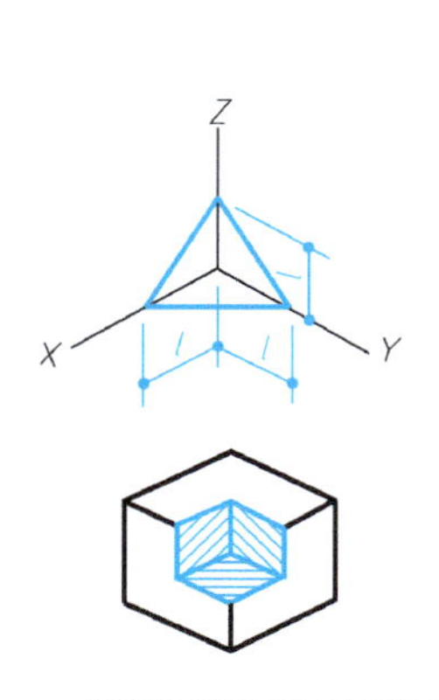

图 5-5　轴测图断面图例线画法

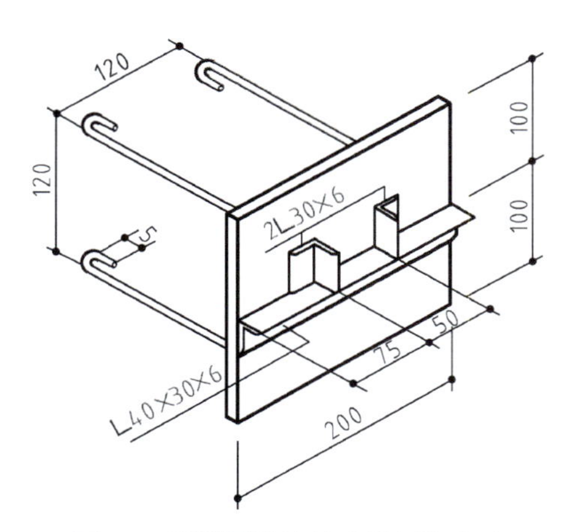

图 5-6　轴测图线性尺寸的标注方法

④ 轴测图中的圆直径尺寸，应标注在圆所在的坐标面内；尺寸线与尺寸界线应分别平行于各自的轴测轴。圆弧半径和小圆直径尺寸也可引出标注，但尺寸数字应注写在平行于轴测轴的引出线上，如图 5-7 所示。

⑤ 轴测图的角度尺寸，应标注在该角所在的坐标面内，尺寸线应画成相应的椭圆弧或圆弧。尺寸数字应水平方向注写，如图 5-8 所示。

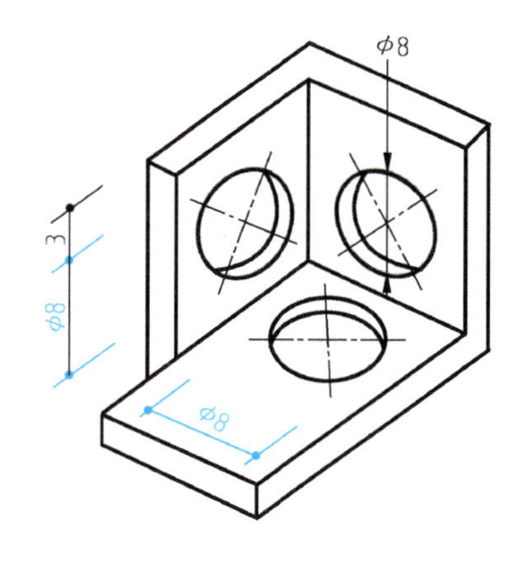

图 5-7　轴测图圆直径的标注方法

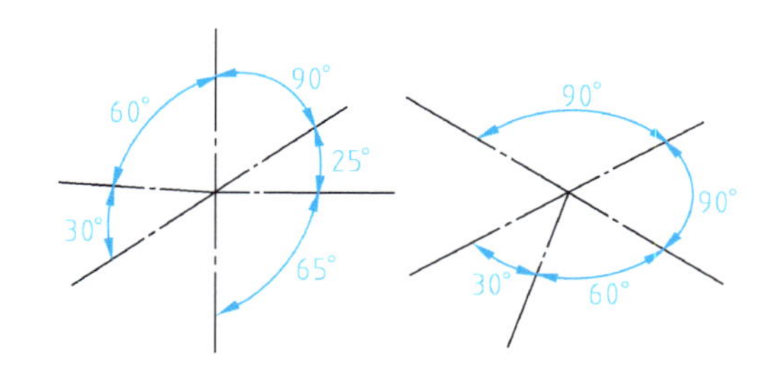

图 5-8　轴测图角度的标注方法

任务实施

请同学们判断图 5-9 所示两个图形，哪个是正轴测图，哪个是斜轴测图？为什么？

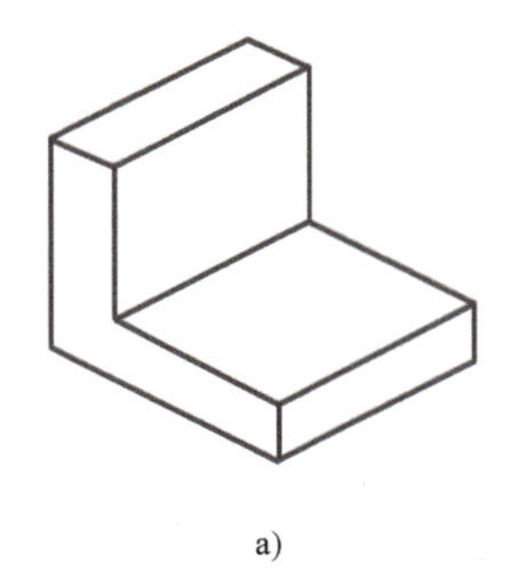

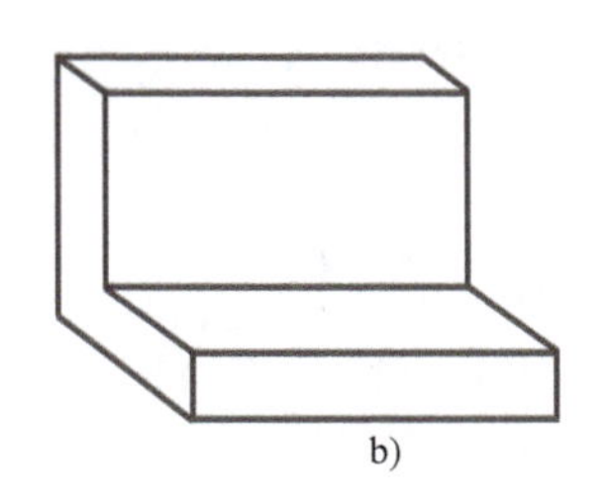

a)　　　　　　　　b)

图 5-9　任务实施图

a) 图形一　b) 图形二

任务二　绘制正等轴测图

知识链接

一、正等轴测图的参数

当轴间角均为 120°，各轴向变形系数均约为 0.82 时的正轴测投影所得轴测图，称为正等轴测图，简称正等测图。

轴向变形系数：$p=q=r=0.82$。

为了方便绘制轴测图，将轴线变形系数进行简化，简化后变形系数为：$p=q=r=1$，约放大了 1.22 倍。

轴间角：$\angle XOY=\angle YOZ=\angle XOZ=120°$，正等测轴间角的画法如图 5-10 所示。

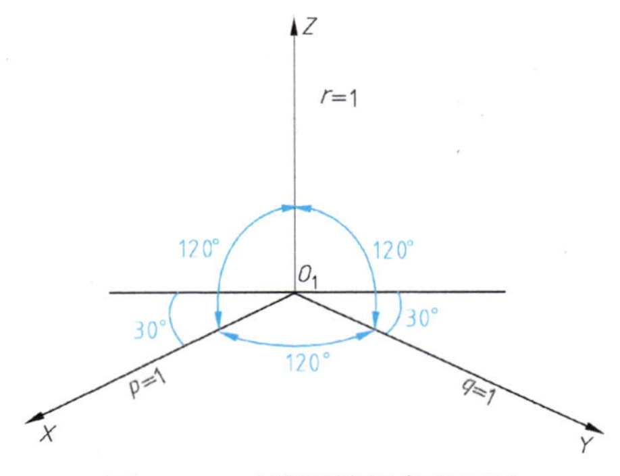

图 5-10　正等测轴间角的画法

二、平面立体轴测图的画法

画轴测图时，首先应选定轴测图的类型（即确定轴间角和轴向变形系数），然后画出轴测图。对于正等轴测图而言，三个轴间角均为 120°，变形系数均为 1。下面介绍几种常用的画法。

1. 坐标法

根据形体上各点的坐标，沿轴测轴方向进行度量，画出他们的轴测图，并依次连接所得各点，得到形体的轴测图的方法，称为坐标法。

【例5.1】画出三棱锥的正等轴测图。

作图步骤：

① 设定坐标体系 *OXYZ*。

② 画轴测轴 *OX*、*OY*、*OZ*（通常使 *OZ* 处于垂直位置），如图5-11b所示。

③ 确定 *ABC* 三点的轴测投影，如图5-11c所示。

④ 确定点 *S* 的轴测投影。

⑤ 依次连接各点的轴侧投影，如图5-11d所示。

⑥ 整理全图：去掉不需要的线，描深可见棱线和底边，图5-11e即为所求。

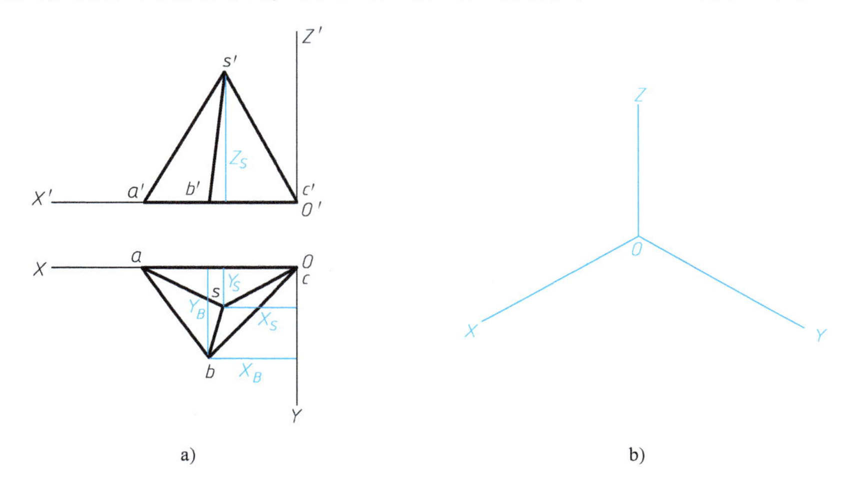

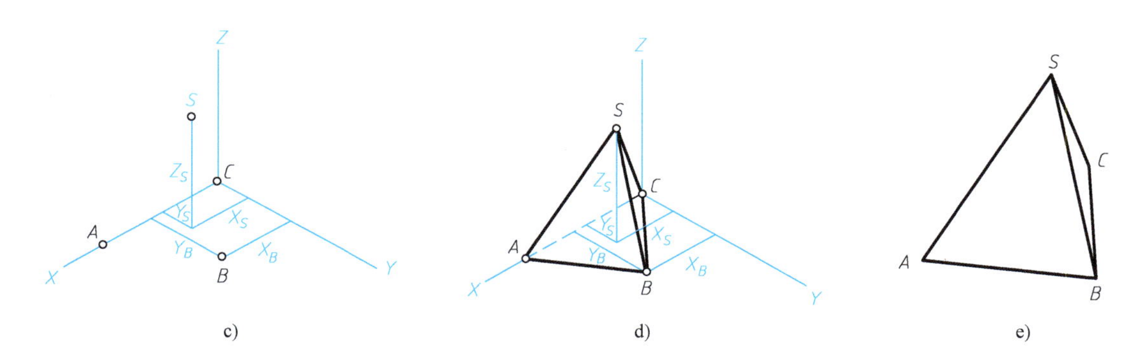

图5-11 正六棱柱正等轴测图的作图步骤

a）例5.1题目 b）画轴测轴 c）确定各点的坐标
d）连接各点 e）去掉多余线条、加深图线

2. 端面法

对于棱柱和棱台类形体，通常先画出能反映其特征的一个端面或底面，然后以此为基础

画出可见棱线和底边，完成形体的轴测图，这种画法称为端面法。

【**例 5.2**】：作如图 5-12 所示正六棱柱的正等轴测图。

作图步骤：

① 画出轴测轴，如图 5-12b 所示。

② 以原点为中心，作正六棱柱上底的轴测图，如图 5-12c 所示。

③ 从六边形各顶点向下作垂线，使各垂线的长度等于棱柱的高，画出六棱柱的下底面，如图 5-12d 所示。

④ 整理全图：擦去多余图线，并加深可见部分，图 5-12e 即为所求。

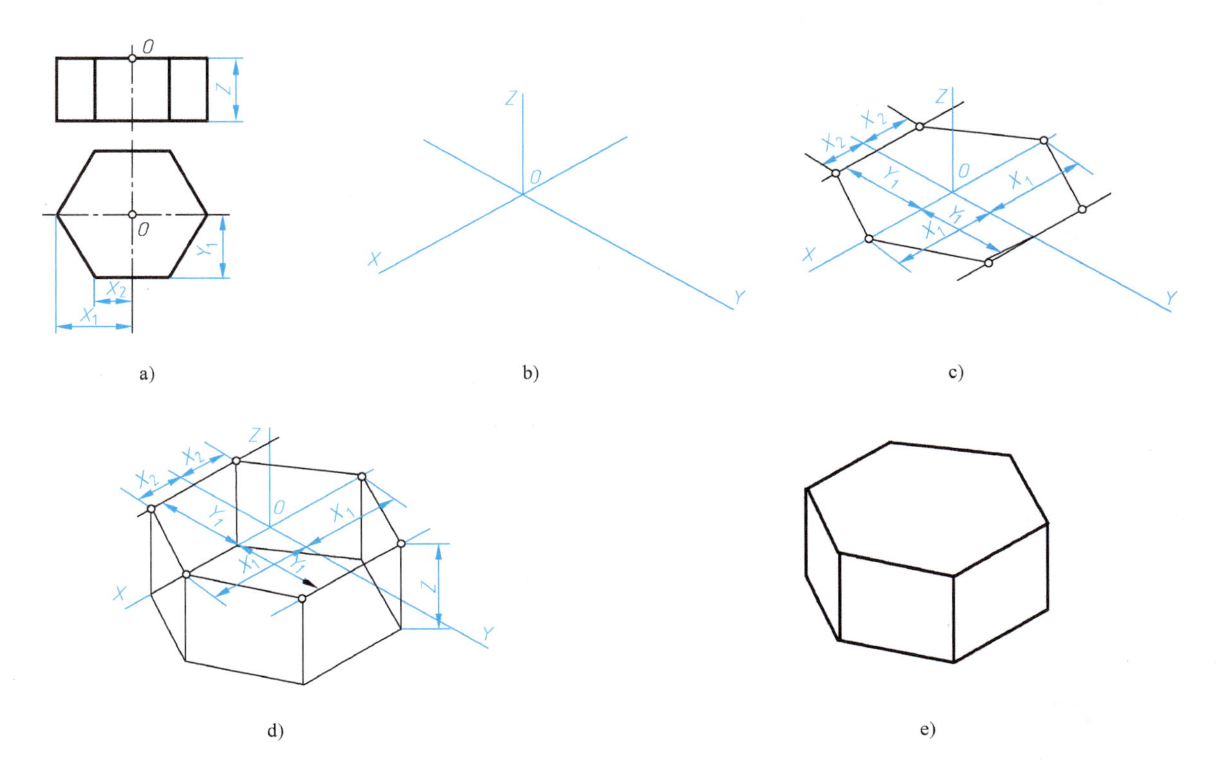

图 5-12　正六棱柱正等轴测图的作图步骤

a）例 5.2 题目　b）画轴测轴　c）画上底　d）画下底和高　e）加深图线

3. 切割法

切割法适用于画切割组合体，以坐标法为基础，先画基本体的轴测图，然后把切割掉的部分再切去，得到切割体的轴测图。

【**例 5.3**】已知某形体的三面投影图，求画正等轴测图。

从图 5-13a 可以看出，该形体可以看成由一个长方体切割而成，该形体的作图步骤为：

① 画出轴测轴，如图 5-13b 所示。

② 以原点开始，根据投影图中的长 X_1、宽 Y_1 找到形体上的 A、B 两点，然后绘制出底面长方形，如图 5-13c 所示。

③ 从底面开始，根据投影图的高度 Z_1 确定长方体上底面所在的位置，画出上底

面，如图 5-13d 所示。

④ 根据 X_2、Y_2 确定被切割部分的位置，如图 5-13e 所示。

⑤ 整理全图：擦去多余图线，并加深可见部分，图 5-13f 即为所求。

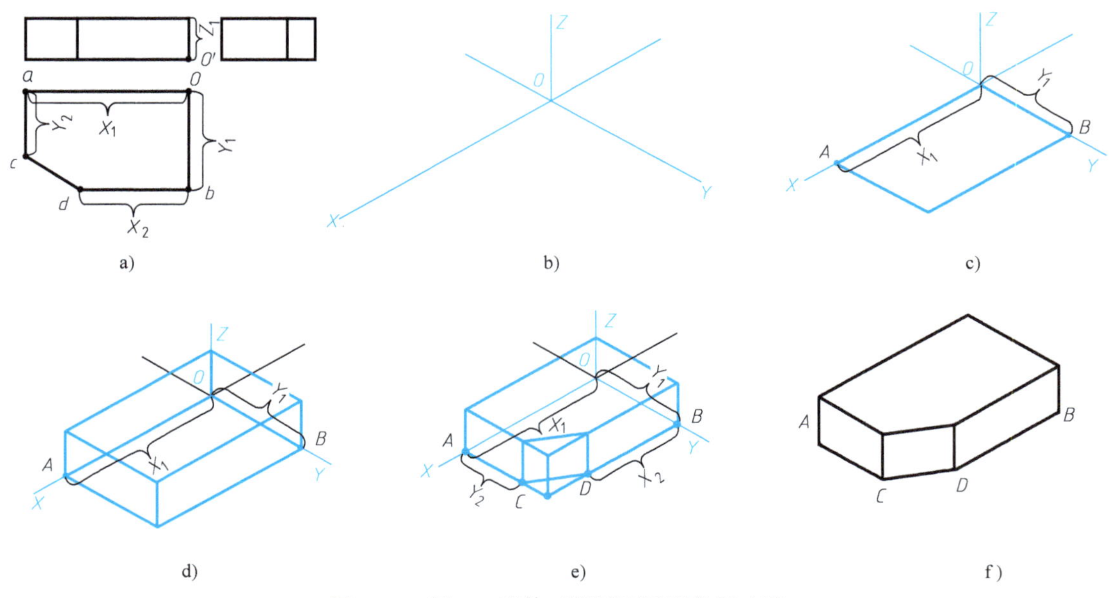

图 5-13　例 5.3 形体正等轴测图的作图步骤

a）例 5.3 题目　b）画轴测轴　c）画下底　d）画上底和高
e）画被切除部分　f）去掉多余线条、加深图线

4. 叠加法

叠加法适用于画叠加组合体。是通过形体分析，把组合体分解成几个基本体，依次按其相对位置画各基本体的轴测图，最后完成组合体的轴测图。

【例 5.4】 已知某形体的投影图，用叠加法作形体的正等轴测图。

作图步骤：

① 分析图形，读懂形体。如图 5-14a 所示，该形体可以看成由三部分组成，底部为正六棱柱，中间部分为正方体，顶部由正四棱锥组成，正四棱锥的底面与正方体重合。

② 确定一个点作为画图起点。该题目我们从底部的正六棱柱开始，从下往上逐步绘制。

由于例题 5.2 已经讲解了正六棱柱的正等轴测图画法，因此，此处略去正六棱柱的作图步骤，直接开始绘制中间的正方体。

③ 建立正等测坐标。坐标轴建立在形体底面的中心，画正方体、正四棱锥时分别依次建立坐标系。

④ 作草图。正方体：根据正方体的长和宽作正方体底面图形，如图 5-14c 所示，根据高作出其顶面所在的位置，如图 5-14d 所示，然后加深图线，如图 5-14e 所示。

正四棱锥：建立好坐标之后，根据正四棱锥的高度确定锥顶的位置，如图 5-14f 所示，然后连接四条侧棱即可。

⑤ 整理图形。去掉看不见的线条和多余的线条，图 5-14g 即为所求。

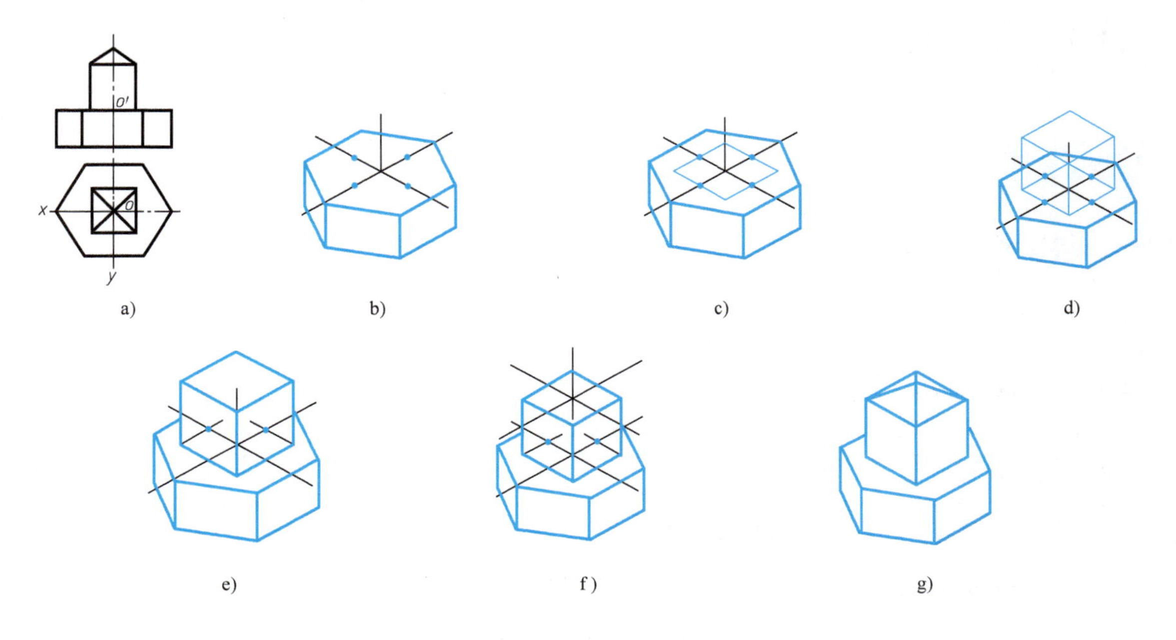

图 5-14　例 5.4 形体正等轴测图的作图步骤

a）例 5.4 题目　b）画正方体的轴测轴　c）画正方体的底面　d）画正方体的高和顶面
e）加深正方体的图线　f）确定四棱锥的锥顶　g）加深锥顶的曲线

任务实施

1. 已知某形体的三视图，如图 5-15 所示，求作它的正等轴测图。
2. 已知梁板柱节点的正投影图，如图 5-16 所示，求作它的正等轴测图。

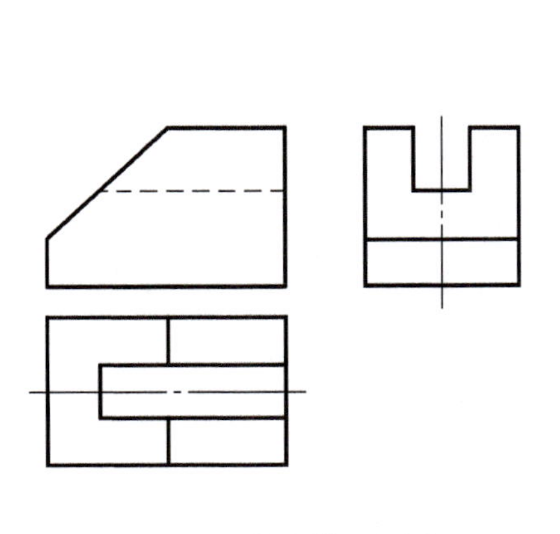

图 5-15　某形体三视图

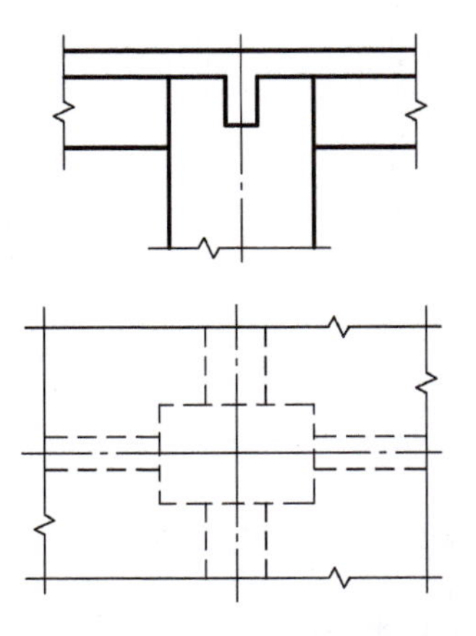

图 5-16　梁板柱节点正投影图

任务三　绘制斜二等轴测图

知识链接

一、斜二等轴测图的参数

斜二等轴测图特别适用于和某一坐标面平行的且表面形状比较复杂的物体。斜等轴测图简称斜二测图。斜二测的轴向伸缩系数：$p=r=1$，$q=0.5$。

斜二测的轴间角：$\angle XOZ=90°$，$\angle XOY=\angle YOZ=135°$，如图5-17所示。

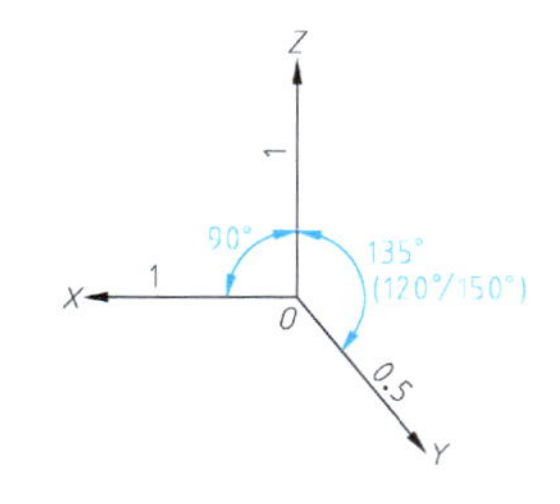

图5-17　斜二测轴间角的画法

二、正等轴测图和斜二轴测图的比较

正等轴测图和斜二等轴测图的比较见表5-2。

表5-2　正等轴测图和斜二等轴测图的比较

		正等轴测图	斜二等轴测图
特性	投影方向	投影线与轴测投影面垂直	投影线与轴测投影面倾斜
	理论轴向变形系数	$p=q=r=0.82$	$p=r=1$，$q=0.5$
	简化轴向变形系数	$p=q=r=1$	无需简化
	轴间角	120°　120°　120°	90°　135°　135°
边长为L的正方体的轴测图		L　L　L　0.82L　0.82L　0.82L 左图：按简化轴向变形系数画 右图：按理论轴向变形系数画	L　0.5L　L

三、斜二等轴测图的绘制

斜二等轴测图的绘制方法和正等轴测图的一样，不同之处在于轴间角和理论变形系数，斜二等轴测图中Z方向的尺寸为实际尺寸的0.5倍。

【例5.5】 画出图5-18a所示台阶的正面斜二等轴测图。

作图步骤：

① 画轴测轴，为了清楚反映左面踏步的形状，把 Y 轴画在左面与水平线成 45°，如图 5-18b 所示。

② 作底层及上层踏步板的斜二测图，如图 5-18c、d 所示。

③ 在踏步板的右侧画出栏板的斜二测图，如图 5-18e 所示。

④ 整理图形：擦去不可见部分并加深可见轮廓线，图 5-18f 即为所求。

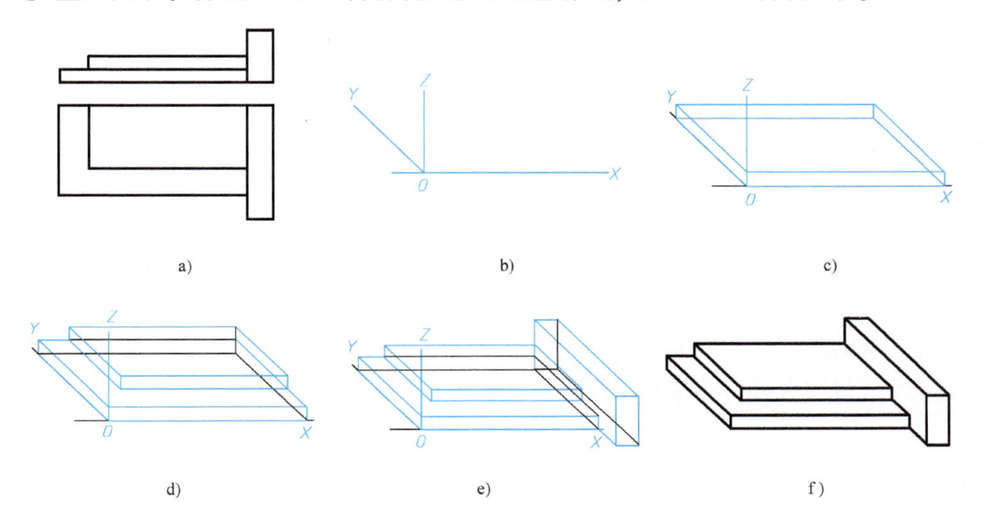

图 5-18　台阶斜二测图的绘制步骤

a）例 5.5 题目　b）画轴测轴　c）画底层踏步板斜二测图　d）画上层踏步板斜二测图　e）画栏杆的斜二测图　f）加深图线

任务实施

已知某形体的正投影图（图 5-19），请将该形体的斜二测图画在正投影图右侧。

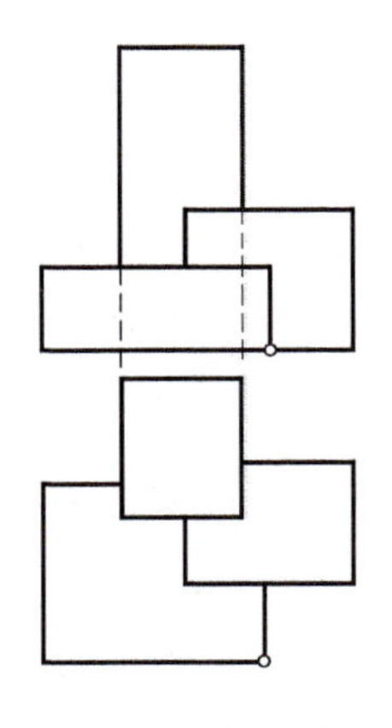

图 5-19　某形体的正投影图

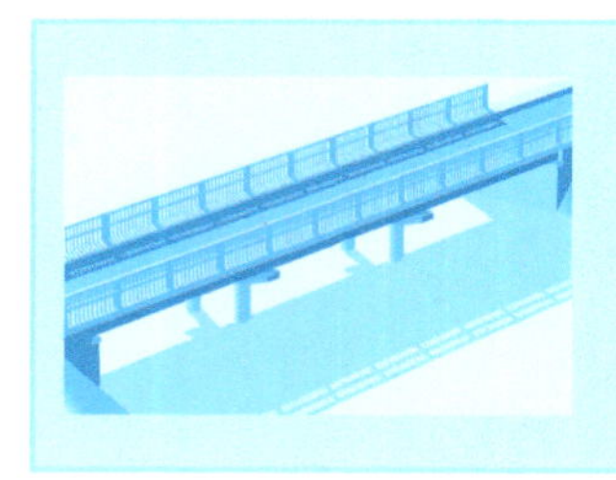

项目六 建筑平面图的识读与绘制

建筑分为建筑物和构筑物，这两者既有区别又有联系。建筑物是提供人办公或居住的一种固定的产品，如工业建筑、民用建筑、农业建筑和园林建筑等；而构筑物是与建筑物配套的辅助性产品，如烟囱、烟道、地沟、油（水）罐、气柜、水塔、贮油（水）池、贮仓、栈桥等。

建筑施工图是表示建筑物的总体布局、外部造型、内部布置、细部构造、内外装饰、固定设施和施工要求的图纸，是建筑设计师向施工等合作单位表达其设计意图的语言，是指导建筑施工、编制工程预决算的指导性文件。

任务一　了解建筑施工图

知识链接

一、施工图的产生

建筑工程设计人员把建筑物的形状与大小、结构与构造、设备与装修等，按照国家相关标准的规定，分别用正投影法准确绘制的图纸，称为房屋建筑施工图，其主要用于指导施工。房屋建筑施工图的设计一般分为两个阶段，即初步设计阶段和施工图设计阶段。对于规模较大、功能复杂的建筑，为了使工程技术问题和各专业工种之间能很好地衔接，还需要在初步设计阶段和施工图设计阶段之间插入一个技术设计阶段，形成三阶段设计。

1）初步设计阶段。该阶段提出若干种设计方案供选用，待方案确定后，按比例绘制初步设计图，确定工程概算，报送有关部门审批，是技术设计和施工图设计的依据。初步设计一般包括简略的总平面布置，房屋的平面图、立面图及剖面图，有关技术和构造说明等。

2）技术设计阶段，又称扩大初步设计阶段。该阶段是在初步设计的基础上，进一步确定建筑设计各工种之间的技术问题。技术设计的图纸和设计文件，要求建筑工种的图纸标明与技术工种有关的详细尺寸，并编制建筑部分的技术说明书；结构工种应有建筑结构布置方案图，并附初步计算说明；设备工种也应提供相应的设备图纸及说明书。

3）施工图设计阶段。通过反复协调、修改与完善，最终产生一套能够满足施工要求，反映房屋整体和细部全部内容的图纸，即为施工图。它是在已经批准的初步设计的基础上完成建筑、结构、设备各专业施工图的设计，是房屋施工的重要依据。

二、施工图的分类

1. 按设计过程来分

① 方案图。

② 初步设计图。

③ 扩大初步设计图或技术设计图。

④ 施工图。

⑤ 竣工图。

2. 按施工图的内容或作用来分

① 图纸目录。

② 设计总说明（即首页）。

③ 建筑施工图（简称建施图），包含：建筑总平面图、建筑平面图、建筑立面图、建筑剖面图及建筑详图。

④ 结构施工图（简称结施图），包含：基础平面布置图、基础结构施工图、梁结构施工图、板结构施工图、剪力墙结构施工图、楼梯结构施工图和各构件结构详图。

⑤ 设备施工图（简称设施图），包含：给水排水、采暖通风、电气等设备的布置平面图及其详图。

3. 按施工图专业或工种来分

① 建筑施工图是表达建筑的平面形状、内部布置、外部选型、构造做法、装修做法的图纸。建施图主要“负责”建筑的使用功能。

② 结构施工图是表达建筑的结构类型，结构构件的布置、形状、连接、大小及配筋详细做法的图纸。结施图主要“负责”建筑的安全性。

③ 设备施工图是表达建筑工程各专业设备、管道及埋线的布置和安装要求的图纸。

三、房屋的类型、组成及作用

房屋按使用功能可以分为以下几种。

民用建筑：如住宅、学校宿舍、医院、车站、旅馆、剧院等。

工业建筑：如厂房、仓库、动力站等。

农业建筑：如粮仓、饲养场、拖拉机站等。

各种具有不同功能的房屋，一般都是由基础、墙、柱、梁、楼板、屋面、楼梯、屋顶、门、窗等基本部分组成；此外，还有阳台、雨篷、台阶、窗、雨水管、明沟或散水，以及其他一些构配件。

房屋的组成如图 6-1 所示，房屋各组成部分的作用见表 6-1，常见的建筑术语见表 6-2。

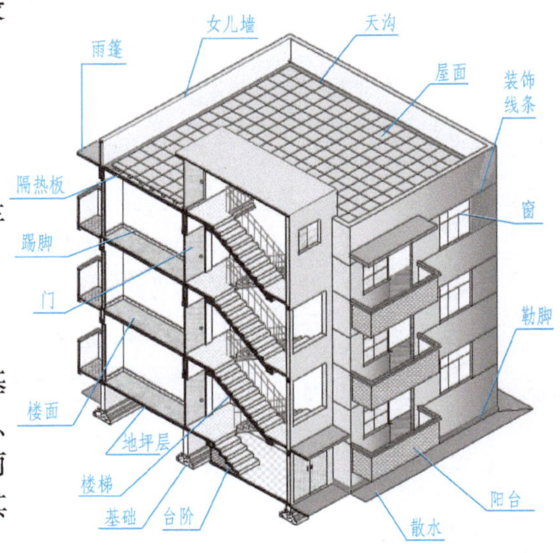

图 6-1 房屋的组成

表 6-1　房屋各组成部分的作用

作用	组成部分	详细解析
承重	基础	基础位于建筑物最下端，一般埋于地基土中，承受着建筑物传递来的荷载，并将荷载分散到地基土中
	墙	墙分为内墙和外墙，内墙主要起分割空间的作用，外墙起防护和分割室内外空间的作用。只有剪力墙和砖混结构中的墙体才承重，一般填充墙是不承重的
	梁	承担来自于板的荷载，并将荷载传递给柱子或墙体
	柱	竖向承重构件，承担来自于梁或者板的荷载
	楼板	横向承重构件，主要承担自重、人、家具、设备的荷载
	屋面	承担风、雨、雪、人、物和房屋自重等荷载
防护	外墙	防止风、沙、雨、雪和阳光的侵蚀或干扰
	屋面	
	雨篷	
交通	门	不同封闭空间的通行
	走廊	室内的水平通行
	楼梯	垂直通行
	台阶	室内外通行
通风、采光	门	门的主要作用是通行，辅助通风和采光的作用
	窗	主要作用是通风和采光
排水	天沟	天沟是位于屋面的排水沟，将屋顶雨水迅速收集到沟内
	雨水管	将屋面或者平台的雨水排离建筑物
	散水	散水是靠近勒脚下部的排水坡，迅速排除从屋檐滴下的雨水，防止因积水渗入地基而造成建筑物的下沉
	明（暗）沟	明沟是靠近勒脚下部设置的排水沟，将来自于雨水管或者房屋周围的雨水迅速排掉
保护墙身	踢脚	踢脚是外墙内侧和内墙两侧与室内地板交接处的构造，踢脚的作用是防止扫地时污染墙面
	勒脚	外墙墙身下部靠近室外地坪的部分叫勒脚，勒脚的作用是防止地面水、屋檐滴下的雨水的侵蚀，从而保护墙面，保证室内干燥，提高建筑物的耐久性
	防潮层	一般位于首层室内地面以下，地基土以上，是为了防止地面以下土壤中的水分进入砖墙而设置的材料层

表 6-2　常见的建筑术语

建筑术语	名词解释
横墙	沿建筑宽度方向的墙
纵墙	沿建筑长度方向的墙
进深	纵墙之间的距离，以轴线为基准
开间	横墙之间的距离，以轴线为基准

（续）

建筑术语	名词解释
山墙	外横墙
女儿墙	外墙从屋顶上高出屋面的部分
层高	相邻两层的地坪高度差（轴线间尺寸）
净高	构件下表面与地坪（楼地板）的高度差
建筑面积	建筑所占面积×层数，指建筑物长度、宽度的外包尺寸的乘积再乘以层数。它由使用面积、交通面积和结构面积组成
使用面积	房间内的净面积
交通面积	建筑物中用于通行的面积
构件面积	建筑构件所占用的面积
绝对标高	绝对标高亦称海拔，我国把青岛附近黄海的平均海平面定为绝对标高的零点，全国各地的标高均以此为基准
相对标高	相对标高是以建筑物的首层室内主要房间的地面为零点（±0.00），表示某处距首层地面的高度
容积率	项目总建筑面积与总用地面积的比值，一般用小数表示
建筑密度	项目总基底面积与总用地面积的比值，一般用百分数表示
绿地率	项目绿地总面积与总用地面积的比值，一般用百分数表示
日照间距	指前后两栋建筑之间，根据日照时间要求所确定的距离。日照间距的计算，一般以冬至这一天正午正南方向房屋底层窗台以上墙面，能被太阳照到的高度为依据
建筑红线	指规划部门批给建设单位的占地面积，一般用红笔圈在图纸上，具有法律效力
建筑物等级	依据耐久等级（使用年限）和耐火等级（耐火年限）进行划分。①按耐久等级划分，共分为四级：一级，耐久年限100年以上；二级，耐久年限50～100年；三级，耐久年限25～50年；四级，耐久年限15年以下。②按耐火等级划分，共分为四级：从一级到四级，建筑物的耐火能力逐步降低

四、施工图的读图顺序

识读施工图的一般步骤如下：

① 对于全套图纸来说，先看说明书、首页图，后看建施图、结施图和设施图。

② 对于每一张图纸来说，先看图标、文字，后看图样。

③ 对于建筑施工图来说，先看平面图、立面图、剖面图，后看详图。

④ 对于结构施工图来说，先看基础施工图、结构布置平面图，后看构件详图。

在识读施工图的过程中，上述步骤并不是孤立的，而是要与图纸相互联系、反复对照进行识读。

任务实施

用一个建筑模型，指出房屋的各部分名称及其作用，并熟悉相应的专业术语。

任务二　识读建筑总平面图

知识链接

一、建筑总平面图的形成与用途

1. 形成

将新建工程四周一定范围内的新建、拟建、原有和需拆除的建筑物、构筑物及其周围的地形、地物，用直接正投影法和相应的图例画出的图纸，即建筑总平面布置图，简称总平面图。

2. 用途

表达建筑的总体布局及其与周围环境的关系，是新建筑定位、放线及布置施工、土方施工，以及设计水、电、暖、煤气等管线总平面图现场的依据。

二、建筑总平面图的图示内容

1. 比例、图名

建筑总平面图表示的内容较多，所绘制的范围较大，内容相对简单，所以只能把表达对象的缩小程度增大，一般都采用较小的比例。总平面图常用的比例有 1∶500，1∶1000，1∶2000等。在总平面图的下方注写图名和比例，如“×××总平面图 1∶500”。

2. 图例

建筑总平面图图例详见表 6-3。

表 6-3　建筑总平面图图例

名称	图例	备注	名称	图例	备注
新建建筑物	8	粗实线表示，右上角的数字或者黑点代表层数，三角形代表大门	原有建筑物	6	细实线表示，右上角的数字或者黑点代表层数
拟建建筑物		中粗虚线表示	拆除建筑	16	细实线表示，右上角的数字或者黑点代表层数
建筑物下的通道		细实线表示	散状材料露天堆场		细实线表示
敞棚或敞廊		细实线表示	挡土墙		被挡土在短线侧
烟囱		—	围墙及大门		上图为实质性围墙，下图为通透性围墙，仅表示围墙时不画大门

（续）

名称	图例	备注	名称	图例	备注
测量坐标	X 105.00 Y 425.00	—	建筑坐标	A 105.00 B 425.00	—
方格网点交叉点标高	-0.50 77.85 78.35	“78.35”为原地面标高，“77.85”为设计标高，“-0.5”为施工高度，“-”表示挖方，“+”表示填方	填挖边坡		边坡较长时，可在一端或者两端局部表示
护坡		下边线为虚线时表示填方	台阶		—

3. 图线

(1) 粗实线

粗实线用于新建建筑物 ±0.00 高度的可见轮廓线。

(2) 中实线

中实线用于新建构筑物、道路、桥涵、围墙、边坡、挡土墙等的可见轮廓线。

(3) 中虚线

中虚线用于计划预留建（构）筑物等轮廓线。

(4) 细实线

细实线用于原有建筑物、构筑物、建筑坐标网格等，新建建筑 ±0.00 高度以上的可见建筑物、构筑物轮廓线。

4. 总平面图的定位

建（构）筑物定位：用尺寸和坐标定位。主要建筑物、构筑物用坐标定位，较小的建筑物、构筑物可用相对尺寸定位。注其三个角的坐标，若建筑物、构筑物与坐标轴线平行，可注其对角坐标。均以“米”为单位，注至小数点后两位。

(1) 坐标

测量坐标：与地形图同比例的 50m × 50m 或 100m × 100m 的方格网。X 为南北方向轴线，X 的增量在 X 轴线上；Y 为东西方向轴线，Y 的增量在 Y 轴线上。测量坐标网交叉处画成十字线，如图 6-2 所示。

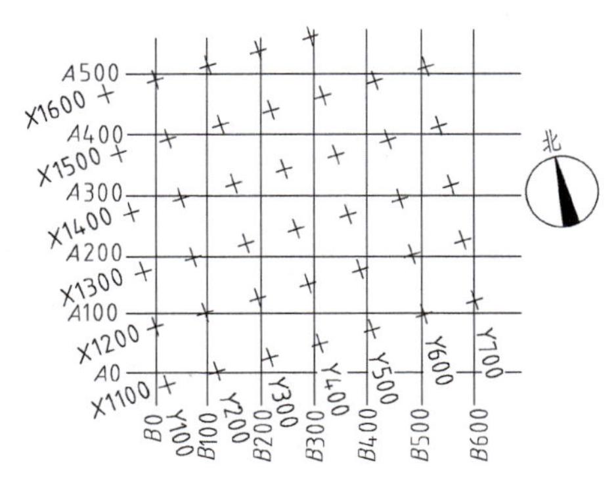

图 6-2 总平面图的定位

建筑坐标：建筑物、构筑物平面两方向与测量坐标网不平行时常用。A 轴相当于测量坐

标中的 X 轴，B 轴相当于测量坐标中的 Y 轴，选适当位置作坐标原点，画垂直的细实线。若同一总平面图上有测量和建筑两种坐标系统，应注两种坐标的换算公式。

（2）尺寸

用新建筑对原有并保留的建（构）筑物的相对尺寸定位。

5. 标高标注

标高分绝对标高和相对标高。总平面图中一般标注绝对标高，以“米”为单位，总平面图中注至小数点后两位，如图 6-3 所示。

图 6-3　总平面图的标高标注

a）标高符号　b）总平面图室外地坪标高符号

注意：总平面图中标高及全部尺寸均以“米”为单位，标注至小数点后两位。

6. 尺寸标注

建（构）筑物的尺寸标注：新建建（构）筑物的总长和总宽。

7. 指北针和风向频率玫瑰图

在总平面图中应标注指北针或带有指北方向的风向频率玫瑰图。

（1）指北针

指北针用来表达建筑物的朝向，指北针的外圆直径为 24mm，用细实线绘制，指针尾宽宜为 3mm，在指北针的头部应注明“北”或“N”字样，如图 6-4 所示。

（2）风向频率玫瑰图

风向频率玫瑰图也称风玫瑰图，用来表达建筑场地范围内的常年主导风向和 6、7、8 月份的主导风向，用 8 个或 16 个罗盘方向定位，是从外面吹向地区中心的，如图 6-5 所示。

如图 6-5 所示，风向频率玫瑰图是根据在一定时间内某一方向出现风向的次数占总观察次数的百分比来绘制的。其中，粗实线表示全年平均风向；虚线表示夏季平均风向；细实线表示冬季平均风向。

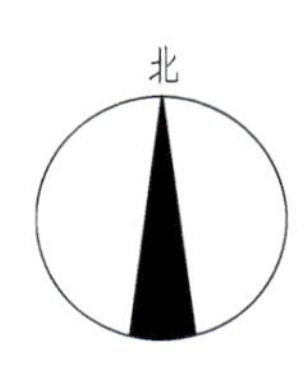

图 6-4　指北针

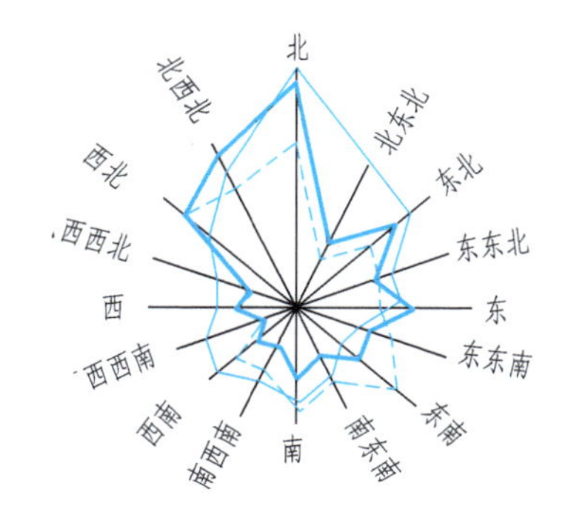

图 6-5　风向频率玫瑰图

我国部分城市全年风向频率玫瑰图如图6-6所示。

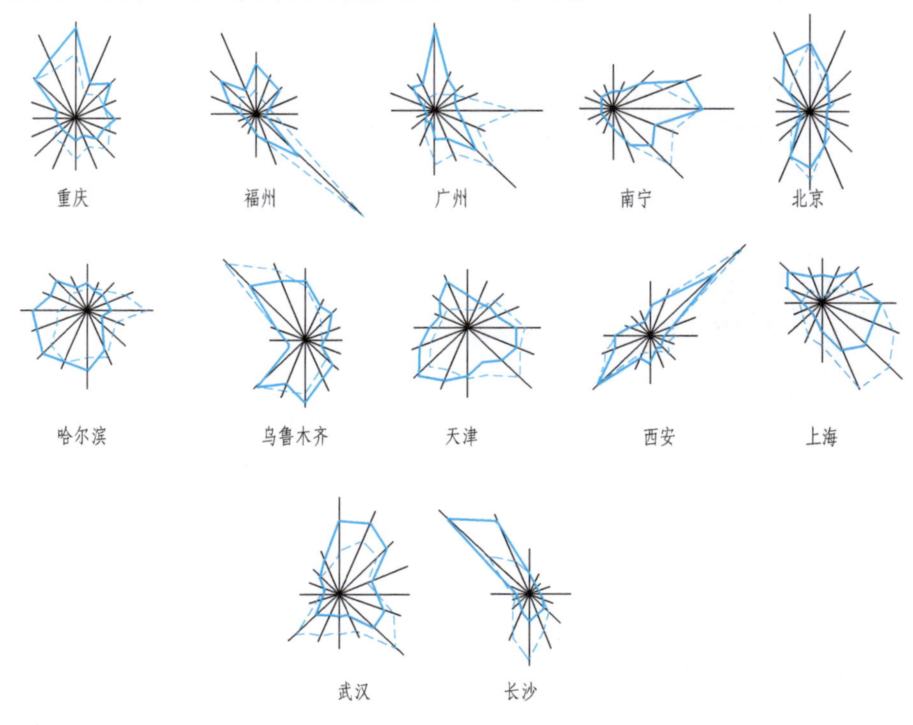

图6-6　我国部分城市全年风向频率玫瑰图

三、建筑总平面图的识读实例

以××商业街总平面图为例，识读建筑总平面图，如图6-7所示。

1. 图名、比例

本图例为某商业街的总平面图，比例为1∶500。

2. 商业街方位

从总平面图中可以看出，该商业街总体方位为南北朝向。

3. 新建建筑的平面轮廓形状、大小、朝向、层数和室内外地面标高

以粗实线画出的7座商业建筑，均为4层，粗实线显示了它的平面轮廓形状。其中东区3座，另有一座待建，西区4座。每一座又由若干独立的门面组成，1~4座位于西区，1座有7间，首层室内标高分别为288.00、288.00、268.60、268.85、268.65、268.00、267.80，以此类推，可以得到其他2~7座每间门面的首层室内标高。东、西区的建筑为南北朝向，略偏东西向。东西向室外标高均为266.60m。

4. 新建建筑周围的环境以及附近的建筑物、道路、绿化等布置

在东区、西区新建建筑之间有瓷砖铺贴的地面道路，南有行政广场，北有中心广场、旱式喷泉、休闲街、林下石桌椅。北面另有三栋已有高层建筑，分别为33层、25层、16层。

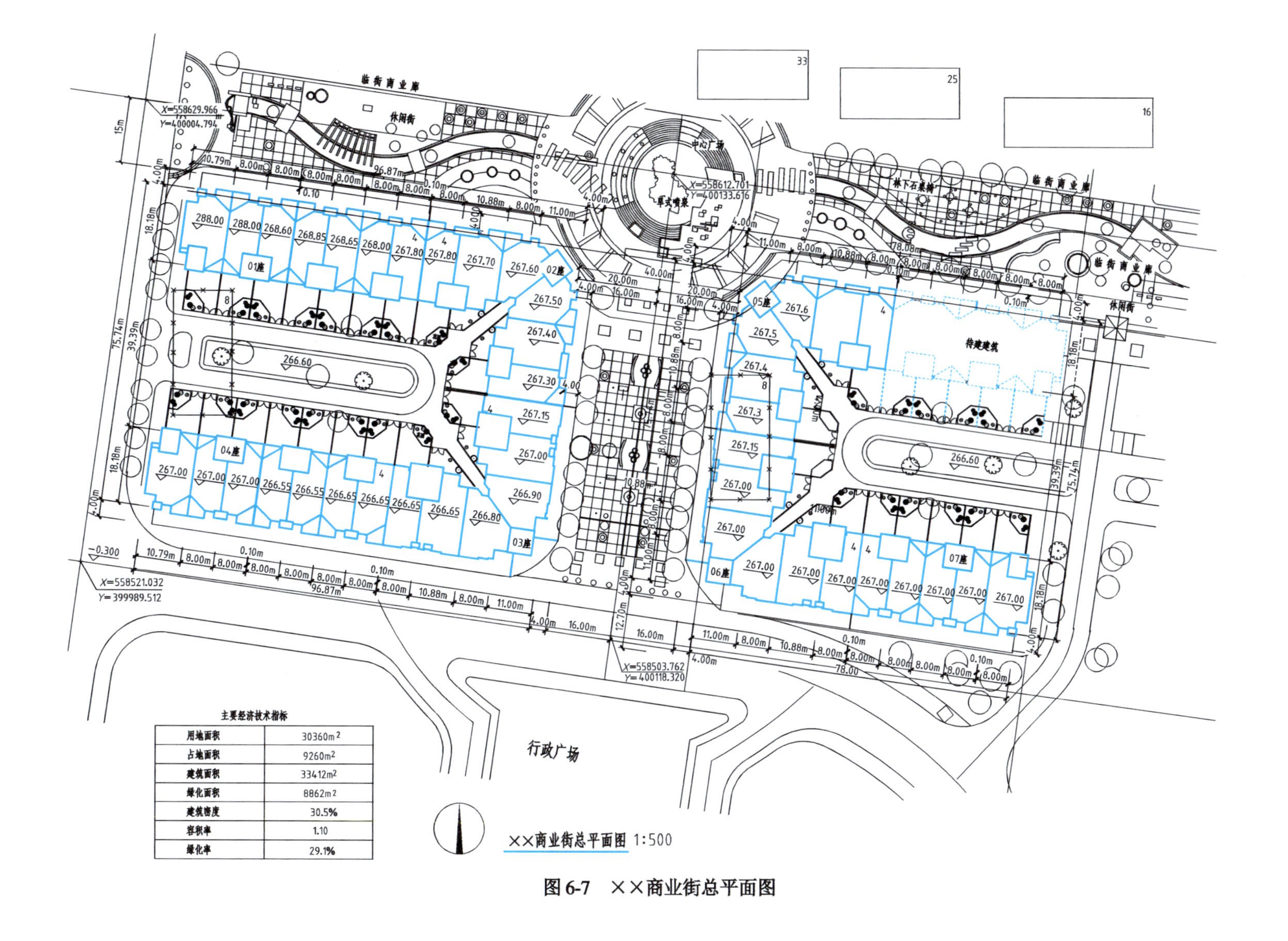

临街商业廊
休闲街
中心广场
林下石景墙
待建建筑
行政广场
主要经济技术指标
用地面积 30360m²
占地面积 9260m²
建筑面积 33412m²
绿化面积 8862m²
建筑密度 30.5%
容积率 1.10
绿化率 29.1%
××商业街总平面图 1:500

图 6-7　××商业街总平面图

5. 技术经济指标

通过建筑总平面图，还可以读出该商业街的占地面积、建筑面积、容积率、绿化率等技术经济指标。

任务实施

识读图6-8所示某住宅的总平面图。

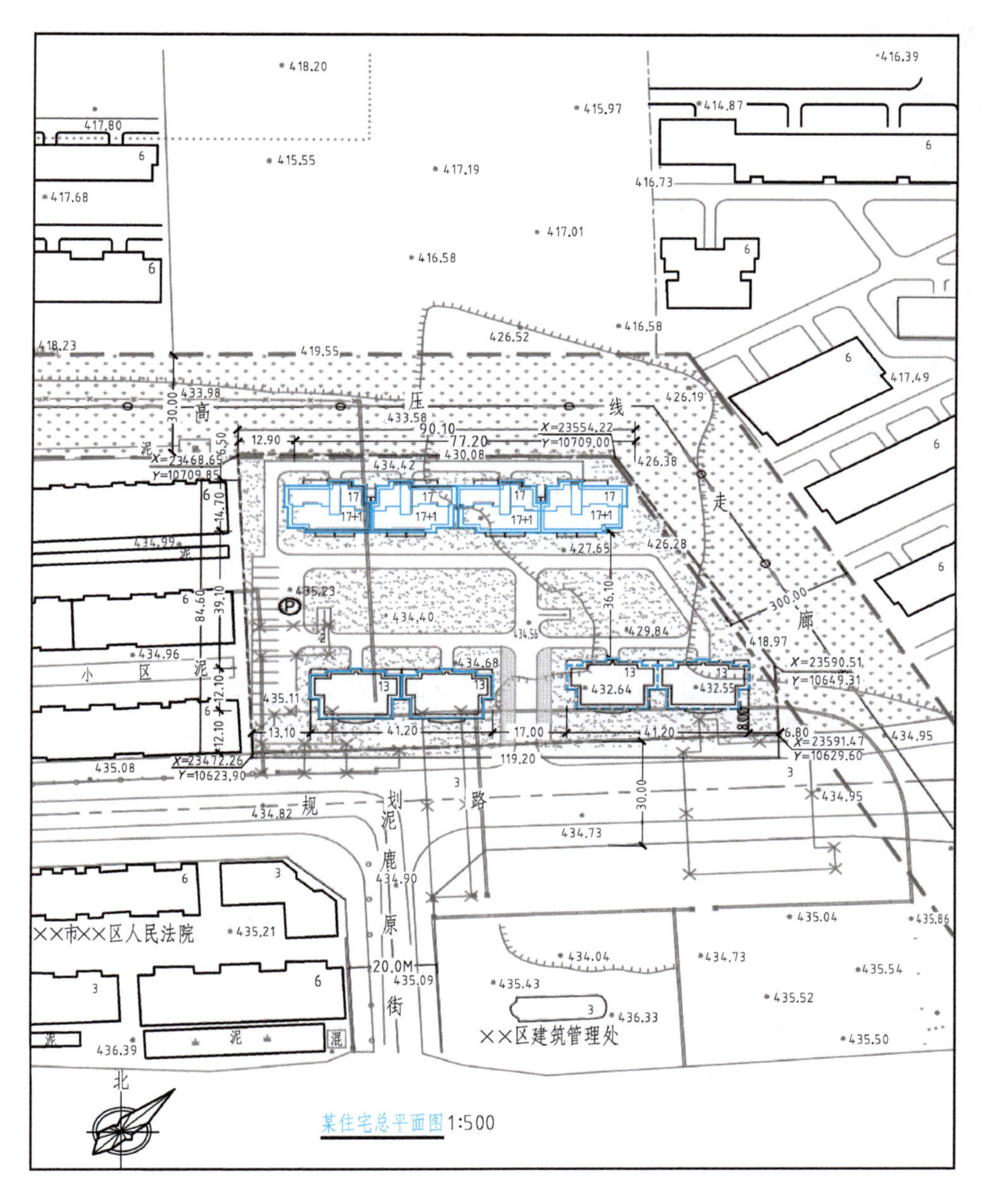

图6-8　某住宅总平面图

任务三　识读建筑平面图

知识链接

一、建筑平面图的形成和用途

1. 形成

平面图的形成：沿各层的门、窗洞口（通常离本层楼、地面约1.2m，在上行的第一个梯段内）的水平剖切面，将建筑剖开成若干段，并将其用直接正投影法投射到H投影面的剖面图，即为相应层平面图。各层平面图只是相应“段”的水平投影。

（1）首层平面图的形成

沿首层的门、窗洞口（通常离本层地面约1.2m，在上行的第一个梯段内）的水平剖切面，将建筑剖开，移去上面部分，并将剖切平面以下部分直接用正投影法投射到H投影面的剖面图，即形成首层平面图（也叫底层平面图或一层平面图），如图6-9所示。

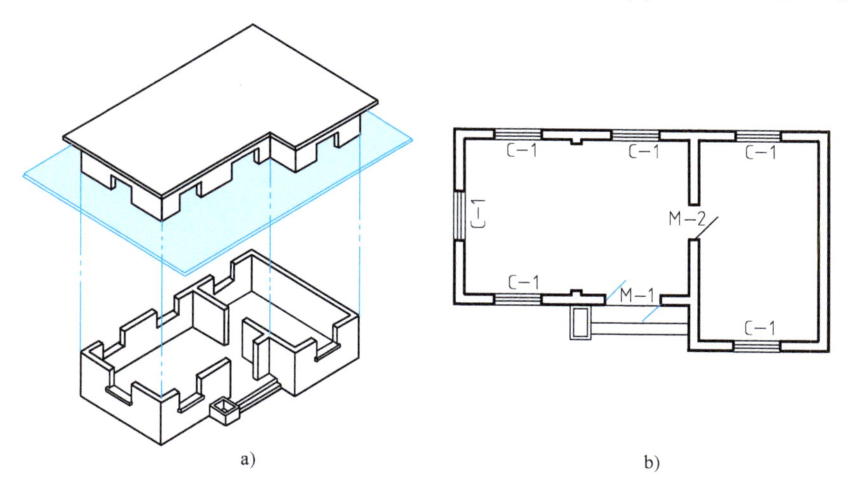

图6-9　首层建筑平面图的形成

a）投影过程　b）首层平面图

首层平面图不但要图示本层的房间布置及墙、柱、门窗等构配件的位置、尺寸，还要图示与本建筑有关的台阶、散水、花池及垃圾箱等的水平外形图。

（2）中间层平面图的形成

沿该层的门、窗洞口（通常离本层楼、地面约1.2m，在上行的第一个梯段内）的水平剖切面，将建筑剖开，并将下一层剖切面以上的该“段”，用正投影法投射到H投影面的剖面图，即形成中间层平面图，如图6-10所示。

注意：①中间层平面图只是相应“段”的水平投影。②下一层的雨篷在本层图纸体现。比如一层的雨篷会出现在二层平面图上。

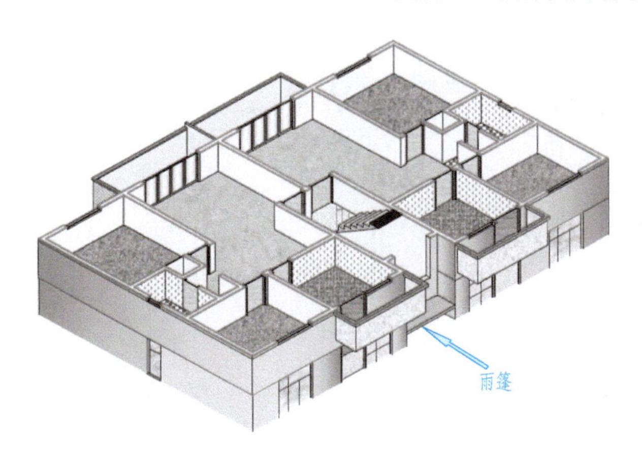

图 6-10 中间层建筑平面图的形成

中间层平面图不但要图示本层的房间布置及墙、柱、门窗等构配件的位置、尺寸，还要图示下面一层剖切平面以上的部分，如雨篷、窗楣等构件的水平外形图。

若中间各层平面组合、结构布置、构造情况等完全相同，只画一个具有代表性的平面图，即“标准层平面图”。

（3）屋顶平面图的形成

沿本层楼面约 1.2m 的水平剖切面，将建筑剖开成所需的一段，并将下一层剖切面以上的该“段”直接用正投影法投射到 H 面的剖面图，即形成屋顶平面图。

2. 用途

建筑平面图比较全面且直观地反映建筑物的平面形状大小、内部布置、内外交通联系、采光通风处理、构造做法等基本情况，是建施图的主要图纸之一，是概预算、备料及施工中放线、砌墙、设备安装等的重要依据。

二、建筑平面图的形成过程

下面以首层平面图为例，讲解建筑平面图的形成过程。

图 6-11 为剖切开的建筑首层的形体，现分步骤讲解平面图的形成过程。

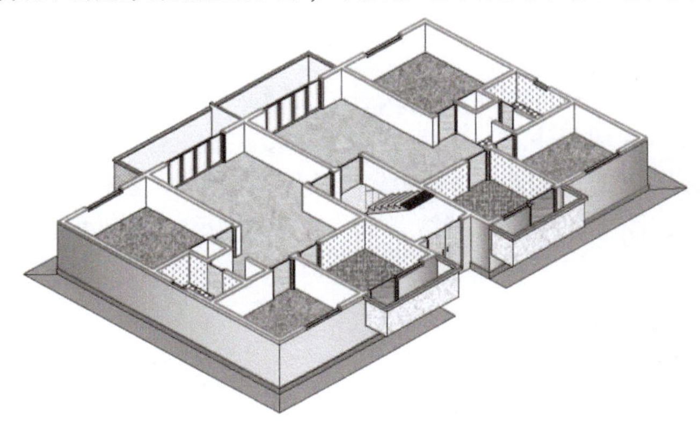

图 6-11 建筑首层构造

① 剖切到的墙、柱等，画出其剖切断面形状，这部分简称为画剖线，如图 6-12 所示。由于平面图采用比例较小，故通常不画断面的材料符号。

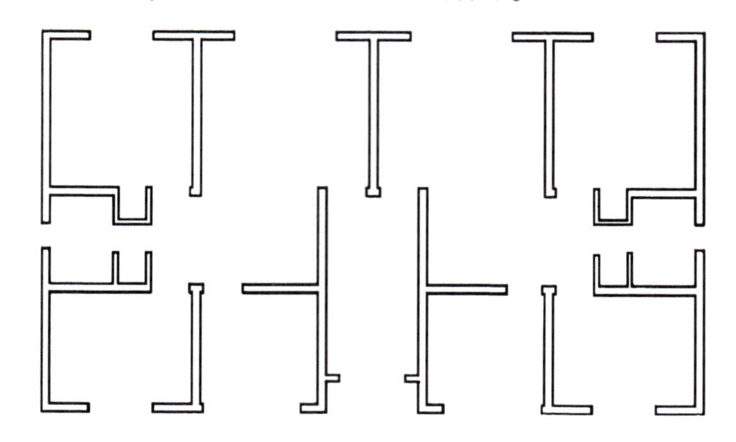

图 6-12　画剖线

② 剖切到的门和窗，以标准规定的形式（规定图例）画出其投影，这部分简称为画图例线，如图 6-13 所示。特别要注意，门的开启线是中粗线。

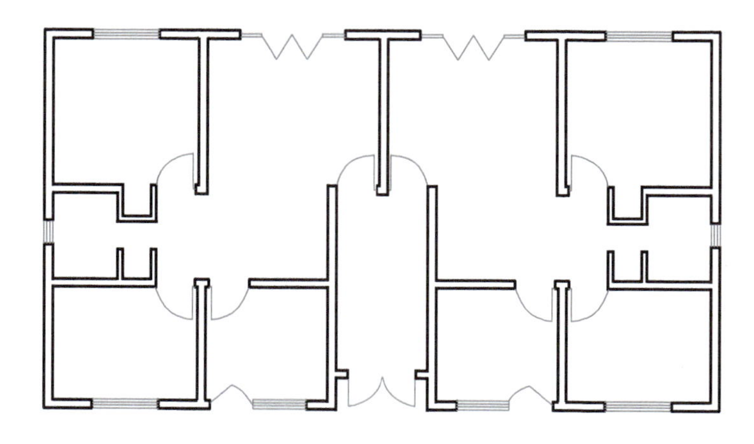

图 6-13　画门窗

③ 剖切到的楼梯，也是以标准规定的形式（规定图例）画出其投影，这部分简称为画图例线，如图 6-14 所示。特别要注意，折断线表示在楼梯的上跑梯段。

④ 对于在剖切平面以下的部分，如踢脚线、阳台、台阶、花池、散水等是以正投影的形式画出其水平投影，这部分简称为画看线，如图 6-15 所示。特别要注意，看线是以细实线表示。

三、建筑平面图的图示内容

1. 图名与比例

通过图名，可以了解这个建筑平面图表示的是房屋的哪一层平面，比例根据房屋的大小和复杂程度而定。建筑平面图的比例宜采用 1∶50、1∶100、1∶200 等。

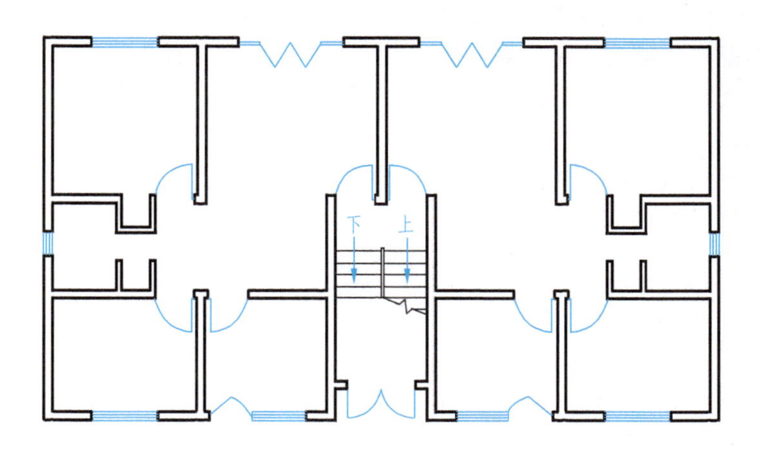

图 6-14　画楼梯

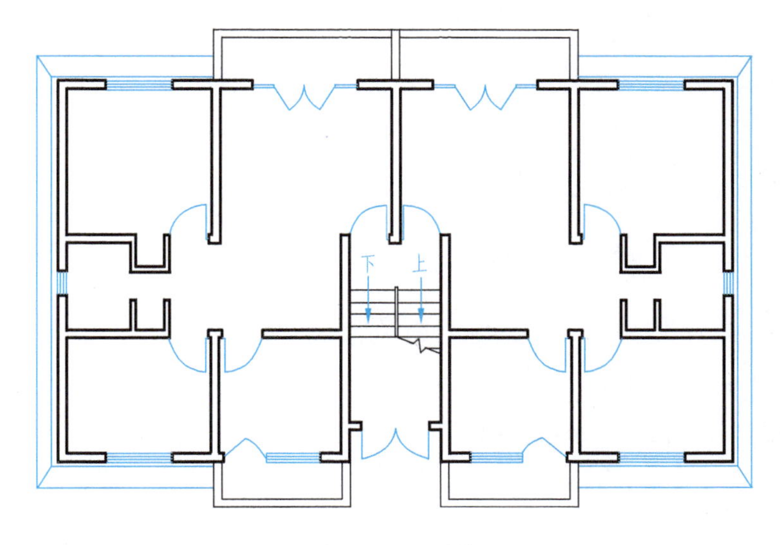

图 6-15　画看线

2. 定位轴线

在施工图中通常将房屋的基础、墙、柱、墩和屋架等承重构件的轴线画出，并进行编号，以便施工时定位放线和查阅图纸，这些轴线称为定位轴线。

① 根据国标规定，定位轴线采用细单点长画线绘制。轴线编号的圆圈用细实线绘制，直径一般为 8 ~ 10 mm，如图 6-16 所示。轴线编号写在圆圈内。

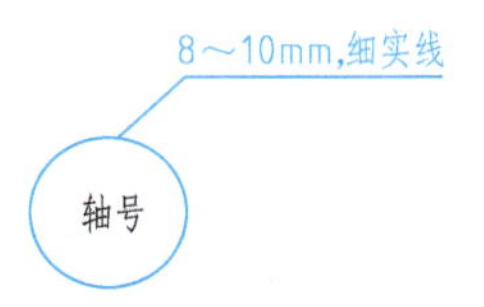

图 6-16　轴号圆圈的绘制

② 在平面图上横向编号采用阿拉伯数字，从左向右依次编写；竖向编号用大写拉丁字母（I、O、Z 不得作为轴线编号，避免与 1、0、2 混淆）自下而上顺序编写。在较简单或对称的房屋中，平面图的轴线编号，一般标注在图样的下方及左侧；较复杂或不对称的房屋，图样上方和右侧也可标注。

③ 分数形式表示附加轴线编号，分子为附加轴线编号，分母为前一轴线编号。1 或 A 轴前的附加轴线分母为 01 或 0A。

④ 组合较复杂的平面图定位轴线采用分区编号，即“分区号 - 该区编号”，如图 6-17 所示。

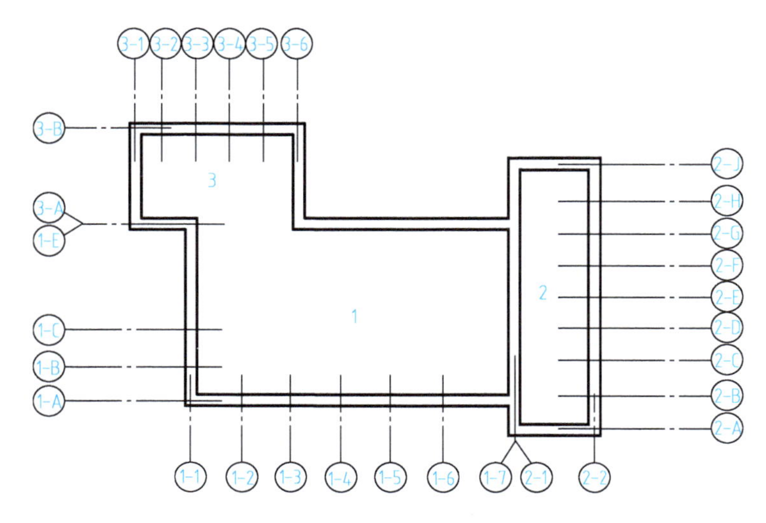

图 6-17　轴号的分区编号

⑤ 圆形平面图编号：环向宜用阿拉伯数字从左下角开始，逆时针顺序编写；圆周轴线用大写拉丁字母自外向内顺序编写，如图 6-18 所示。

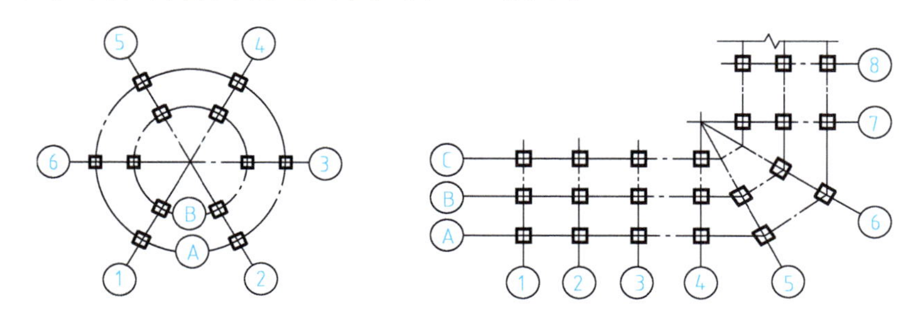

图 6-18　圆形平面轴号的编号

3. 图例及代号、编号

窗：C1、C2 或 C-1、C-2，C1524 表示窗宽度为 1500mm，高度为 2400mm。

门：M1、M2 或 M-1、M-2，M1221 表示门宽度为 1200mm，高度为 2100mm。

同一规格的门或窗均各编一个号，以便统计列门窗表。图 6-19 中，每个对象都有 3 个图，分别代表了该对象在剖面图、立面图和平面图中的图例。

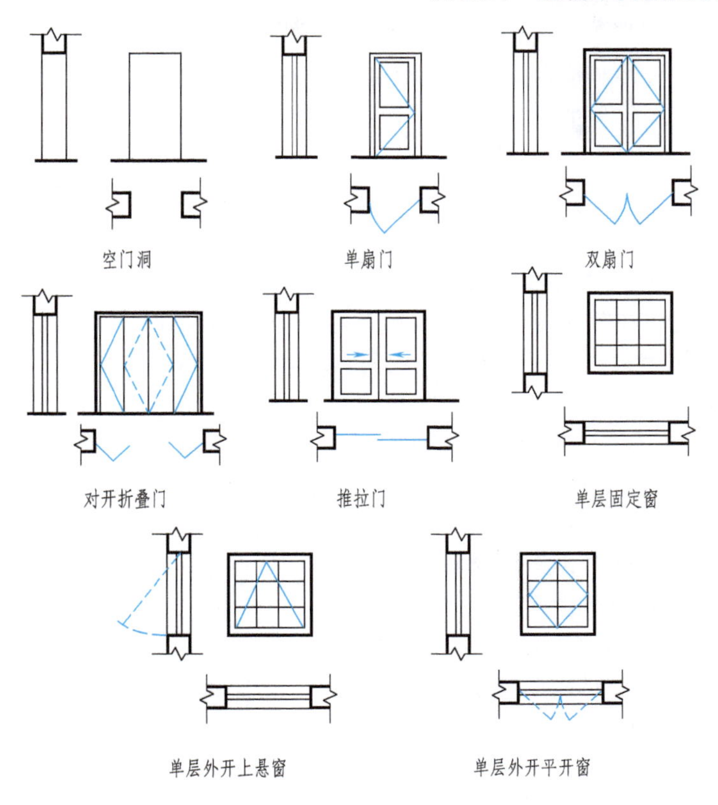

图6-19 门窗图例

4. 平面图中的线型

① 粗实线 b：被剖切到的主要建筑构造（包括构配件），如承重墙、柱的断面轮廓线及剖切符号、尺寸起止斜短线。

② 中粗实线 $0.7b$：门扇开启线、建筑构配件轮廓线。

③ 细虚线 $0.25b$：位于剖面以上且需要表达的构件。

④ 细实线 $0.25b$：其余可见轮廓线及图例（特别是窗的图例）、尺寸标注等线。

较简单的图样可用粗实线 b 和细实线 $0.25b$ 两种线宽。

5. 尺寸标注

在建筑平面图中主要标注长、宽尺寸。分外部尺寸和内部尺寸。

（1）外部尺寸

外部尺寸包括外墙三道尺寸（总尺寸、定位尺寸、细部尺寸）及局部尺寸。

总尺寸：最外一道尺寸，即两端外墙外侧之间的距离，也叫外包尺寸。

定位尺寸：中间一道尺寸，是两相邻轴线间的距离，也叫轴线尺寸。

细部尺寸：外墙上门窗洞口、墙段等位置大小尺寸。

局部尺寸：建筑外的台阶、花台、散水等位置大小尺寸。

（2）内部尺寸

内部尺寸包括室内净空、内墙上的门窗洞口、墙垛位置大小、内墙厚度、柱位置大小、室内固定设备位置大小等尺寸。

6. 标高标注

在建筑平面图中应标注相应楼层楼地面的相对标高（装修后的完成面标高），首层应标注室外地坪等标高。标高符号的画法如图6-20所示。

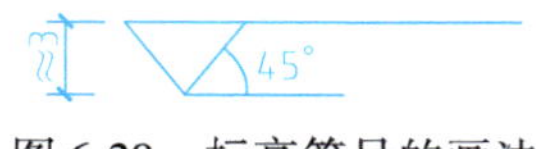

图6-20 标高符号的画法

7. 剖切符号、指北针、房间名称及其他符号

剖切符号、指北针只在首层标注。平面图应注房间名称或编号，编号圆为 ϕ 6mm，细实线（0.25b），若采用后者，应在同张图纸上列出房间名称。必要时还有表示详图的符号。

8. 抹灰层、楼地面、材料图例

比例>1：50时画抹灰层、楼地面、屋面的面层线，宜画出材料图例；比例=1：50时宜画楼地面、屋面的面层线，抹灰层面层线视需要而定；比例<1：50时不画抹灰层，宜画出楼地面、屋面的面层线。比例=1：200~1：100时可简化材料图例，宜画出楼地面、屋面的面层线；比例<1：200时，不画材料图例。

9. 手工绘制建筑平面图的步骤

建筑平面图的手工绘制一般按以下步骤进行：

① 绘制轴线。绘制定位轴线时，定位轴线应编号，编号应注写在轴线端部的圆内。圆应用细实线绘制，直径为8~10 mm。定位轴线圆的圆心应在定位轴线的延长线或延长线的折线上。

② 绘制墙体、柱子、门窗洞口等各种建筑构配件。

③ 绘制建筑细部构造。

④ 绘制楼梯、台阶、坡道、散水等细部构件，对门窗进行编号等。

⑤ 检查、完善图纸。检查全图无误后，删除多余线条，按建筑平面图绘制要求加深加粗，并画出剖切位置的剖切符号、指北针、标高等。

⑥ 完成建筑平面图的标注。

四、建筑平面图的识读实例

图6-21为某砖混住宅的图纸目录，在接下来的平面图识读、立面图识读、剖面图识读、建筑详图的识读中，均为此住宅的同一套图纸，每一张图纸均有编号。

下面以该住宅的首层平面图（图6-22）为例，讲解建筑平面图的识读。

1. 轴线数量及编号

从图中可以看出，横向有①~⑲共19条轴线，还有6条附加轴线；纵向有Ⓐ~Ⓛ（除I之外）11条轴线，每条轴线对应不同的墙体。

2. 房间数量及功能

该住宅为一梯两户的户型，共三个单元。①~⑦轴为第一单元，⑦~⑫轴为第二单元，⑫~⑲轴为第三单元。第一单元和第三单元均为单间配套的公寓型住宅，第二单元为两室一厅一厨一卫的住宅。

3. 门、窗的种类及数量

一单元和三单元的窗有C3822、C1815、C0915、C0415共四种类型，每种类型有4扇。

门有 M1、M2、MC34、M4、M5 共五种类型，分别有 2 扇、4 扇、2 扇、8 扇、4 扇。

图纸目录

序号	图纸编号	图纸内容
		建　　筑
1	建-1	图纸目录，建筑设计说明，建筑做法表
2	建-2	一层平面图
3	建-3	二、三层平面图
4	建-4	阁楼层平面图
5	建-5	屋顶平面图
6	建-6	南立面图
7	建-7	北立面图
8	建-8	东、西立面图
9	建-9	1—1、2—2、3—3、4—4剖面图
10	建-10	A楼梯大样图
11	建-11	B楼梯详图、卫生间大样图
12	建-12	门窗表、门窗大样图
13	建-13	节能建筑做法、节点大样图

编号：1

图 6-21 图纸目录

二单元的窗有 C1115、C2118A、C1515A、C1515，每种类型有 4 扇。门的类型有 M1、M2、M3、MC35、M4、M5，分别有 1 扇、2 扇、4 扇、2 扇、2 扇、1 扇。

4. 每个房间的开间与进深（尺寸标注）

两横墙之间的距离叫开间，两纵墙之间的距离叫进深。以一单元的公寓的起居室为例，开间为 4200mm，进深为 7500mm。

5. 标高标注

该楼层标高为 0.00m，室外标高为 -0.75m，入楼后标高为 -0.60m。卫生间标高为 -0.02m。

6. 朝向标

该房屋为坐北朝南的方位。

7. 剖切标注

该房屋被剖切了四次，会形成 1—1、2—2、3—3、4—4 四个剖面图，其中 2—2、3—3、4—4 都为用一个剖切面的全剖图，1—1 为两个平行剖切面剖切而成的全剖图。

8. 楼梯及台阶

从室外进入该住宅，需上四步台阶才能到达首层房屋的入户门门口，且除了首层①～④轴、⑯～⑲轴的两户人家之外，南面均有台阶直接入户。

任务实施

识读某住宅的二、三层平面图，阁楼平面图，屋顶平面图（图 6-23～图 6-25）。

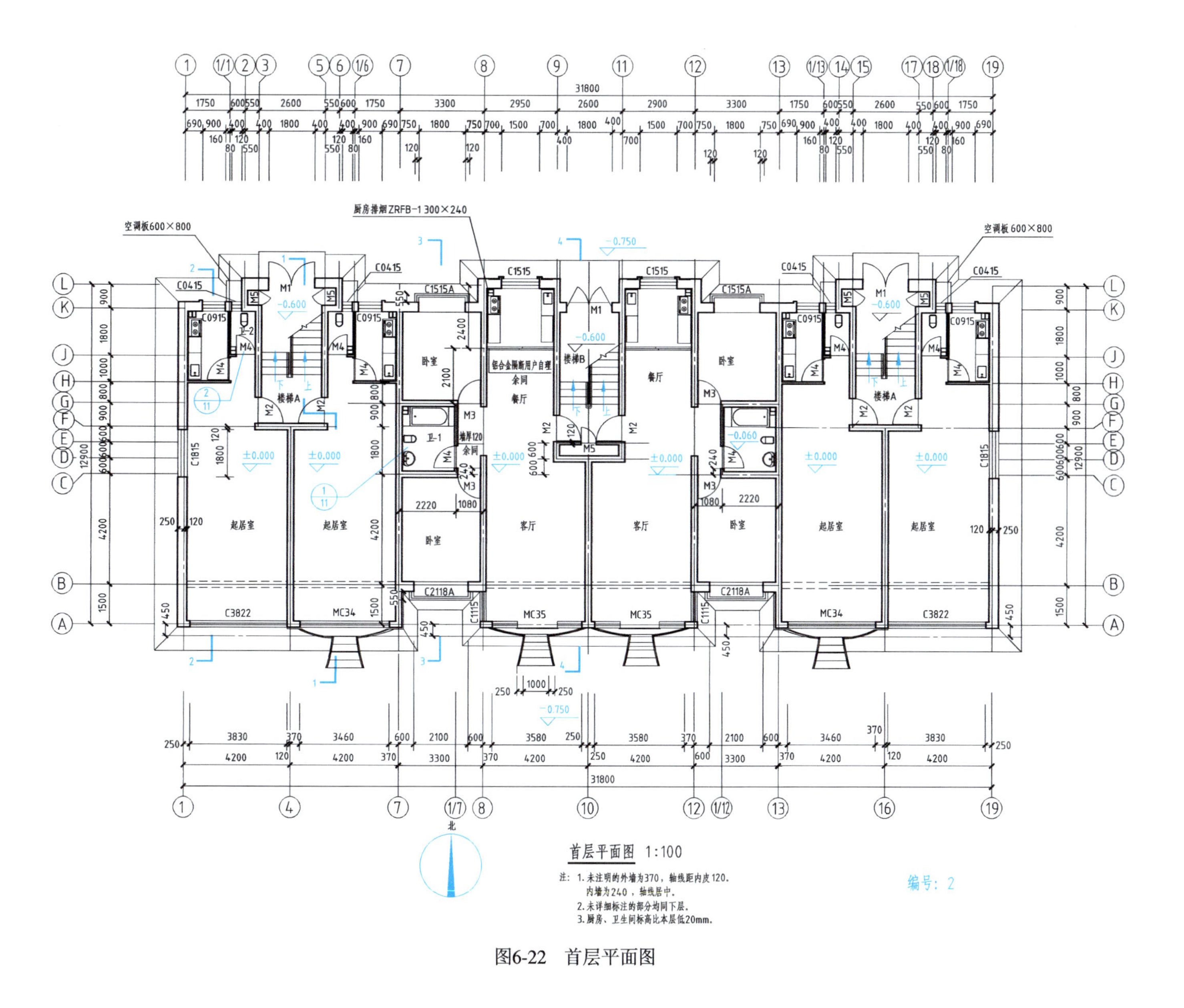

空调板600×800
厨房排烟ZRFB-1 300×240
空调板 600×800
卧室
餐厅
楼梯A
楼梯B
起居室
客厅
铝合金隔断用户自理
首层平面图 1:100
注：1.未注明的外墙为370，轴线距内皮120.
内墙为240，轴线居中。
2.未详细标注的部分均同下层。
3.厨房、卫生间标高比本层低20mm.
编号：2
北

图6-22 首层平面图

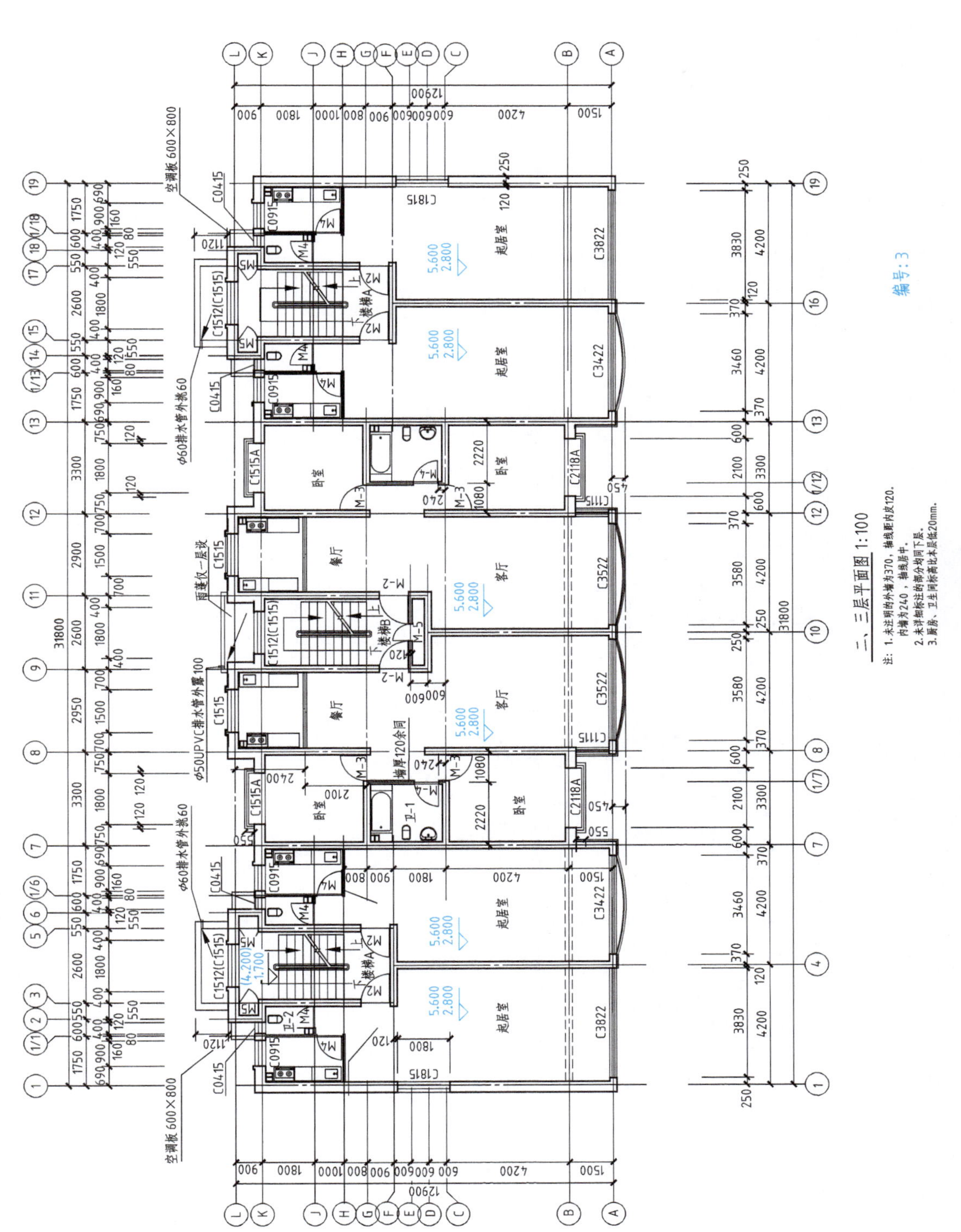
二、三层平面图 1:100
注：1.未注明的外墙为370，轴线距内皮120。内墙为240，轴线居中。
2.未详细标注的部分均同下层。
3.厨房、卫生间标高比本层低20mm。
编号：3

图6-23　二、三层平面图

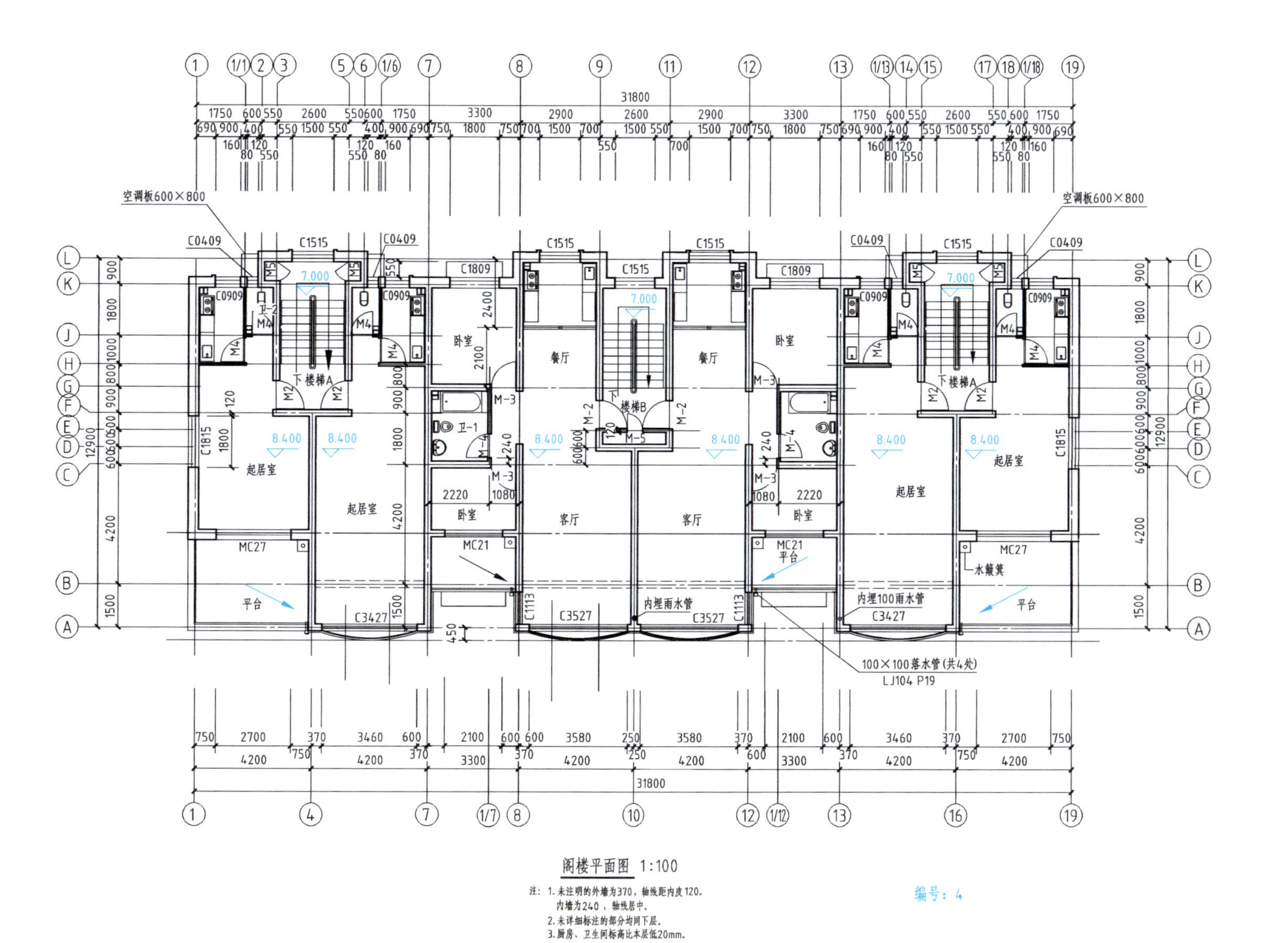
阁楼平面图 1:100
注：1.未注明的外墙为370，轴线距内皮120.
内墙为240，轴线居中。
2.未详细标注的部分均同下层。
3.厨房、卫生间标高比本层低20mm.
编号：4
起居室
客厅
餐厅
卧室
平台
下楼梯A
楼梯B
内埋100雨水管
内埋雨水管
水簸箕
100×100落水管(共4处)
LJ104 P19
空调板600×800
12900
31800

图6-24 阁楼平面图

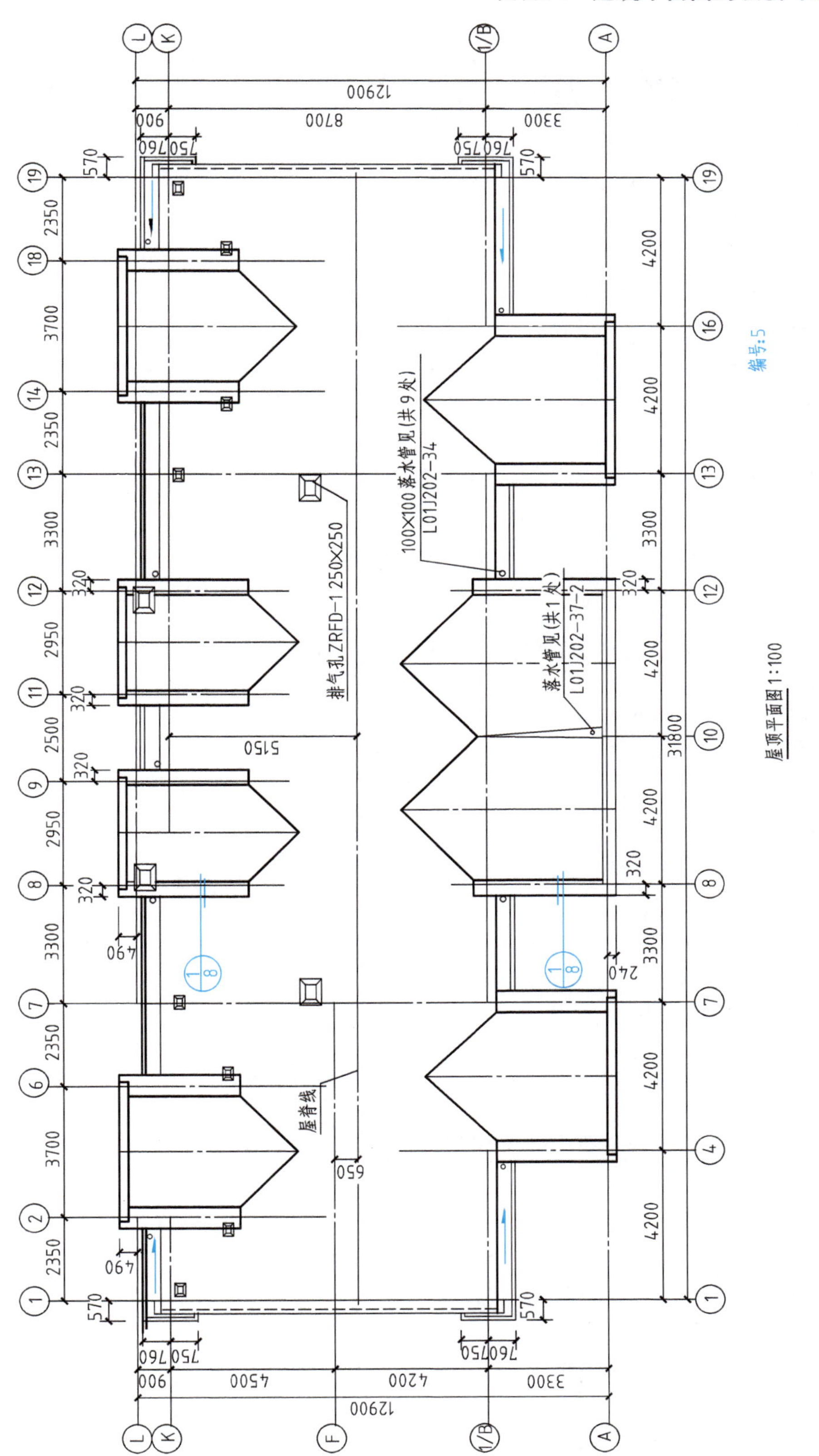
屋顶平面图 1:100
排气孔 ZRFD-1 250×250
100×100 落水管见(共9处)
L01J202-34
落水管见(共1处)
L01J202-37-2
屋脊线

图6-25　屋顶平面图

任务四　绘制 CAD 建筑平面图

知识链接

一、设置绘图环境

1. 设置绘图单位

建筑工程中，长度类型为小数，精度为0；角度的类型为十进制数，角度以逆时针方向为正，方向以东为基准角度。

命令的输入方法如下。

1）菜单栏：“格式”→“单位”。

2）命令行：输入“UNITS”（快捷键 UN）。

命令输入之后，将弹出如图 6-26 所示的“图形单位”对话框，用户可在对话框中进行绘图单位的设置。

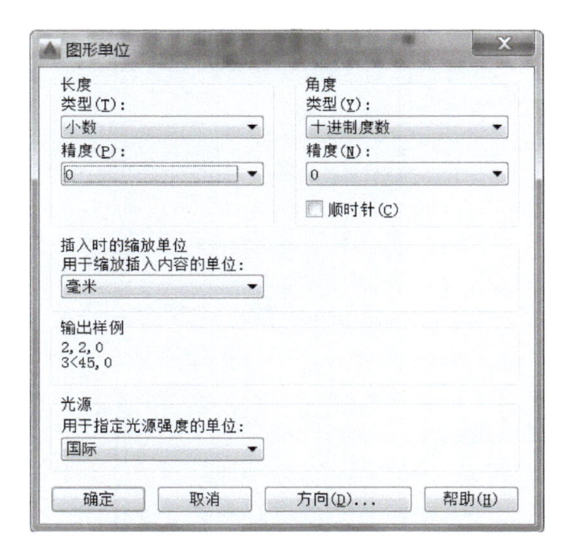

图 6-26 “图形单位”对话框

2. 设置标注样式

尺寸标注是建筑工程图中的重要组成部分。AutoCAD 的默认设置不能完全满足建筑工程制图的要求，因而用户需要根据建筑工程制图的标准对其进行设置。用户可利用“标注样式管理器”设置自己需要的尺寸标注样式。

命令的输入方法如下。

1）菜单栏：“格式”→“标注样式”。

2）命令行：输入“DIMSTYLE”（快捷键 D）。

命令输入之后，将弹出如图 6-27 所示的“标注样式管理器”对话框，用户可在对话框

中进行标注样式的设置。

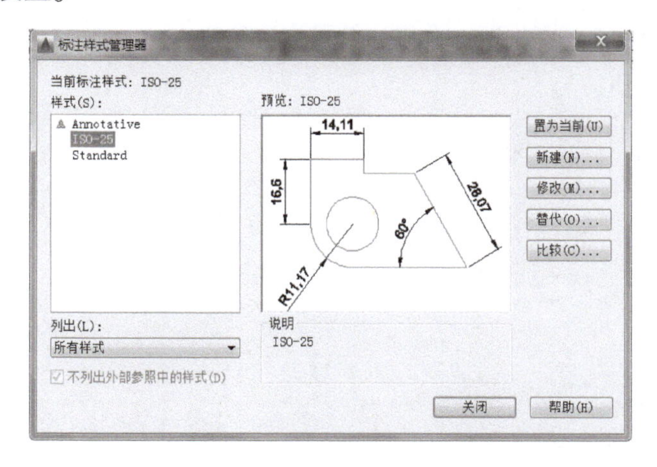

图 6-27 “标注样式管理器”对话框

下面以 1∶100 的图为例，设置标注样式，其他比例请各位同学进行换算后自行设置。因为 CAD 是按照 1∶1 的比例绘制的，打印时，根据图形比例，缩小对应的倍数打印（比如 1∶100 的图，打印时缩小到 1/100 打印）。

① 在“标注样式管理器”中新建一个名为“1 比 100”的标注样式，如图 6-28 所示。

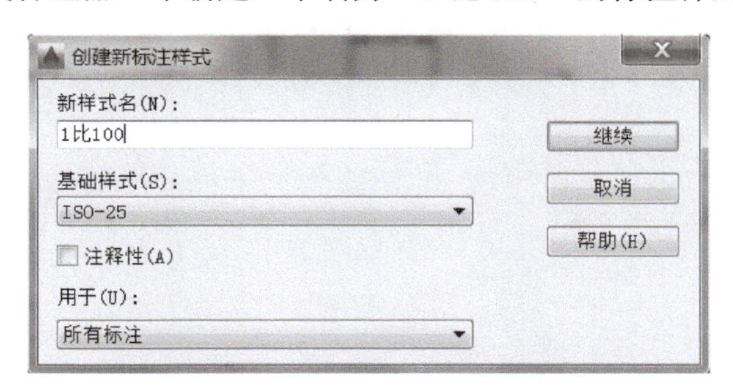

图 6-28　新建标注样式

② 单击“继续”，打开样式设置选项卡。

“线”选项卡：“基线间距”设置为“800”，“超出标记”设置为“0”，“超出尺寸线”设置为“200”，“起点偏移量”设置为“300”。其他按照默认设置，如图 6-29 所示。

“符号和箭头”选项卡：修改箭头形状为“建筑标记”形状，“引线”选择默认为“实心闭合”，设置“箭头大小”为“250”。在“圆心标记”选项组中选择“标记”方式来显示圆心标记，设置“大小”为“200”，如图 6-30 所示。

“文字”选项卡：“文字颜色”为默认；“文字高度”设置为“250”；不勾选“绘制文字边框”选项。在“文字位置”选项组中设置“从尺寸线偏移”为“100”。在“文字对齐”选项组中选择“与尺寸线对齐”，如图 6-31 所示。

“调整”选项卡：对文字位置、标注特征比例进行调整，如图 6-32 所示。

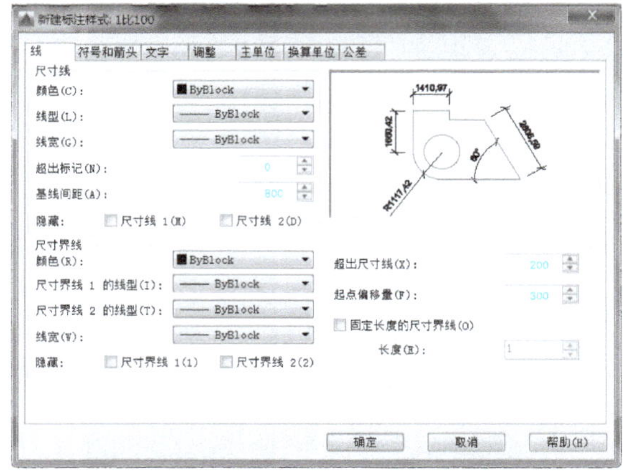

图 6-29 “线”选项卡

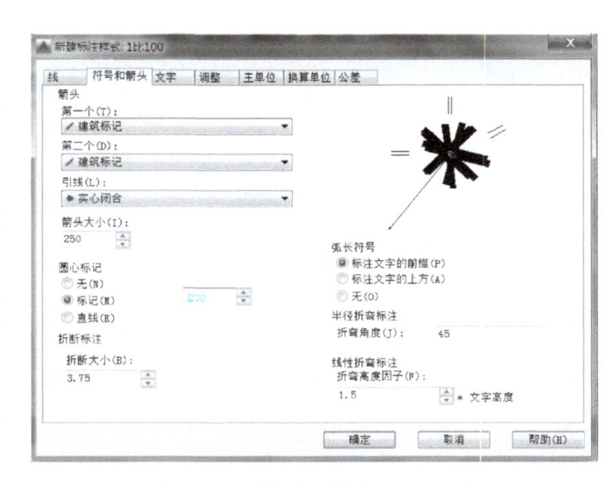

图 6-30 “符号和箭头”选项卡

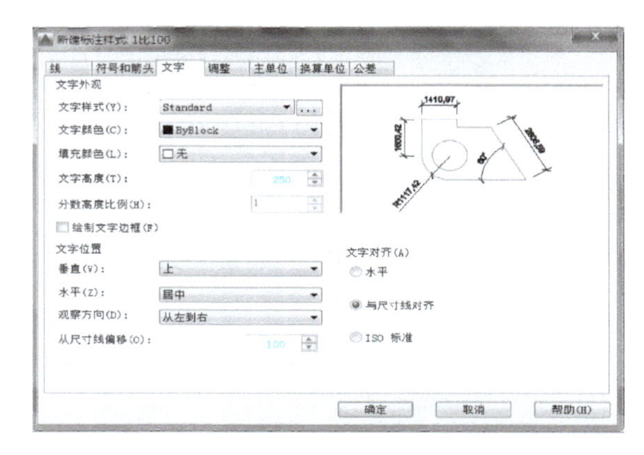

图 6-31 “文字”选项卡

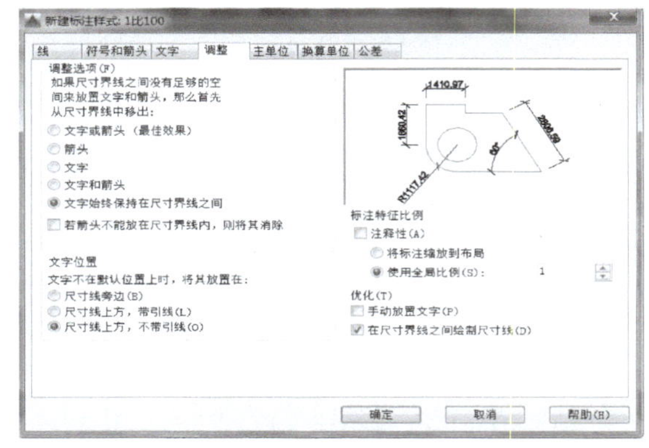

图 6-32 “调整”选项卡

3. 设置文字样式

命令的输入方法如下。

1）菜单栏：“格式”→“文字样式”。

2）命令行：输入 STYLE（快捷键 ST）。

字体可根据个人喜好选择，但是最好选择常用的字体，字高为 300（1∶100 的图纸中的字高），如图 6-33 所示。

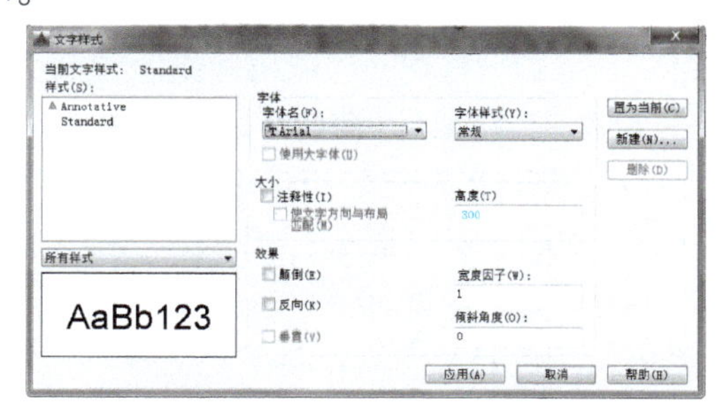

图 6-33 设置文字样式

二、建筑平面图的绘制步骤

下面以图 6-22 所示首层平面图为例，讲解建筑平面图的绘制步骤。

1. 设置图层

原则上图层的名字、颜色、线型、内容等全部可以自由定义，建筑图纸中有一些固定通用的图层，为使图纸方便其他人员阅读、修改以及与其他软件兼容使用，图层的设置如图 6-34 所示。

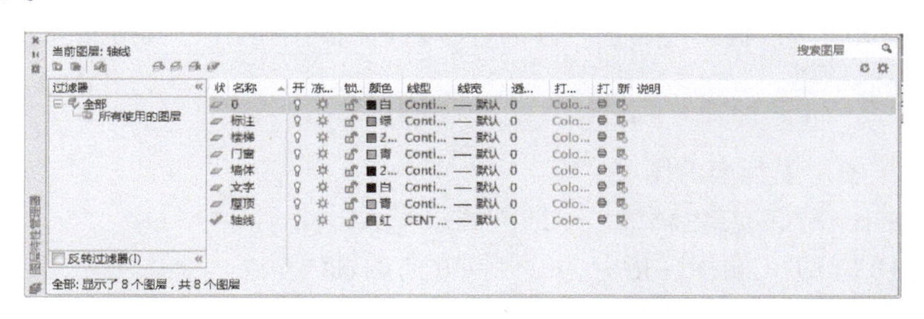

图 6-34　设置图层

常用图层有：

DOTE　轴线　线型为 CENTER　颜色　（正红）
WALL　墙线　线型为 CONTINUOUS　颜色　（类似白色）
COLUMN　柱子　线型为 CONTINUOUS　颜色　（类似白色）
WINDOW　门窗　线型为 CONTINUOUS　颜色　（天青）
STAIR　楼梯　线型为 CONTINUOUS　颜色　（正黄或紫色）
ROOF　屋顶　线型为 CONTINUOUS　颜色　（天青）
PUB_ TEXT　文字　线型为 CONTINUOUS　颜色　（正白）
PUB_ DIM　标注　线型为 CONTINUOUS　颜色　（正绿）

需要解决以下几个问题。

（1）比例问题

CAD 绘图中往往直接采用 1∶1 的比例来绘制图样，图纸比例由出图时候决定。

解决方法：根据出图比例套用不同大小的图框。

好处：同一个图形可以用在不同比例的多个图纸中。

（2）确定线型

建筑图纸中用不同宽度的线条来表达不同的内容。

解决方法一：

CAD 绘图中全部采用细线绘制，利用不同的图层设置为不同的颜色，打印出图时将不同的图层设置为不同的宽度打印即可。

解决方法二：

使用 PLINE（多段线）指令直接定义各条线条的宽度，画出固定宽度的线，类似于手工绘图。缺点是当改变出图比例时将会影响到出图线条的宽度。

（3）图线线型显示问题

由于比例的不同，常常会遇到线型无法辨认的情况，所有的线型（包括虚线、点画线）

看起来都是细实线。

解决方法：

这是由于线条的内置比例与出图比例不协调造成的，可使用 LTSCALE（“格式”→“线型”→“显示比例”）指令，改变线型的比例值，调整到显示正常为止。

（4）作图顺序

与手工绘图相仿，使用 CAD 绘制建筑图纸的顺序为：平面图→立面图→剖面图→大样图。

平面图的绘制顺序为：轴网→墙柱→开洞口→插入门窗→楼梯→其他图线→标注尺寸→标注文字→图框→标题栏。

2. 绘制轴线

① 将“轴线”图层置为当前图层。

② 先绘制一条比较长的红色轴线。一般先画水平线。

③ 反复使用 OFFSET（偏移）指令，绘制同方向的轴线。

④ 利用同样方法作竖直方向的轴线。

图 6-22 所示首层平面图为对称图形，整个图形关于⑩号轴线对称，因此在绘制图形时，只需要绘制①~⑩轴的图形，⑩~⑲轴之间的图形用镜像命令绘制即可，如图 6-35 所示。

图 6-35　绘制轴线

3. 绘制墙线

方式一：用多线命令（ML）绘制。

① 设置墙线层 WALL，并将其设为当前层。

② 设置多线样式：“格式”→“多线样式”设置多线的距离，一般默认设置为 1。

③ 输入“ML”命令设置墙线的对正方式、比例。

特别注意：两条多线之间的距离 = “多线样式”中两条线之间的距离 × 比例，一般在“多线样式”中，将两条线的线宽设为 1，如图 6-36 所示。

说明：凡是使用 ML 指令绘制的多条线，全部为同一实体，必须用多线编辑命令方可修改，普通编辑指令无效。可以用多线编辑命令编辑，或者将其炸开，再用普通的编辑指令编辑。

方式二：用偏移命令（O），将轴线左右、上下各偏移半墙厚，然后利用对象匹配命令（MA）将偏移的线条刷到墙体图层上。

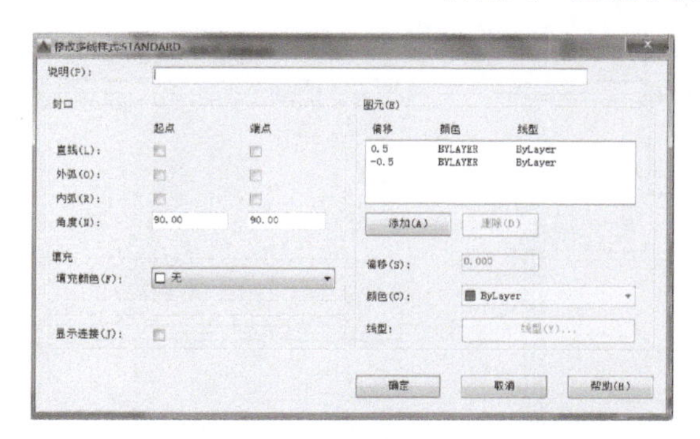

图 6-36　设置多线样式

4. 设置门窗洞口（图 6-37）

使用 EXPLODE 指令炸开多线，这样多线就成为了普通的线条，可以使用普通的编辑指令来进行延伸、剪断、圆角等基本操作了。定位出门窗洞口的位置后，用修剪命令修剪出门窗洞口。

5. 绘制门窗（图 6-38）

将“门窗”图层置为当前图层，使用基本绘图、编辑命令，根据图 6-19 中的门窗图例，绘制出门窗，然后根据不同的门窗类型，在对应位置插入门窗。

插入门窗时一定要注意开启“对象捕捉”命令来确定门窗的位置。

6. 绘制楼梯（图 6-39）

① 设置楼梯图层并将其设置为当前图层。

② 使用直线、偏移等命令绘制梯段板。

③ 利用多段线的命令绘制引线箭头。

④ 注写楼梯部分的文字。

7. 添加文字标注

① 将文字标注图层置为当前图层，利用单行文字（DT）标注房间名称等。

② 利用多行文字标注建筑图说明。

8. 尺寸标注

① 将尺寸标注图层置为当前图层。

② 标注尺寸，注意拉齐尺寸线。

③ 看不清楚的尺寸数字，可以利用控制点将其拖到合适的位置。

④ 注写轴号，如图 6-22 所示。

9. 添加图框、标题栏及会签栏

（1）绘制图框（明确图幅大小、比例）、标题栏、会签栏

绘制图框时，按照本身的图幅大小绘制，然后将图框放大，放大倍数为图形的比例。如图形为 1∶100 的图，则将图框放大 100 倍。

（2）填写标题栏、会签栏

添加图框、标题栏及会签栏后效果如图 6-40 所示。

任务实施

用 CAD 绘制图 6-23～图 6-25 所示某住宅的二、三层平面图，阁楼平面图，屋顶平面图。

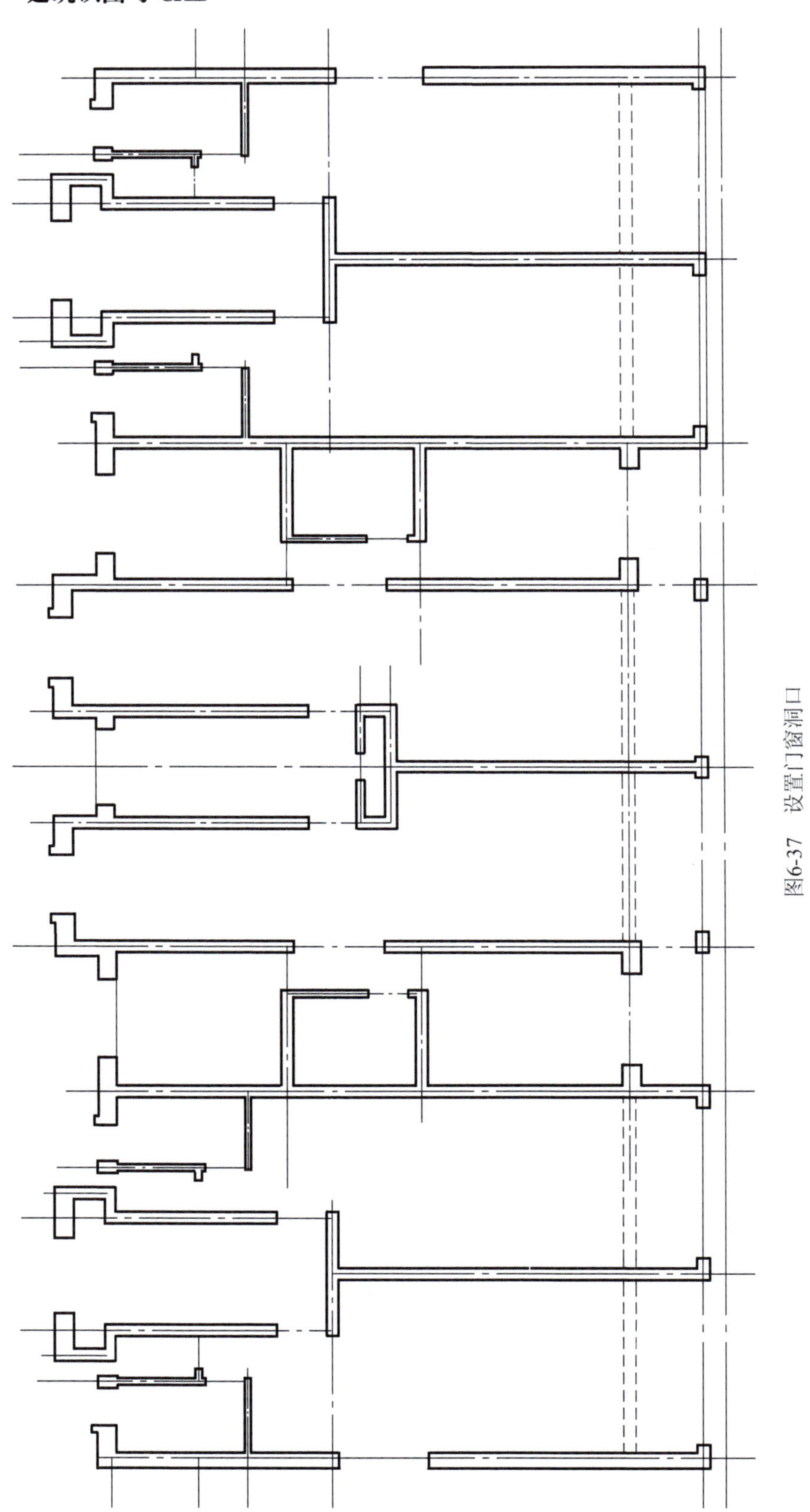

图6-37　设置门窗洞口

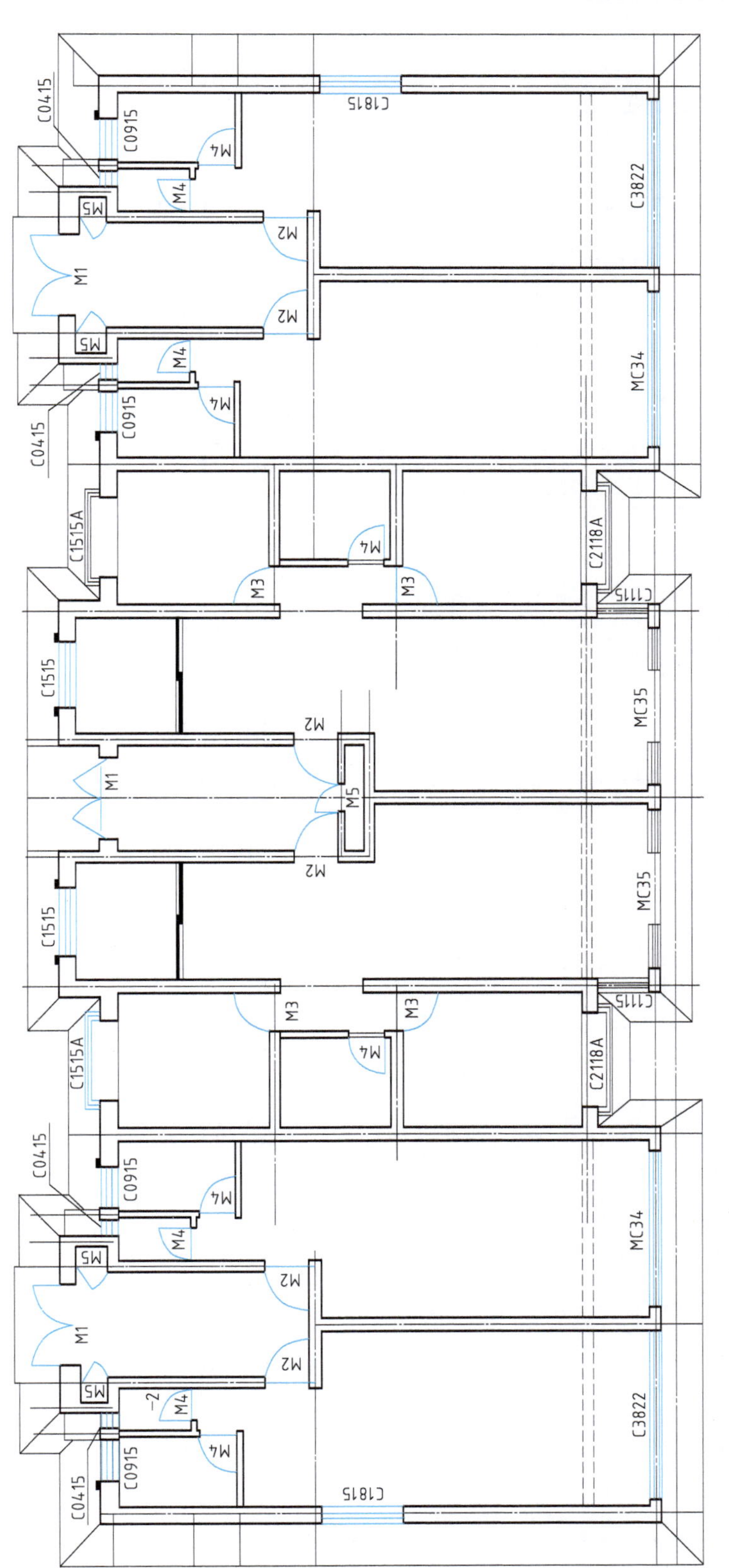

C0415
C0915
M4
M5
M1
M2
C1815
C3822
MC34
C1515A
M3
C2118A
C1115
C1515
MC35

图6-38 绘制门窗

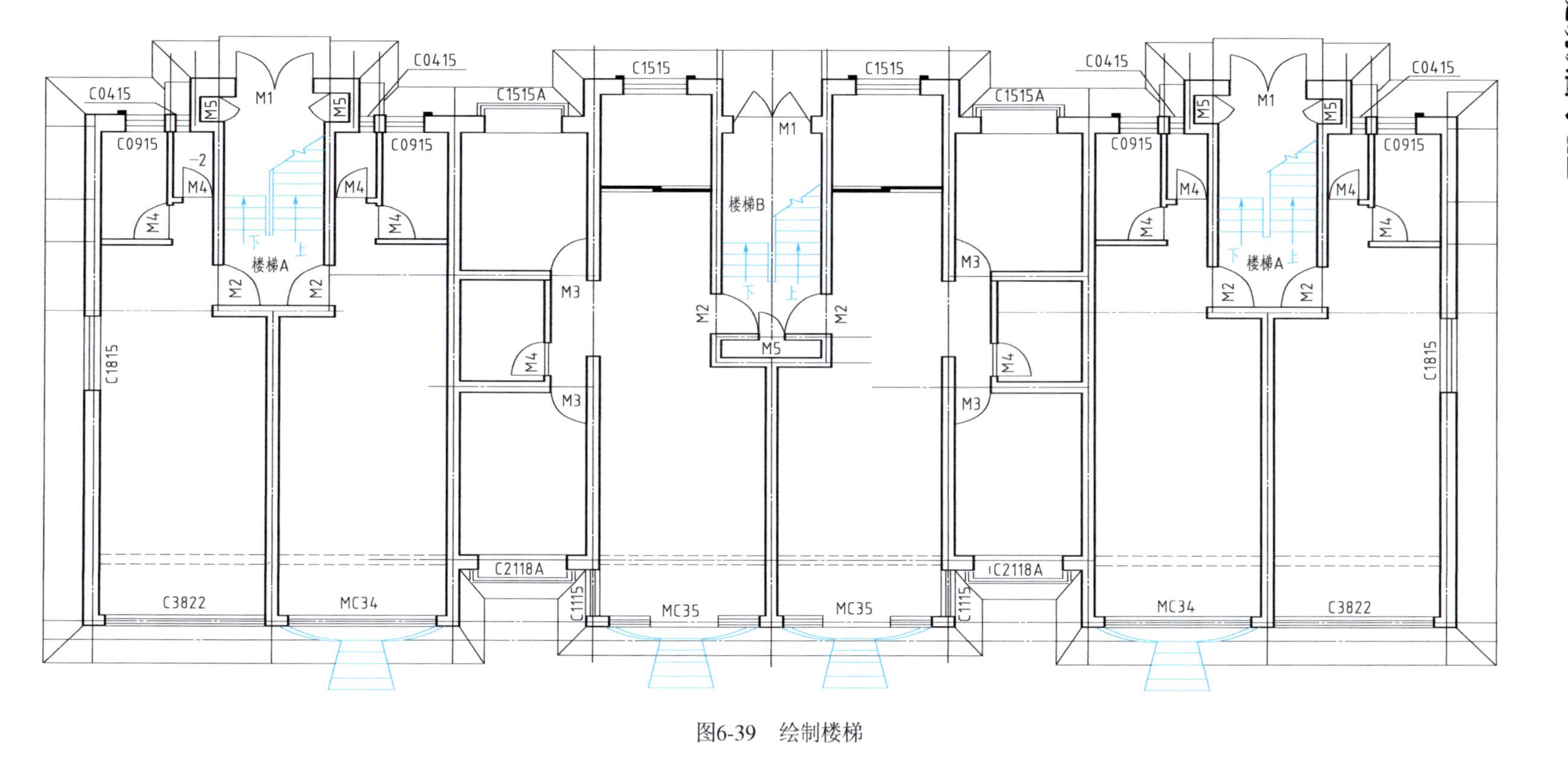
C0415
C0915
M5
M1
M4
楼梯A
下
上
M2
C1815
C3822
MC34
C1515A
C1515
M3
C2118A
C1115
MC35
楼梯B

图6-39 绘制楼梯

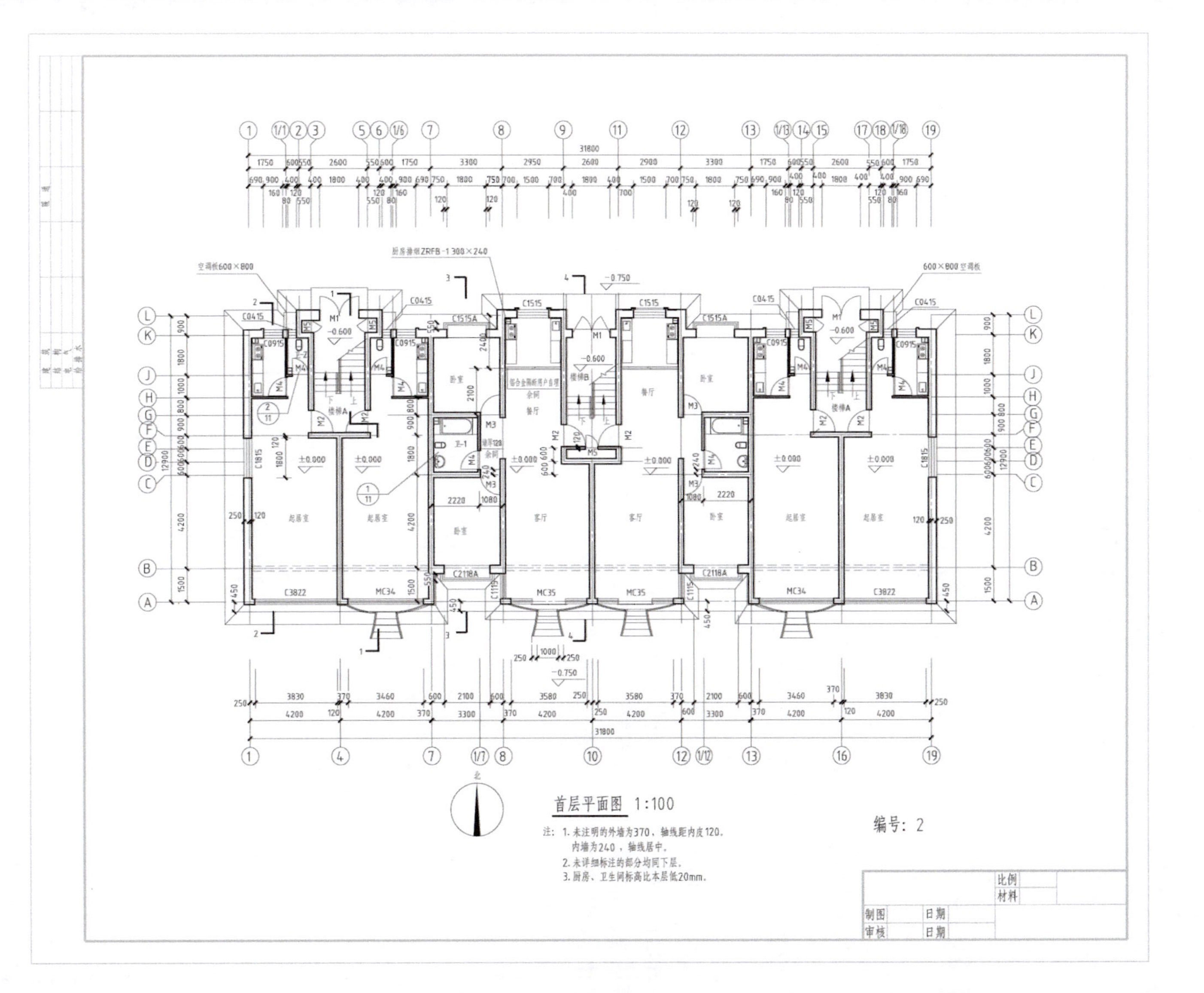

图6-40　添加图框、标题栏及会签栏

项目七 建筑立面图的识读与绘制

任务一　识读建筑立面图

知识链接

一、建筑立面图的形成、命名和用途

1. 形成

如图7-1所示，一般建筑都有前后左右四个面，建筑立面图是用直接正投影法将建筑的各个外墙面分别向与其平行的投影面进行投影，所得到的正投影图，即为立面图。它主要用来表达建筑物的外貌和建筑层数、外墙装修、门窗位置与形式，以及其他建筑构配件的标高和尺寸。建筑立面图是建筑物外部装修施工的重要依据。

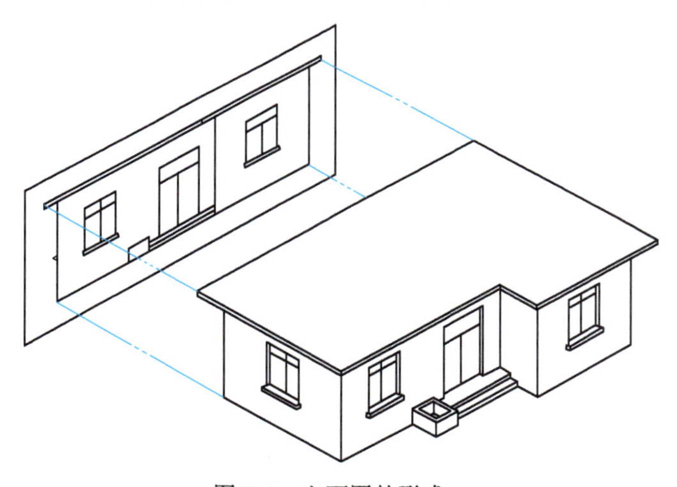

图7-1　立面图的形成

2. 命名

立面图的命名方式有三种：

(1) 用朝向命名

建筑物的某个立面面向哪个方向，就称为哪个方向的立面图。如南立面图、北立面图、东立面图、西立面图，如图7-2所示。

（2）用建筑平面图中的首尾轴线命名

按照观察者面向建筑物从左到右的轴线顺序命名，如图 7-2 所示①～⑦立面图。

（3）以建筑立面的主入口命名

建筑的主要出入口所在墙面的立面图为正立面图，按照此命名方式则有正立面图、侧立面图和背立面图。

国标规定，有定位轴线的建筑物，宜根据两端轴线编号标注立面图的名称。施工图中这三种命名方式都可使用，但每套施工图只能采用其中的一种方式命名。

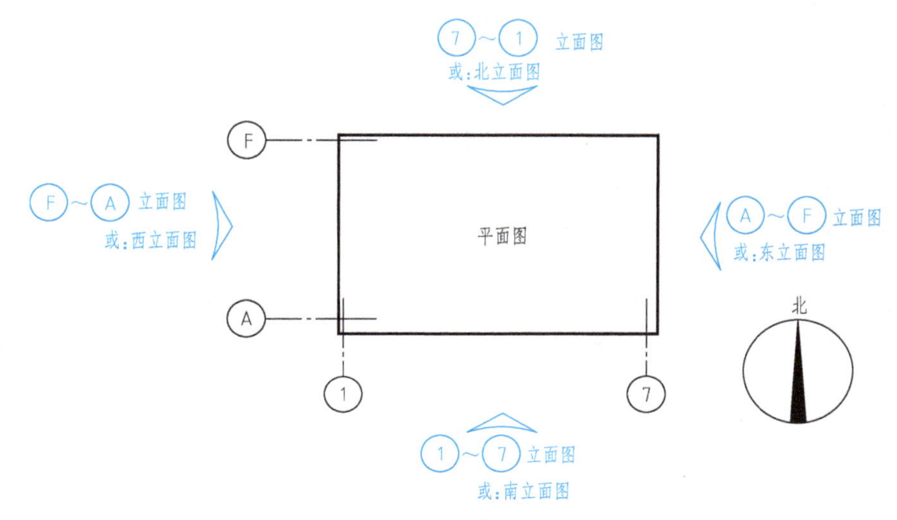

图 7-2　立面图的命名

3. 用途

立面图主要表达房屋的外部造型及外墙上所看见的各构、配件的位置和形式，还有的表达了外墙面的装修、材料和做法，如房屋的外轮廓形状、房屋的层数、外墙上所看见的门、窗、阳台、雨篷、遮阳、雨水管等的位置、形状、尺寸和标高，与建筑平面图一样，也是建筑施工图的重要基本图纸。

二、建筑立面图的图示内容

1. 比例与图例

立面图常用比例为 1∶50、1∶100、1∶200 等，多用 1∶100，通常采用与建筑平面图相同的比例。由于绘制建筑立面图的比例较小，按投影很难将所有细部表达清楚，所以立面图内的建筑构造与配件要用图例表示。例如，门、窗等都是用图例来绘制的，且只画出主要轮廓线及分隔线。

2. 定位轴线

在立面图中，一般只绘制两端的轴线及编号，以便与平面图对照确定立面图的观看方向。

3. 图线

① 粗实线 b：立面图的外轮廓线。

② 中粗实线 0.7b：突出墙面的雨篷、阳台、门窗洞口、窗台、窗楣、台阶、柱、花池等轮廓线。

③ 细实线 0.25b：其余如门窗、墙面等分格线，落水管、材料符号引出线及说明引出线等。

④ 特粗实线 1.4b：地坪线，两端适当超出立面图外轮廓。新标准中没有要求用 1.4b 的特粗线绘制地坪线，虽非强制性，但习惯上均用。

4. 尺寸标注

外部三道尺寸，即高度方向总尺寸、定位尺寸（两层之间楼地面的垂直距离，即层高）、细部尺寸（楼地面、阳台、檐口、女儿墙、台阶、平台等部位尺寸）三种尺寸。

5. 标高标注

建筑立面图的高度尺寸用标高的形式标注，主要包括建筑物的室内外地面、台阶、窗台、门窗洞顶部、檐口、阳台、雨篷、女儿墙及水箱顶部等处标高。标高注写在立面图的左侧或右侧且应排列整齐。上顶面标高应注建筑标高（包括粉刷层，如女儿墙顶面），下底面标高可注结构标高（不包括粉刷层，如雨篷、门窗洞口），应进行说明。

在标注标高时，符号尖端指至被标注位置，在平面图、立面图、剖面图及详图中，标高是以“米”为单位的，标注至小数点后三位，如图 7-3 所示。

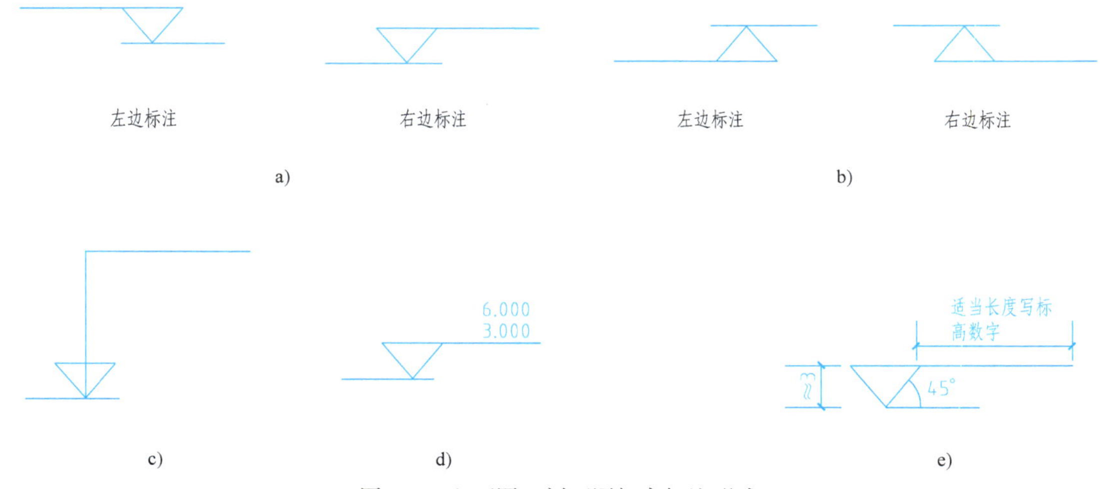

图 7-3 立面图、剖面图标高标注形式

a）尖端向下 b）尖端向上 c）标注位置不足 d）同一位置表示不同标高 e）标高符号画法

6. 其他标注

凡是需要绘制详图的部位，都应画上索引符号。房屋外墙面的各部分装饰材料、做法、色彩等应使用文字或列表说明。

三、建筑立面图的绘制步骤

① 先画出地坪线。

② 根据平面图画出外墙轮廓线，如图 7-4 所示。

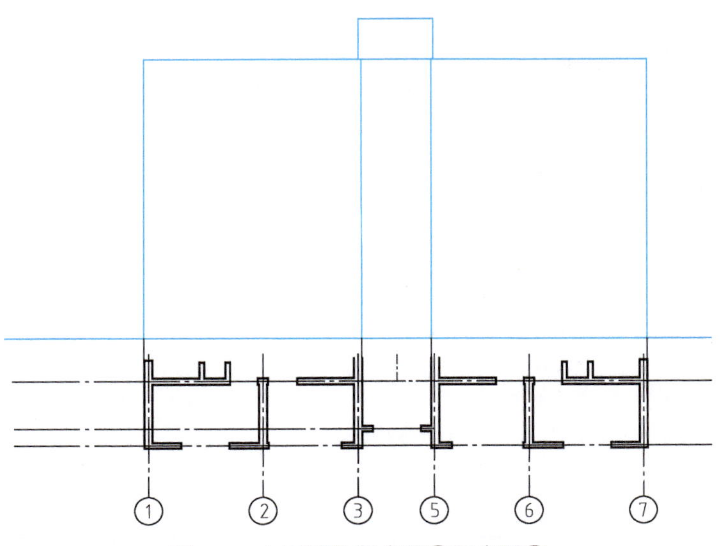

图 7-4 立面图绘制步骤①和步骤②

绘制立面图的轮廓线时，可通过平面图进行定位，立面图与平面图符合长对正的规律，即立面图的外墙外轮廓与平面图的外墙外轮廓对正，对应的轴号也对正。

③ 根据房屋的高度尺寸画出屋面等高度方向的线条，如图 7-5 所示

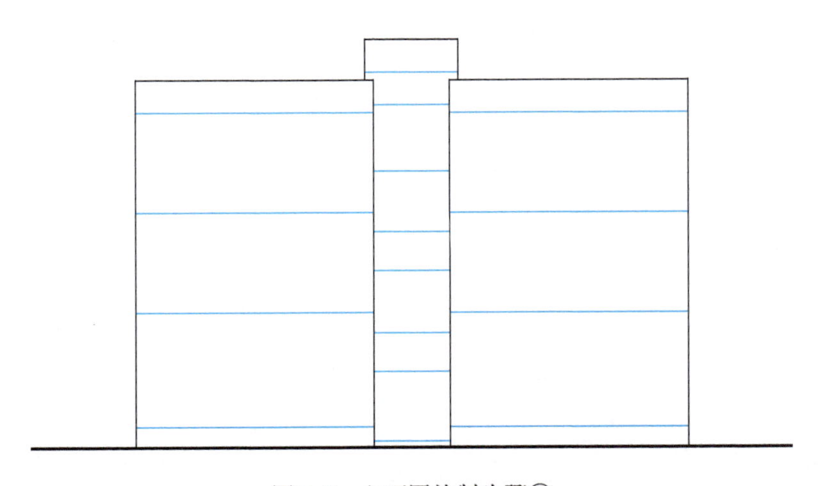

图 7-5 立面图绘制步骤③

④ 画出房屋的细部（如门窗洞口、窗线、窗台、雨篷、室外平台等的位置及细部），如图 7-6 和图 7-7 所示。

⑤ 进行尺寸标注：竖直方向标注三道尺寸，水平方向只需对外墙轴线进行编号。

⑥ 标注标高（高度方向的室外标高）。

⑦ 进行线型的加粗和加深处理。

⑧ 最后写出图名、比例以及图中所有的文字标注，如图 7-8 所示。

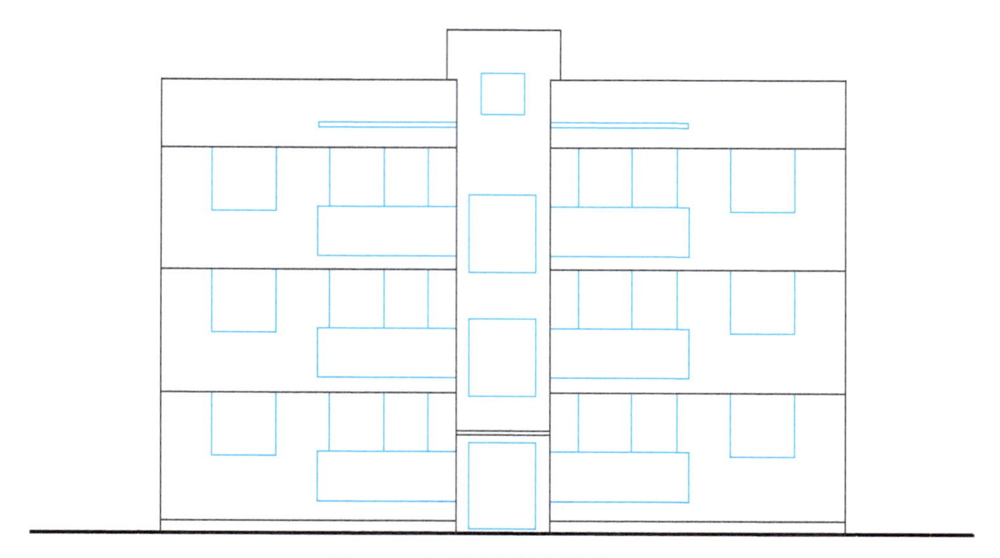

图 7-6　立面图绘制步骤④（一）

图 7-7　立面图绘制步骤④（二）

四、建筑立面图的识读实例

下面以图 7-9 所示某住宅的南立面图为例，讲解建筑立面图的识读。

1．图名、比例

结合前面该建筑物的首层平面图可以看出①～⑲轴立面图所表达的是该建筑物朝南的立面图，即南立面图，该建筑立面图的绘图比例是 1∶100。

图 7-8　立面图绘制步骤⑤、⑥、⑦、⑧

2. 建筑物在室外地坪线以上的全貌及建筑构配件

外轮廓线所包围的区域显示出这幢建筑物的总长度和总高度，总长度为 31.8m，总高度为 13.85m。从建筑立面图可以看出，建筑物是一幢 4 层的建筑物，结合平面图可知，该建筑实际为 3 层带一层阁楼的建筑物。在南立面有 4 个台阶，直接通往一楼的住户。

3. 建筑外墙面装修的构造做法

外墙面以及一些构配件与设施等的装修做法，在建筑立面图中常用引线进行文字说明。

由南立面图可知，本建筑的外墙面装修做法是：大面积墙面为白色涂剂，最左端和最右端的外墙、楼梯间两侧墙体为三色面砖，勒脚为蘑菇石，屋面为红色英红彩瓦。

4. 标高尺寸

立面图中标注了室外地坪、室内地坪、屋面以及室内各层标高及部分尺寸。

为了标注清晰、整齐和便于读图，应将各层相同构造的标高注写在一起，并排列在同一铅垂线上。

在南立面图中，室外地坪标高为 -0.750，室内地面标高为 ±0.000，这是本建筑的首层室内地面标高，即标高基准面。屋面的标高 13.100m，室内外地面的高差为 0.750m，该建筑的总高度为 13.850m。

任务实施

识读图 7-10 所示某住宅的北立面图、东立面图和西立面图。

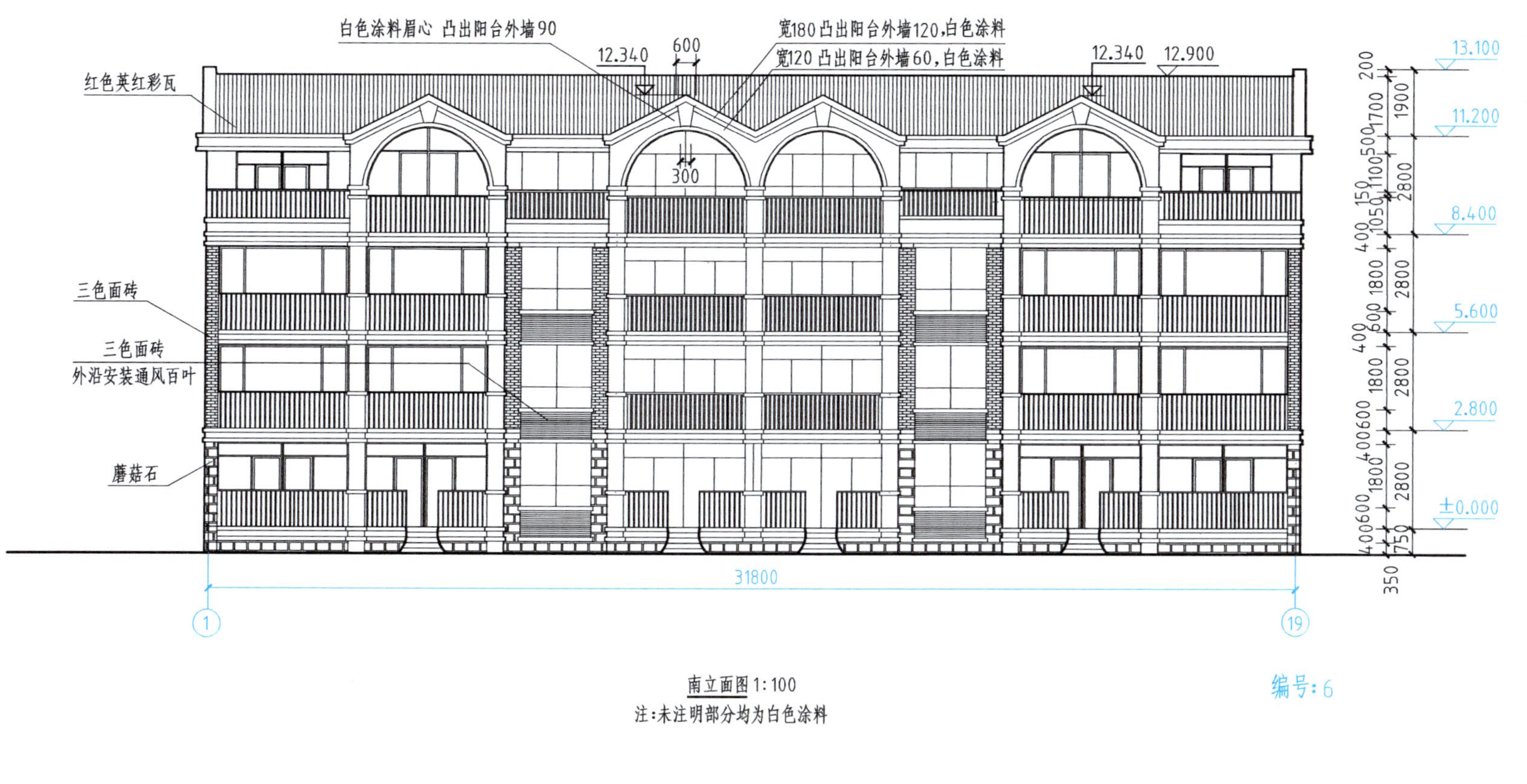
白色涂料眉心 凸出阳台外墙90
宽180凸出阳台外墙120,白色涂料
宽120凸出阳台外墙60,白色涂料
12.340
600
12.340
12.900
300
红色英红彩瓦
三色面砖
三色面砖
外沿安装通风百叶
蘑菇石
13.100
11.200
8.400
5.600
2.800
±0.000
31800
南立面图 1:100
注:未注明部分均为白色涂料
编号:6

图7-9 南立面图

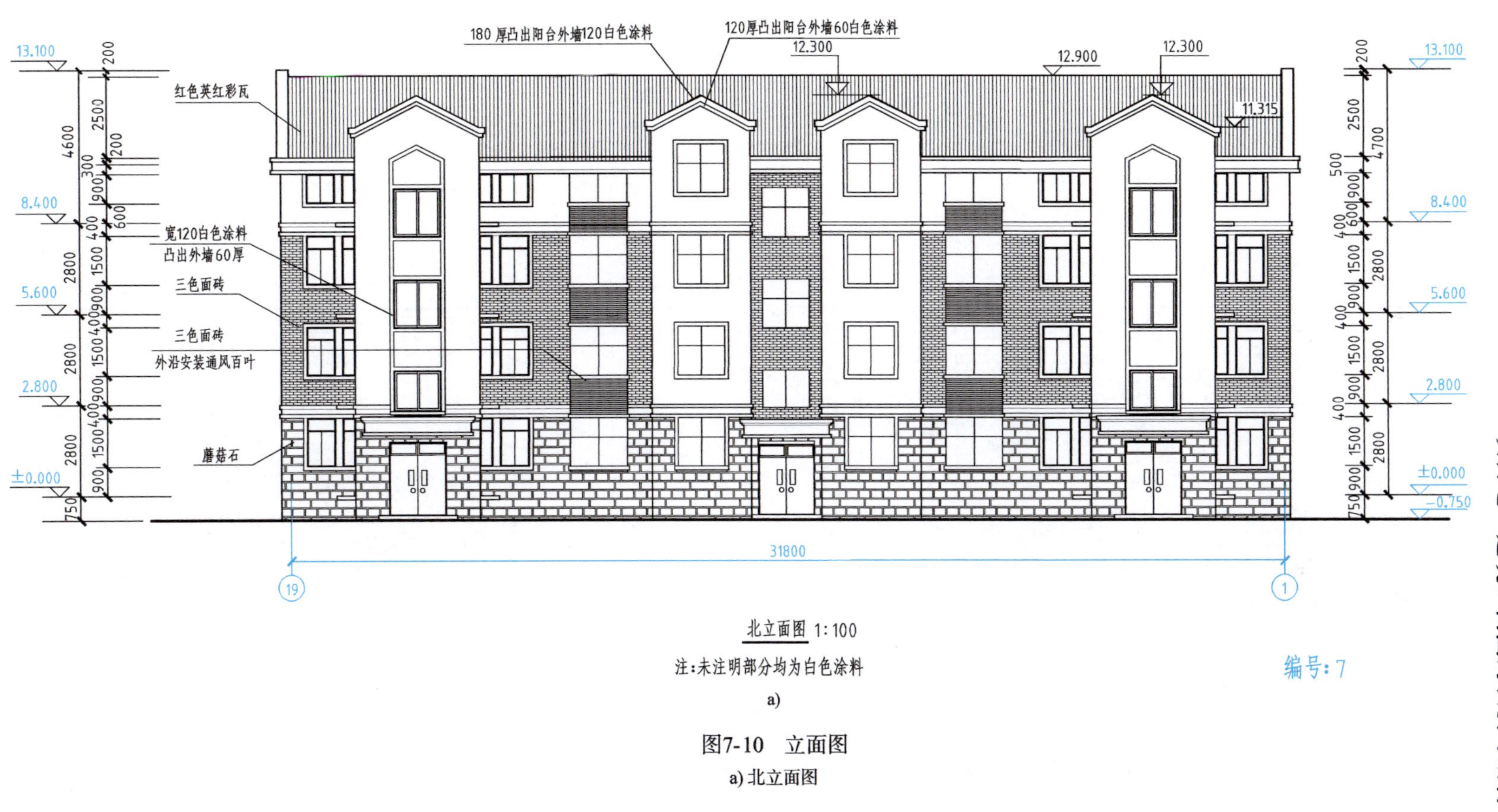

图7-10　立面图
a) 北立面图

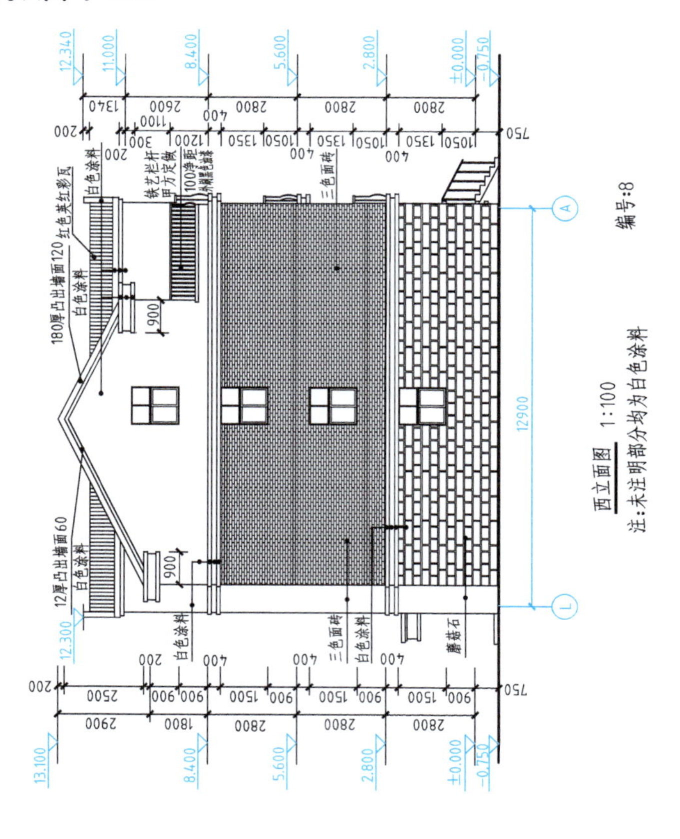

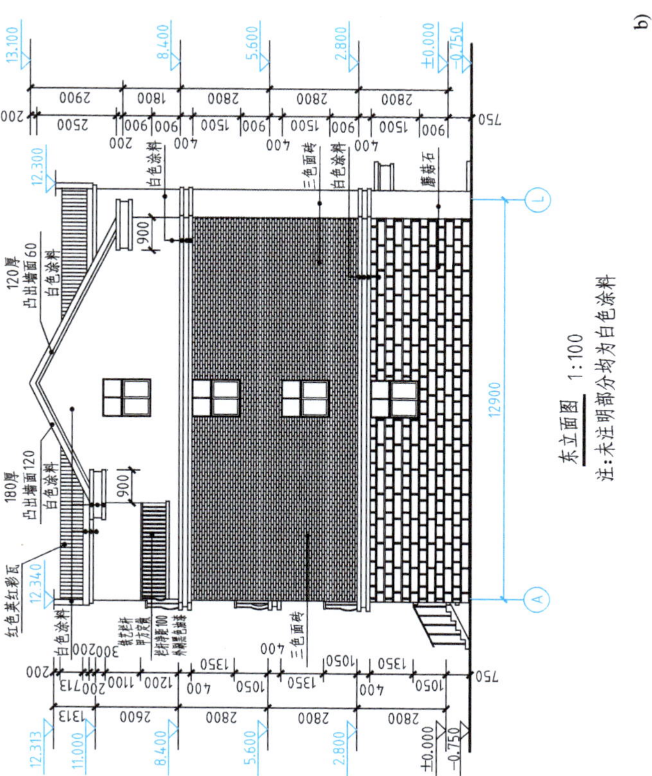

b)

图7-10 立面图（续）

b) 东立面图、西立面图

任务二　绘制 CAD 建筑立面图

知识链接

下面以图 7-9 所示某住宅南立面图的绘制为例，讲解建筑立面图的绘制步骤。

1. 创建图层

创建如图 7-11 所示图层。

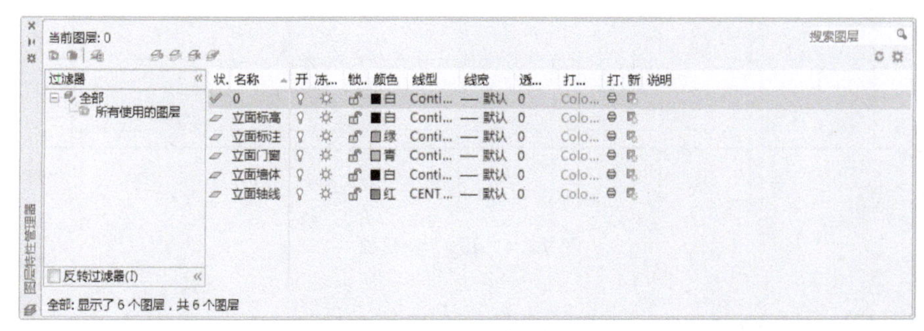

图 7-11　创建图层

2. 绘制轴网和墙体

① 利用构造线绘制轴线，即利用构造线命令，从平面图中定位出立面图上的首条定位轴线。

② 绘制地坪线及屋面线。

③ 绘制墙线，如图 7-12 所示。

④ 修剪掉多余的线。

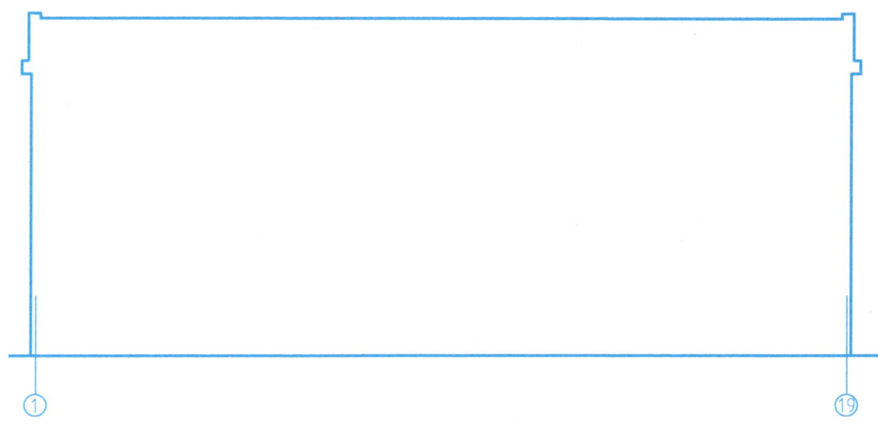

图 7-12　绘制墙线

3. 设门窗洞口

① 水平方向：反复利用偏移命令定位出层高线，然后利用层高线偏移出门窗洞口的位置。如图 7-13 所示，在利用构造线命令从平面图上定位门窗的位置时，只定位了一半，因

为另外一半窗可以利用镜像命令得到。

② 利用构造线确定门窗位置，即利用构造线命令，从平面图中窗的位置定位出立面图上对应的窗的位置。

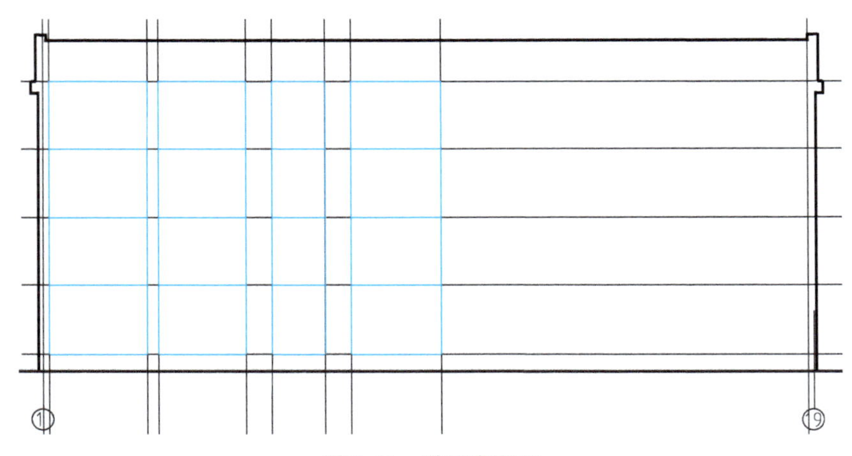

图 7-13　设门窗洞口

4. 绘制门窗、阳台栏杆

① 利用直线、偏移等命令将不同型号的门窗、栏杆各绘制一个。

② 利用复制、镜像、阵列的命令绘制所有的门窗。

③ 修剪多余的线并删除无用的辅助线，如图 7-14 所示。

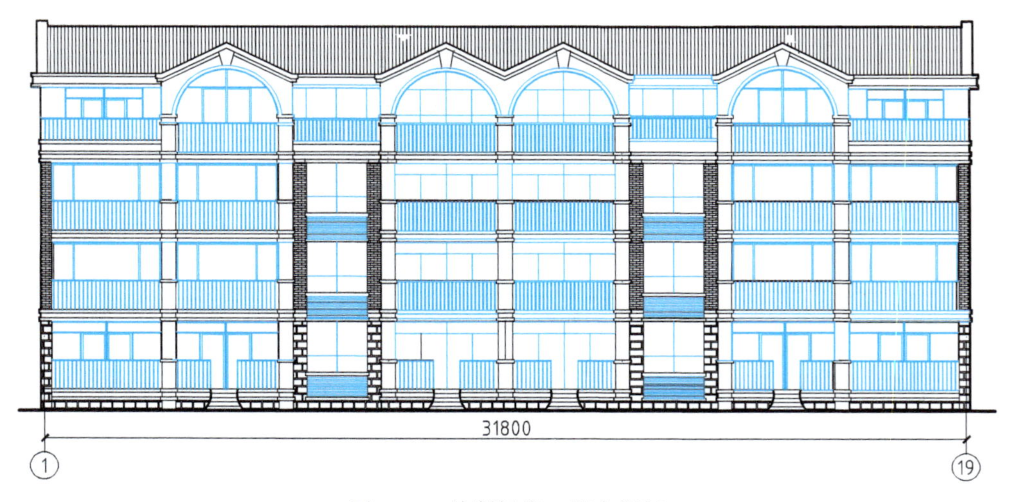

图 7-14　绘制门窗、阳台栏杆

5. 添加文字和标注

① 进行尺寸标注。

② 绘制标高符号。

③ 进行标高标注。

④ 添加轴号。

⑤ 用单行文字或者多行文字添加文字标注，如图 7-15 所示。

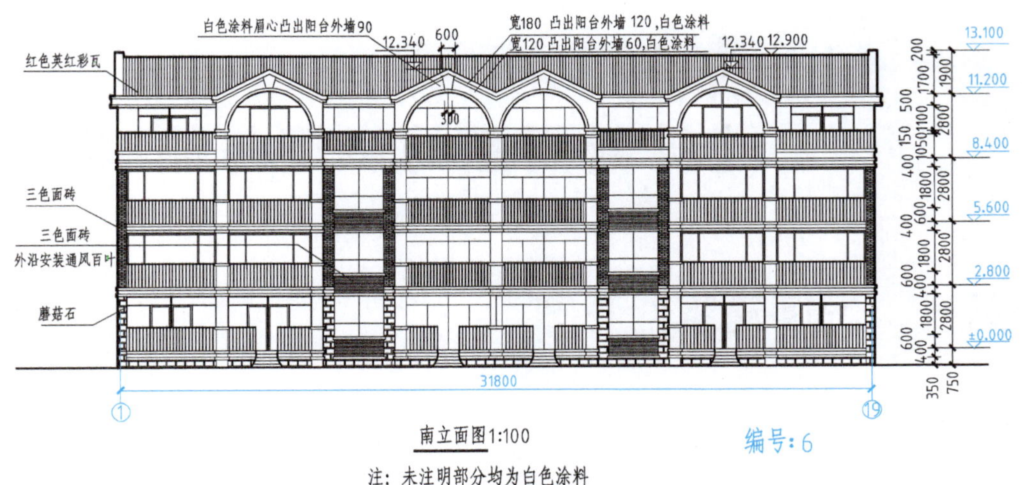

图 7-15 添加文字和标注

6. 添加图框、标题栏和会签栏

添加图框、标题栏和会签栏，并填写文字，如图 7-16 所示。

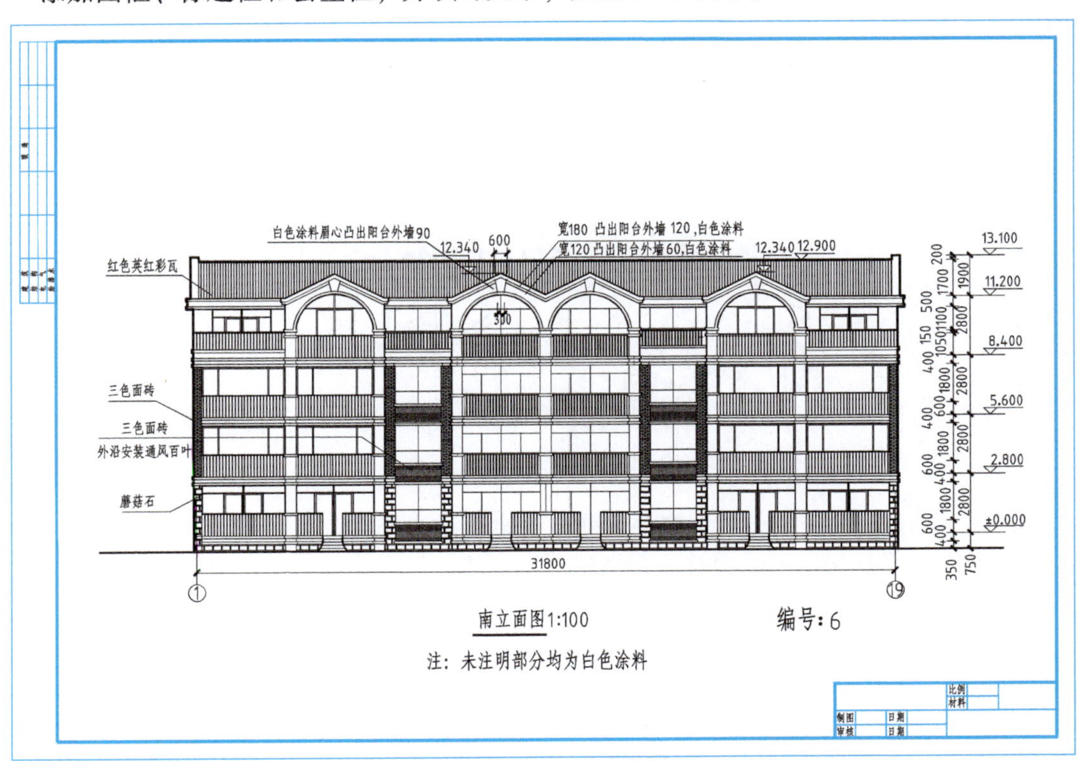

图 7-16 添加图框、标题栏和会签栏

任务实施

用 CAD 绘制图 7-10 所示某住宅的北立面图、东立面图和西立面图。

项目八 建筑剖面图的识读与绘制

任务一 识读建筑剖面图

知识链接

一、建筑剖面图的形成和用途

1. 形成

用一个假想的平行于房屋某一外墙的铅垂剖切平面，从上至下将房屋剖切开，将观察者与剖切平面之间的部分移去，将需要留下的部分向与剖切平面平行的投影面作正投影，由此获得的投影图称为建筑剖面图，如图 8-1 所示。

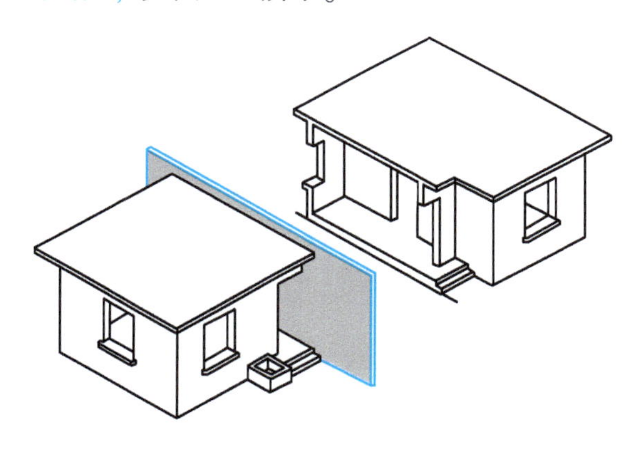

图 8-1 建筑剖面图的形成

剖切平面若平行于房屋的横墙进行剖切，得到的剖面图称为横剖面图，若平行于房屋的纵墙进行剖切，得到的剖面图称为纵剖面图。

剖面图的剖切位置应选在房屋的主要部位或建筑物构造比较典型的部位，如剖切平面通过房屋的门窗洞口和楼梯间，并应在首层平面图中标明。剖面图的剖视方向是由平面图中的剖切符号来表示（即在对建筑剖面图进行识读之前，需先观察首层建筑平面图）。剖面图的图名，应与平面图上标注剖切符号的编号相一致，如 1-1 剖面图、2-2 剖面图等。

2. 用途

建筑剖面图主要用来表示房屋内部的分层、结构形式、构造方式、材料、做法、各部位间的联系及其高度等情况。在施工过程中，建筑剖面图是进行分层、砌筑内墙、铺设楼板、

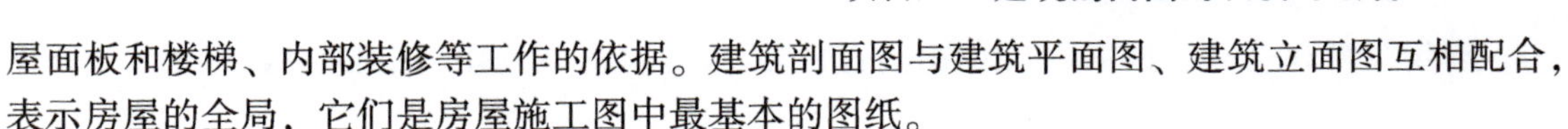

屋面板和楼梯、内部装修等工作的依据。建筑剖面图与建筑平面图、建筑立面图互相配合，表示房屋的全局，它们是房屋施工图中最基本的图纸。

二、建筑剖面图的图示内容

1. 比例与图例

建筑剖面图的比例应与建筑平面图、立面图一致，通常为1：50、1：100、1：200等，多用1：100。由于绘制建筑剖面图的比例较小，按投影很难将所有细部表达清楚，所以剖面的建筑构造与配件也要用图例表示。

2. 定位轴线

在剖面图中凡是被剖到的承重墙、柱等要画出定位轴线，以及剖面图两端的定位轴线，并注写上与平面图相同的编号。

3. 图线

粗实线 b：剖到的墙身、楼板、屋面板、楼梯段、楼梯平台等轮廓线。

中粗实线 $0.7b$：未剖切到但可见的门窗洞、楼梯段、楼梯扶手和内外墙的轮廓线。

细实线 $0.25b$：门、窗扇及其分格线、水斗及雨水管、没剖到的其他构件的投影（看线）等。还有尺寸线、尺寸界线、引出线和标高符号。

特粗实线 $1.4b$：室内外地坪线。

4. 尺寸与标高

尺寸标注与建筑立面图一样，包括外部尺寸和内部尺寸。外部尺寸通常为三道尺寸，最外面一道为总高尺寸，表示从室外地坪到女儿墙压顶面的高度；第二道为层高尺寸；第三道为细部尺寸，表示勒脚、门窗洞、洞间墙、檐口等高度方向尺寸。内部尺寸用于表示室内门、窗、隔断、搁板、平台等的高度。

另外还需要用标高符号标出室内外地坪、各层楼面、楼梯休息平台、屋面和女儿墙压顶面等处的标高。注写尺寸与标高时，注意与建筑平面图和建筑立面图相一致。

三、建筑剖面图的绘制步骤

① 根据进深尺寸，画出墙身的定位轴线；根据标高尺寸定出室内外地坪线、各楼面、屋面及女儿墙的高度位置，如图8-2所示。

② 画出墙身、楼面、屋面轮廓，如图8-3所示。

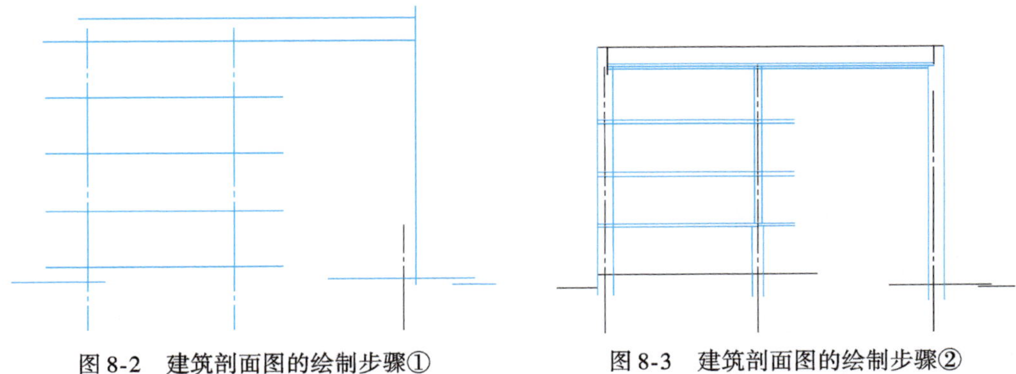

图8-2　建筑剖面图的绘制步骤①

图8-3　建筑剖面图的绘制步骤②

③ 定门窗和楼梯位置，画出梯段、台阶、阳台、雨篷、烟道等，如图 8-4 所示。

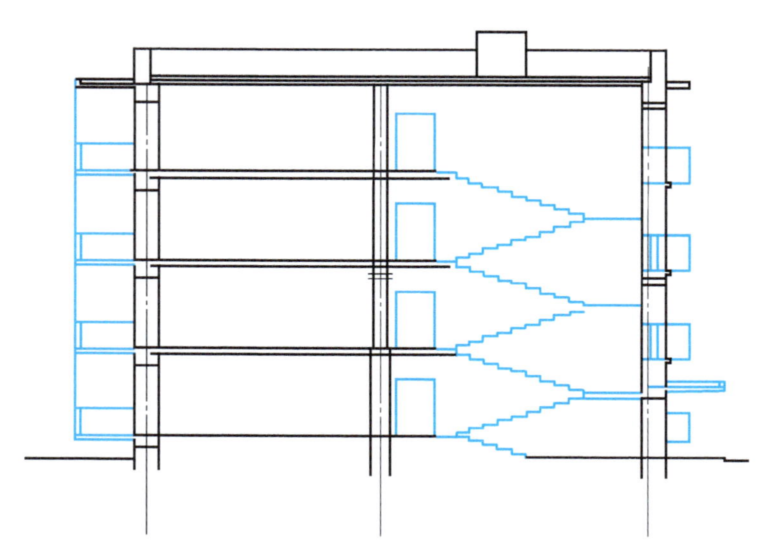

图 8-4　建筑剖面图的绘制步骤③

④ 检查无误后，擦去多余作图线，按图线层次描深，如图 8-5 所示。然后在此基础上画材料图例，注写标高、尺寸、图名、比例及文字说明。

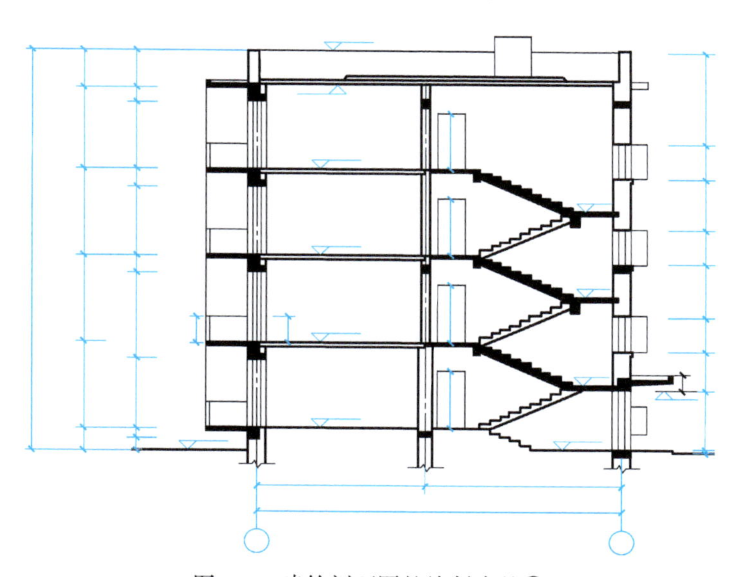

图 8-5　建筑剖面图的绘制步骤④

四、建筑剖面图的识读实例

以图 8-6 所示某住宅楼的 1-1 剖面图为例，讲解建筑剖面图的识读。

识读建筑剖面图时，需要结合前面的建筑平面图和建筑立面图来进行。读图时应了解剖面图与平面图、立面图的相互关系，建立起建筑内部的空间，读图名、轴线编号、比例。

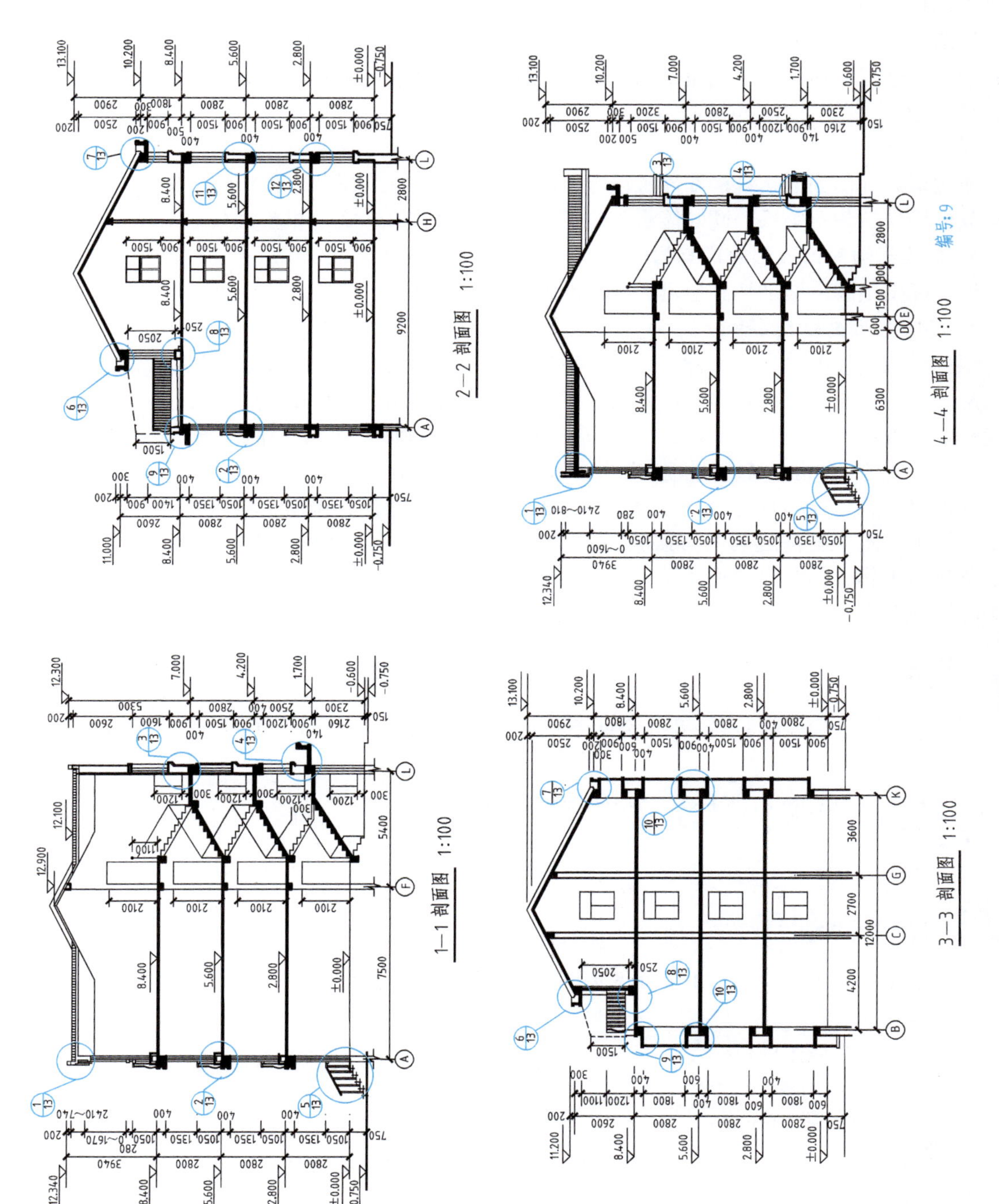

图8-6 剖面图

1. 图名和剖切位置

与该建筑的首层平面图相对照，可以确定剖切平面的位置及图样方向，从中了解该剖面图是建筑物的哪一部分投影。

该图图名为“1-1 剖面图”，对照相应的首层平面图可知，1-1 剖面图采用的是两个平行的剖切面进行剖切，剖切位置是③～⑤轴之间的楼梯和④～⑦轴之间的起居室，剖切到了Ⓐ、Ⓕ、Ⓛ轴。

2. 剖切到的建筑构配件

通过识读剖切到的建筑构配件可以看出各层梁、板、柱、屋面、楼梯的结构形式、位置及与其他墙柱的位置关系；同时能看到门窗、窗台、檐口的形式及相互关系。

3. 未被剖切到但可见的建筑构配件

通过读图了解未被剖切到但可见的构配件的相关信息。

4. 建筑剖面图的尺寸和标高

根据建筑剖面图的尺寸及标高，了解建筑物的层高、总高、层数及建筑物室内外高差。

从1-1 剖面图中可以看出，房屋的层高为2.8m，细部尺寸为窗的高度尺寸及窗下墙的高度等。室外地坪标高为－0.750m，首层地面标高为0.000m，二层地面标高为2.800m，三层地面标高为5.600m，阁楼地面标高为8.400m，屋顶标高为12.100m。

除此之外，还应结合建筑设计说明或建筑详图，查阅地面、墙面、楼面和顶棚等的装修做法，了解建筑构配件之间的搭接关系，了解建筑屋面的构造及屋面坡度的形成，了解墙体、梁等承重构件的竖向定位关系。可以看出，13 号图样（图9-10）上有关于1-1 剖面图中1 号墙身节点、2 号墙身节点、3 号墙身节点、4 号墙身节点以及室外台阶的详细做法。

任务实施

识读图8-6 中2-2 剖面图、3-3 剖面图和4-4 剖面图，并清楚各个节点的详图做法。

任务二　绘制CAD建筑剖面图

知识链接

下面以图8-6 中某住宅1-1 剖面图为例，讲解建筑剖面图的绘制步骤。

1. 创建图层

创建如图8-7 所示图层。

2. 绘制轴线、墙体

① 利用构造线绘制轴线。

② 偏移轴线生成墙线，并用对象匹配命令（MATCH，快捷键为MA）改变墙线的图层。

③ 绘制首层地面线及屋面线。

④ 剪切多余的线，如图8-8 所示。

3. 绘制楼板及屋面板

① 确定各层楼板的位置。

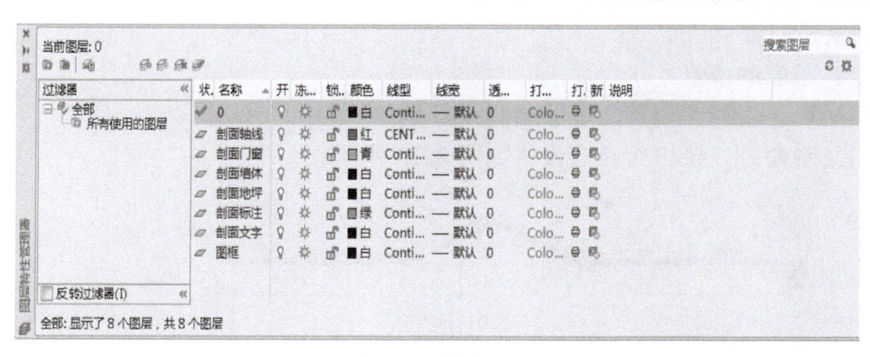

图 8-7　创建图层

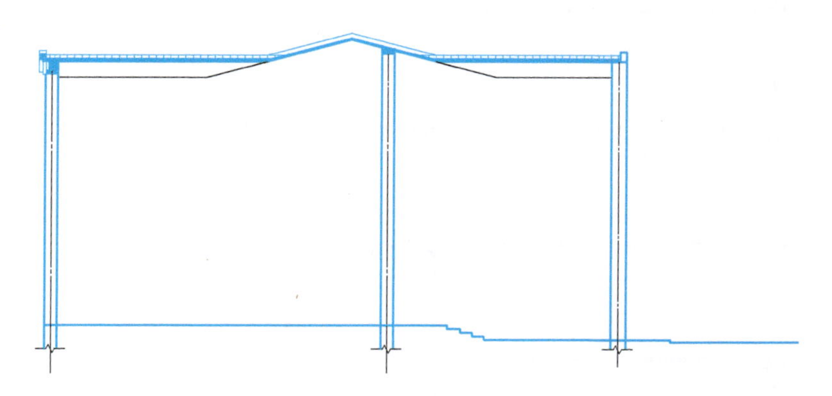

图 8-8　绘制轴线、墙体

② 利用直线命令按尺寸绘制出楼板并填充，如图 8-9a 所示，在绘制楼层平台部分时注意查看楼梯详图。

③ 屋面板的绘制同楼板的绘制。

④ 利用复制命令完成各层楼板的绘制，如图 8-9b 所示。

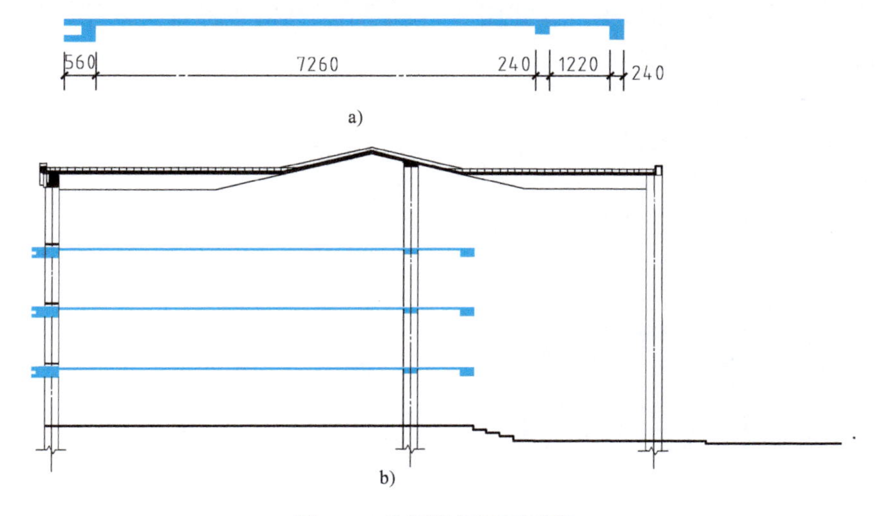

图 8-9　绘制楼板及屋面板

a）绘制楼板及填充　b）复制各层楼板

4. 绘制剖面门窗

① 确定各门窗的位置。

② 应用矩形、直线、偏移命令绘制门窗。

③ 利用复制命令，绘出所有门窗，如图 8-10 所示。

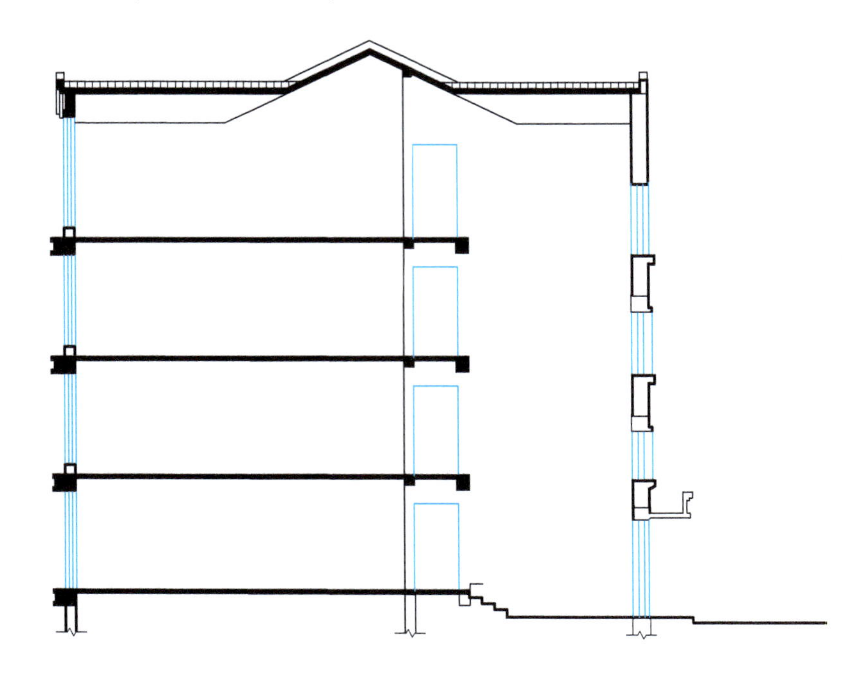

图 8-10 绘制剖面门窗

5. 绘制剖面楼梯

① 用构造线确定各休息平台的位置。

② 按图示尺寸绘制出休息平台，如图 8-11a 所示，此时应仔细查看楼梯详图，根据详图尺寸绘制各楼梯平台的尺寸。

③ 使用复制命令绘制出其他休息平台。

④ 根据楼梯详图，使用直线命令绘制出梯段板，如图 8-11b 所示，将梯段复制到其他各层楼梯段。

⑤ 使用直线和复制命令完成栏杆扶手的绘制。

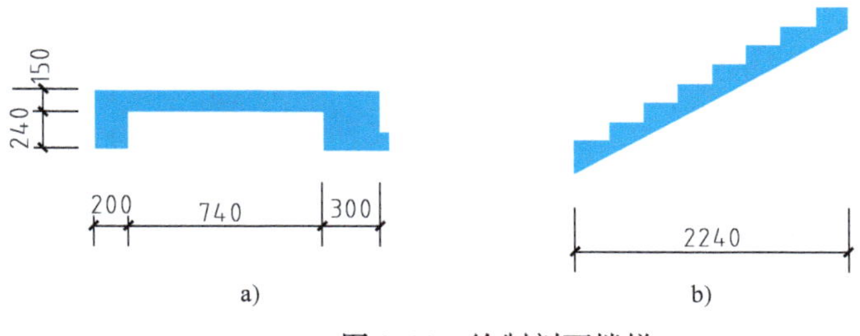

图 8-11 绘制剖面楼梯

a）平台板 b）梯段板

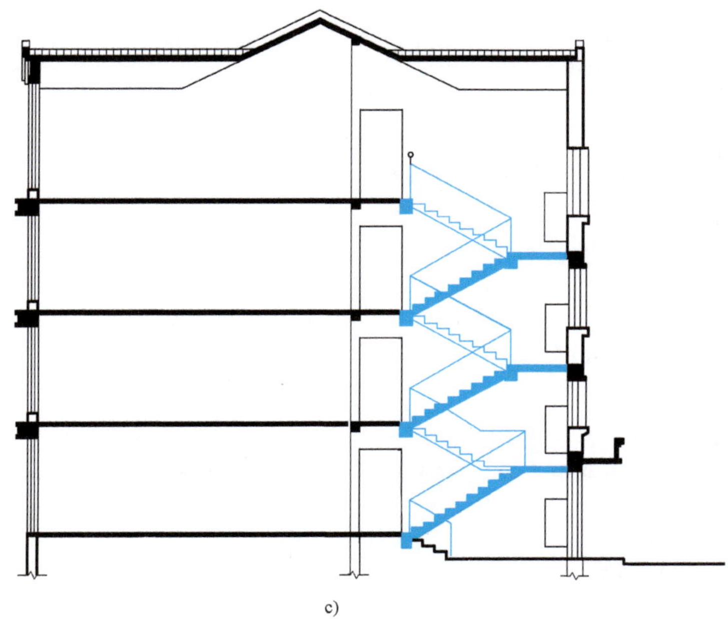

c)

图 8-11 绘制剖面楼梯（续）

c）绘制各层楼梯

6. 绘制室内外构配件

① 绘制圈梁（楼梯间楼层处），利用复制命令完成各层的圈梁的绘制。

② 绘制雨篷和室外台阶，如图 8-12 所示。

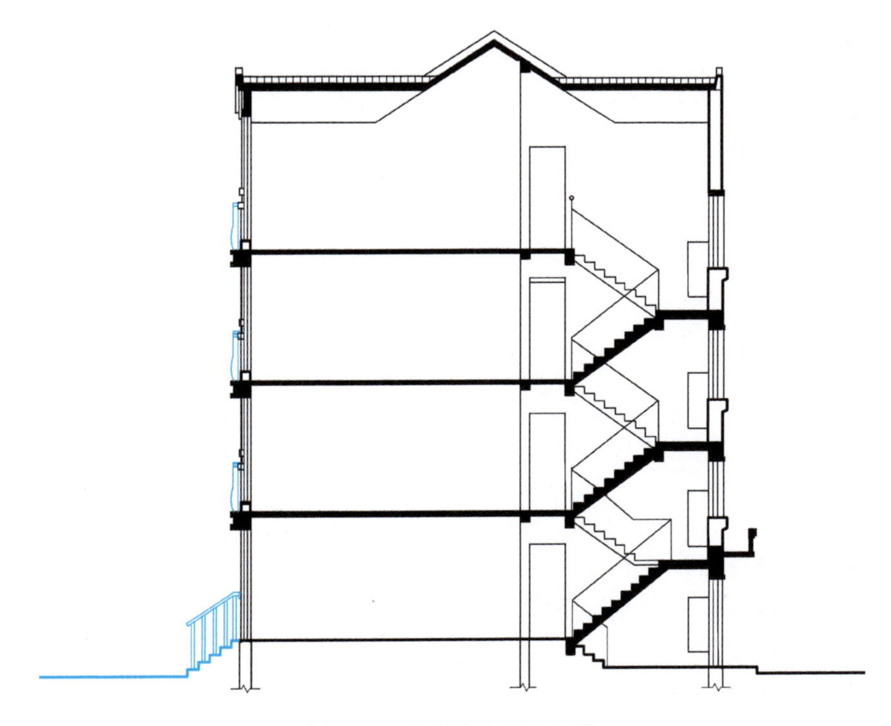

图 8-12 绘制室内外构配件

7. 文字标注、尺寸标注

① 绘制标高符号。

② 进行标高标注。

③ 绘制索引符号及进行文字标注。

④ 标注其他文字，如门窗型号、图名等。

⑤ 进行尺寸标注。

⑥ 添加轴号，最终效果如图 8-13 所示。

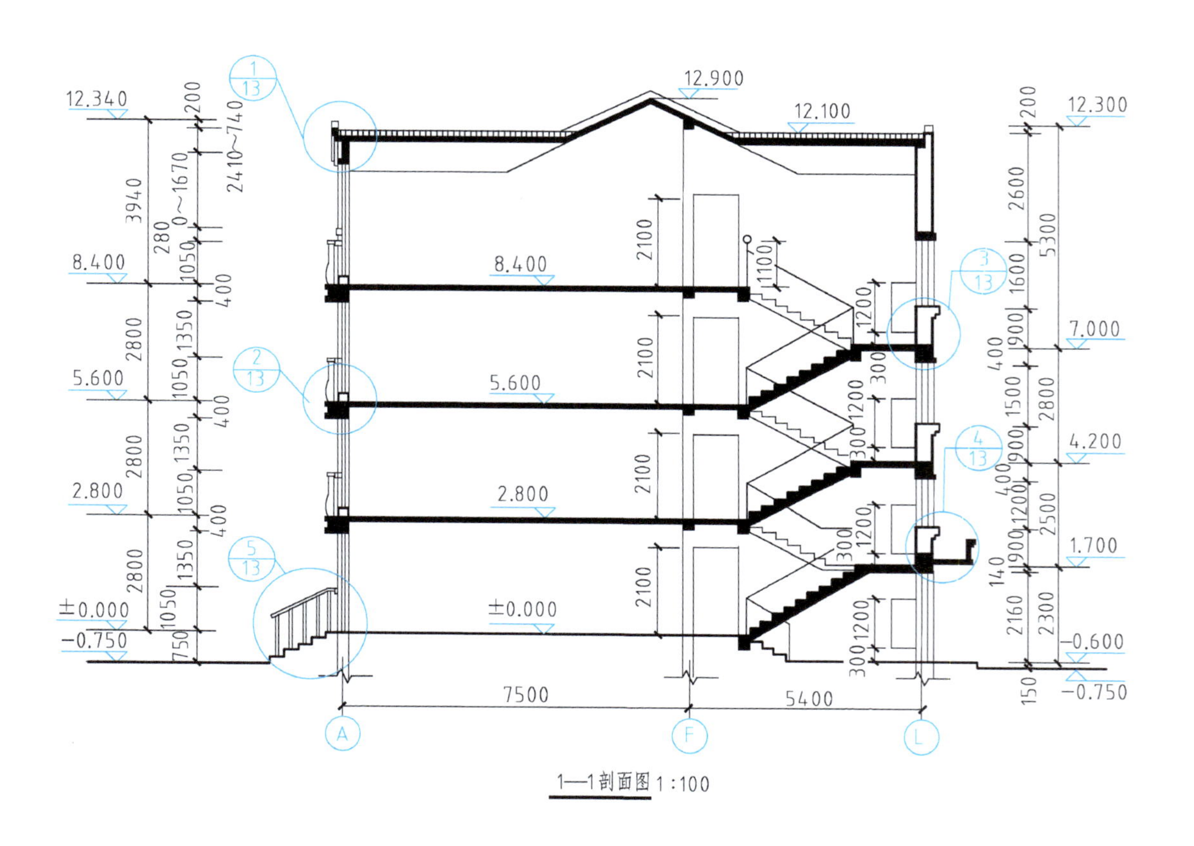

图 8-13　文字标注、尺寸标注

8. 绘制图框、标题栏和会签栏

① 绘制图框（绘制方法与绘制平面图图框相同）。

② 添加标题栏和会签栏。

③ 细部处理，如图 8-14 所示。

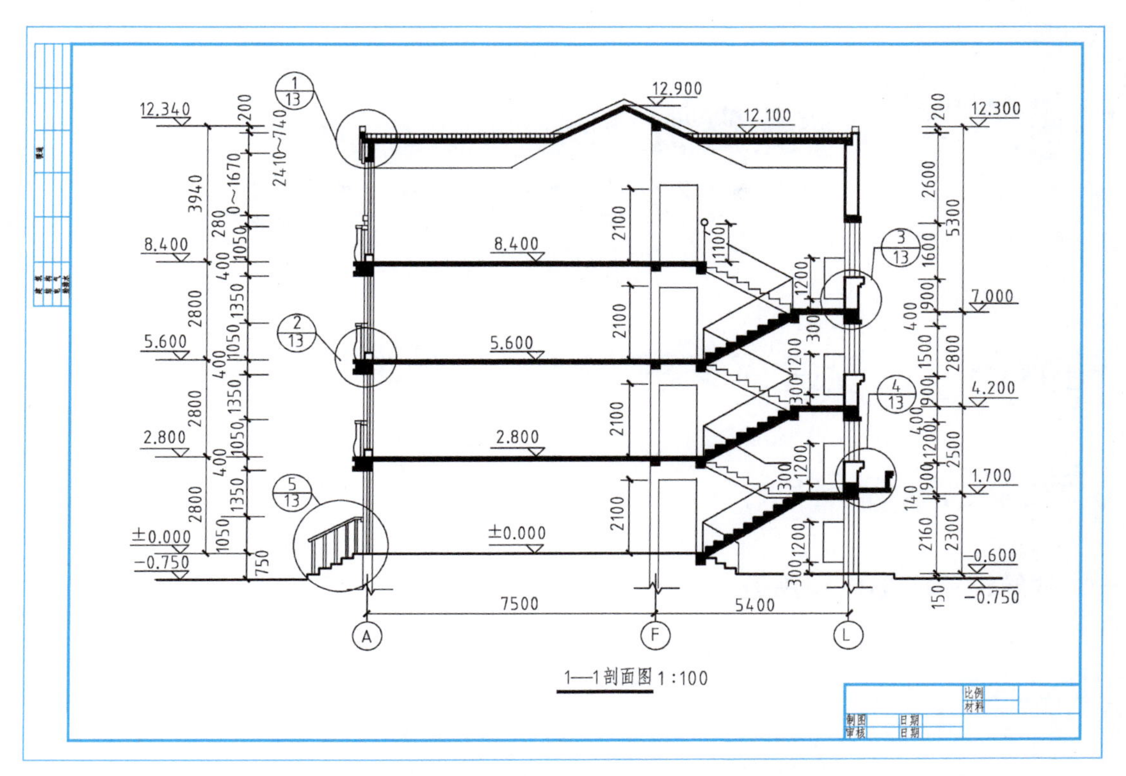

图 8-14　绘制图框、标题栏和会签栏

任务实施

用 CAD 绘制图 8-6 中某住宅 2-2 剖面图、3-3 剖面图和 4-4 剖面图。

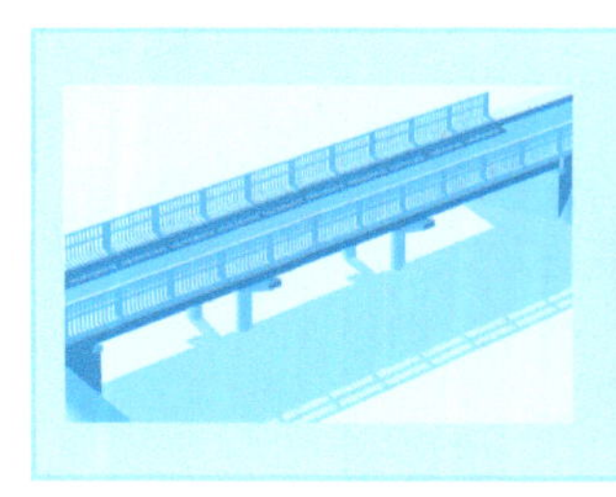

项目九 建筑详图的识读与绘制

任务一 识读建筑详图

知识链接

一、建筑详图的形成和用途

建筑平面图、立面图和剖面图虽然能够表达建筑物的外部形状、平面布置、内部构造和主要尺寸，但由于比例较小，许多细部构造以及尺寸、材料和做法等内容无法表达清楚。因此，在实际工作中，为了详细表达建筑细部及建筑构、配件的形状、材料、尺寸及做法，用较大的比例将其详细表达出来的图纸，称为建筑详图或大样图。建筑详图是建筑平面图、立面图和剖面图的补充，也是建筑施工图的重要组成部分。

建筑详图可分为构造节点详图和构（配）件详图两类。凡表达建筑物某一局部构造、尺寸和材料的详图称为构造节点详图，如檐口、窗台、勒脚、明沟等；凡表明构配件本身构造的详图称为构（配）件详图，如门、窗、楼梯、花格、雨水管等。对于套用标准图或通用图的构造节点和建筑构（配）件，只需注明所套用图集的名称、型号或页次（索引符号），可不必另绘详图。

常见的建筑详图有外墙身详图、楼梯详图、屋顶详图、厨卫详图、阳台详图、门窗详图等。

二、建筑详图的图示内容

1. 比例与图例

建筑详图最大的特点是使用较大的比例绘制，常用1∶50、1∶20、1∶10、1∶5、1∶2等比例绘制。建筑详图的图名，是画出的详图的符号、编号和比例，与被索引的图样的索引符号对应，一般对照查阅。

2. 定位轴线

建筑详图中一般应画出定位轴线及其编号，以便与建筑平面图、立面图、剖面图对照。

3. 图线

建筑详图中，建筑板配件的断面轮廓线为粗实线；构配件的可见轮廓线为中粗实线；材料图例为细实线。

4. 建筑标高和结构标高

建筑详图的尺寸标注必须完整齐全、准确无误。在详图中，同立面图、剖面图一样要注写楼面、地面、楼梯、阳台、台阶、挑檐等处的标高及高度方向的尺寸；其余部位要注写毛面尺寸和标高。

5. 索引符号和详图符号

（1）索引符号

图纸中某一局部或构件如需另见详图，应以索引符号索引。索引符号由直径为 8 ~ 10mm 的圆和水平直径组成，圆及水平直径应以细实线绘制。索引符号应按下列规定编写。

① 索引出的详图如与被索引的详图同在一张图纸内，应在索引符号的上半圆中用阿拉伯数字注明该详图的编号，并在下半圆中间画一段水平细实线，如图 9-1a 所示。

② 索引出的详图如与被索引的详图不在同一张图纸内，应在索引符号的上半圆中用阿拉伯数字注明该详图的编号，在索引符号的下半圆中用阿拉伯数字注明该详图所在图纸的编号，如图 9-1b 所示。数字较多时，可加文字标注。

③ 索引出的详图，如采用标准图，应在索引符号水平直径的延长线上加注该标准图册的编号，如图 9-1c 所示。需要标注比例时，文字在索引符号右侧或延长线下方，与符号下对齐。

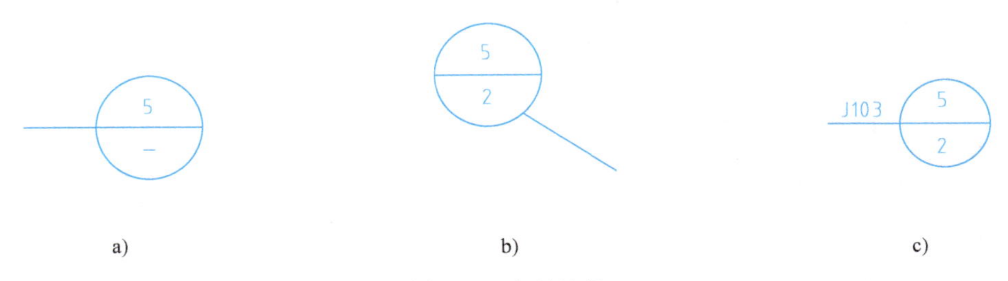

图 9-1　索引符号

a）索引详图与被索引详图在同一张图纸内　b）索引详图与被索引详图不在同一张图纸内　c）索引详图采用标准图

对于索引剖面详图（即将索引部位剖切开，然后根据剖切的投影规则绘制其详图），如图 9-2 所示，被剖切部位画剖切位置粗实线，引出线引出索引符号，引出细线一侧为投射方向。

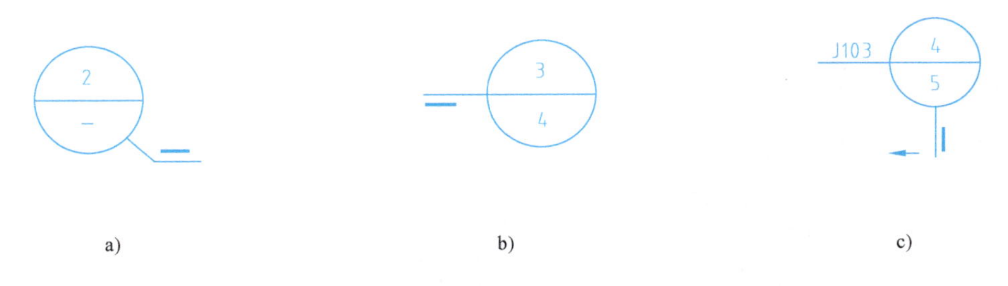

图 9-2　用于索引剖面详图的索引符号

a）索引详图与被索引详图在同一张图纸内　b）索引详图与被索引详图不在同一张图纸内　c）索引详图采用标准图

(2) 详图符号

详图的位置和编号，应以详图符号表示。详图符号的圆应以直径为 14mm 的粗实线绘制。详图应按下列规定编号。

① 详图与被索引的图样在同一张图纸内时，应在详图符号内用阿拉伯数字注明详图的编号，如图 9-3a 所示。

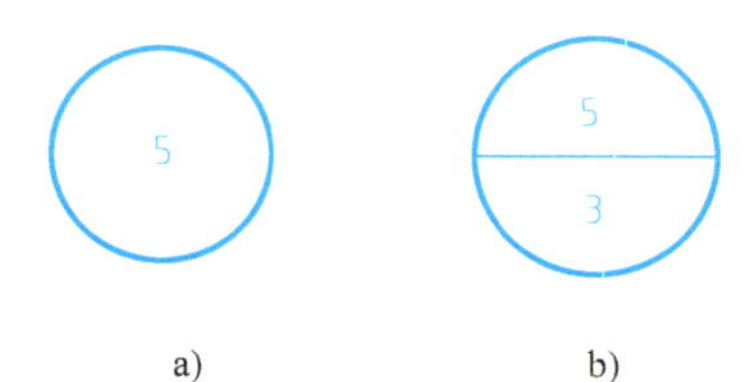

图 9-3 详图符号

a）详图与被索引图样在同一张图纸内

b）详图与被索引图样不在同一张图纸内

② 详图与被索引的图样不在同一张图纸内时，应用细实线在详图符号内画一水平直线，在上半圆中注明详图编号，在下半圆中注明被索引的图纸编号，如图 9-3b 所示。

6. 引出线

引出线可为水平横线、30°线、45°线、60°线、90°线，采用 0.25b 线条绘制。也可经上述角度折为水平横线，字标在上方或端部。索标引详图的引出线对准索引符号圆的圆心。

多层构造或多层管道共用引出线应通过被引出各层。说明文字顺序与被说明的层次一致。若层次为横向排序，则由上至下的说明顺序与从左到右的层次一致，如图 9-4 所示。

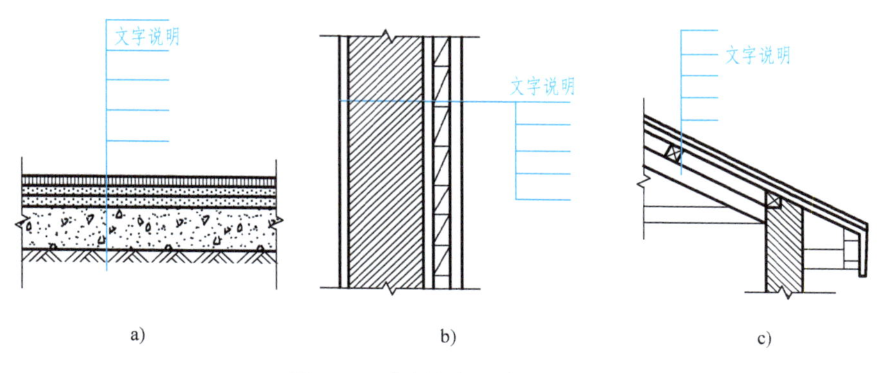

图 9-4 引出线表示多层构造

a）地面构造 b）墙面构造 c）屋面构造

7. 其他标注

对于套用标准图或通用图集的建筑构配件和建筑细部，只要注明所套用图集的名称、详图所在的页数和编号，不必再画详图。建筑详图中凡是需要再绘制详图的部位，同样要画上索引符号，另外，建筑详图还应把有关的用料、做法和技术要求等用文字说明。

三、墙身详图

1. 墙身详图的形成及作用

墙身详图也称为墙身大样图，实际上是建筑剖面图的墙身部位的局部放大图。它详细地表达了墙身从防潮层到屋顶的各主要节点的构造和做法，如墙身与地面、楼面、屋面的构造连接情况以及檐口、窗台、勒脚、防潮层、散水、明沟等构造的尺寸、材料、做法等情况。绘图时可将各节点剖面图连在一起，中间用折断线断开，各个节点详图都分别注明详图符号和比例，也可只绘制墙身中某个节点的构造详图，如檐口、窗台等，如图 9-5 所示。

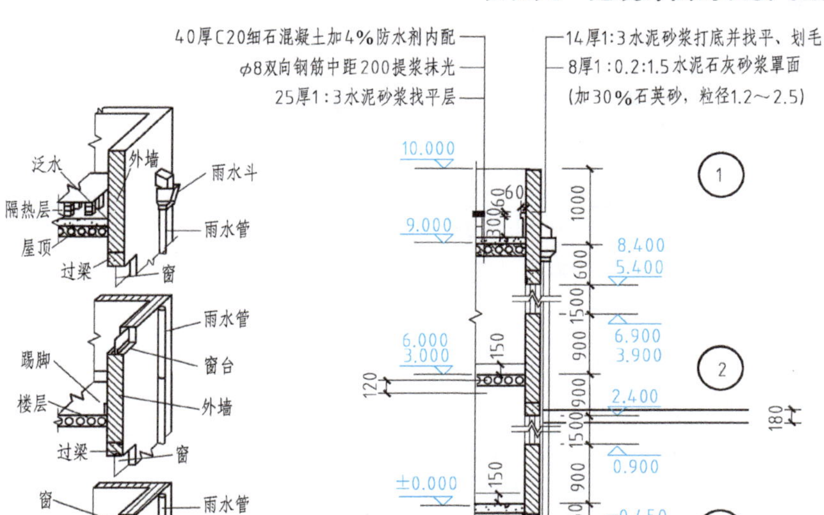

图 9-5　墙身详图

外墙剖面详图一般采用 1∶20 的比例绘制，为了节省图幅，通常采用折断画法，往往在窗的中间处断开，成为几个节点详图的组合。如果多层房屋中各层的构造一样，则可只画底层、顶层和一个中间层的节点；基础部分不画，用折断线断开。

外墙剖面详图上标注尺寸和标高，与建筑剖面图基本相同，线型也与剖面图一样，被剖到的轮廓用粗实线画出。因为采用较大的比例，所以墙身还应用细实线画出粉刷线，并在断面轮廓线内画上规定的材料图例。

2. 墙身详图主要内容

① 墙身的定位轴线与编号，墙体的厚度、材料及其本身与轴线的关系。

② 勒脚、散水节点构造。主要反映墙身防潮做法、首层地面构造、室内外高差、散水做法、首层窗台标高等。

③ 标准层楼层节点构造。主要反映标准层梁、板等构件的位置及其与墙体的联系，构件表面抹灰、装饰等内容。

④ 檐口部位节点构造。主要反映檐口部位包括封檐构造、圈梁、过梁、屋顶泛水构造、屋面保温、防水做法和屋面板等结构构件。

⑤ 详图索引符号等。

3. 识读墙身详图

如图 9-6 所示某外墙身剖面是Ⓝ轴线的有关部位的放大图。从图中可以看出以下几个特点。

(1) 屋顶、楼板、地坪的做法

由檐口处可见，屋面板为现浇板，屋顶的多层构造上表明了保温层、结合层、防水层等构造做法。

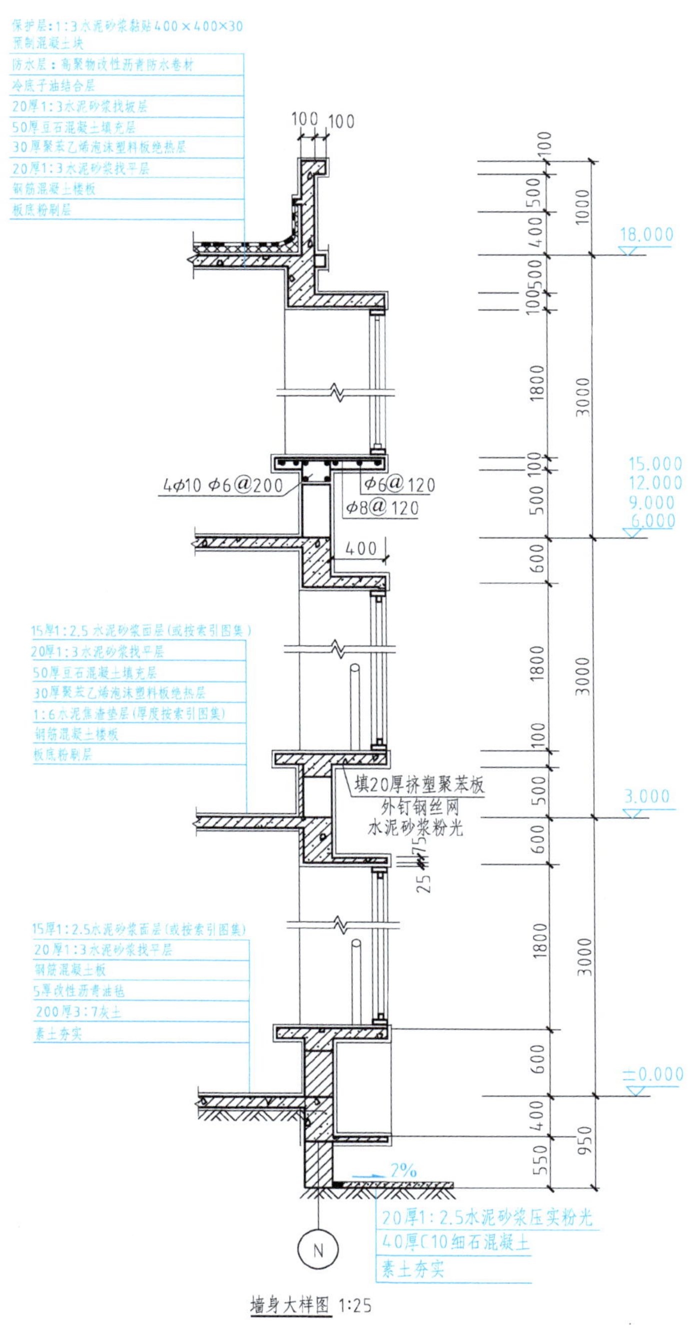

图 9-6　墙身大样图

楼板、地坪的做法同样见其多层构造。

（2）各层楼板等构件的位置及其与墙身的关系

门窗洞口、底层窗下墙、窗间墙、檐口、女儿墙等的高度；室内外地坪、防潮层、门窗洞的上下口、檐口、墙顶及各层楼面、屋面的标高。从墙身详图可以看到窗台的做法及内部钢筋的配置。窗台下空调机位宽度为400mm。

(3) 防潮层、散水的做法

防潮层是利用一楼地坪的钢筋混凝土兼作防潮层。散水的作用是将墙脚附近的雨水排泄到离墙脚一定距离的室外地坪的自然土壤（或明沟、暗沟）中去，以保护外墙的墙基免受雨水的侵蚀，排水坡度为2%，40mm厚细石混凝土，上部用水泥砂浆压实粉光，水泥砂浆层厚度为20mm。

四、楼梯详图

楼梯是由楼梯段、休息平台、栏杆和扶手组成的。楼梯构造比较复杂，需要画出它的详图。楼梯详图主要是用来表达楼梯的类型、结构形式、栏杆、扶手等各部位尺寸和装修做法等，是楼梯施工放样的主要依据。

楼梯详图包括楼梯平面图、楼梯剖面图，以及踏步、栏杆、扶手等节点详图。

楼梯平面图和剖面图的比例要一致，以便对照阅读。比例一般为1∶50，节点详图的常用比例有1∶20、1∶10、1∶5、1∶2等。踏步、栏板详图比例要大些，以便表达清楚该部分的构造情况。

1. 楼梯平面图

楼梯平面图实际上是建筑平面图中楼梯间部分的局部放大图，主要表明梯段的长度和宽度、上行或下行的方向、踏步数和踏面宽度、楼梯休息平台的宽度、栏杆扶手的位置以及其他一些平面形状。

楼梯平面图通常要分别绘制出楼梯首层平面图、中间各层平面图和顶层平面图。如果中间各层的楼梯位置、梯段数量、踏步数、梯段长度等都相同，可以只画一个中间层楼梯平面图，称为标准层楼梯平面图。

各层楼梯平面图应上下对齐（或左右对齐），这样既便于阅读又利于尺寸标注和省略重复尺寸。平面图上应标注该楼梯间的轴线编号、开间和进深尺寸、楼层平台和中间休息平台的标高，以及梯段长、平台宽等细部尺寸。

设梯段长度 L、踏面数 n、踏面宽 b、踢面数 m，则存在的关系有：

$$踏面数\ n \times 踏面宽\ b = 梯段长度\ L$$

$$梯段踏面数\ n = 该梯段踢面数\ m - 1$$

$$该梯段的梯级数 = 该梯段踢面数\ m$$

在楼梯平面图中，楼梯段被水平剖切后，其剖切线是水平线，而各级踏步也是水平线，为了避免混淆，规定在剖切处画45°折断符号；梯段的上行或下行方向是以各层楼地面为基准标注的。向上者称为上行，向下者称为下行，并用长线箭头和文字在梯段上注明上行、下行的方向及踏步总数。

2. 楼梯详图的识读

以图9-7所示某住宅的楼梯详图为例，讲解楼梯详图的识读。从楼梯平面图可以看出：该楼梯是位于③～⑤轴与Ⓕ～Ⓛ轴之间的双跑楼梯，开间2600mm，进深5400mm。各楼层平台、中间休息平台的尺寸、楼梯的平面形状均可以读出。从楼梯剖面图可以看出：一楼到二楼的楼梯为长短跑双跑楼梯，第一个梯段10级，每级踢面高170mm，踏面宽260mm，第二梯段7级，每级踢面高157mm，踏面宽280mm。二楼至三楼、三楼至阁楼的楼梯均为平行双跑楼梯，每个梯段9级，每级踢面高155.5mm，踏面宽280m。

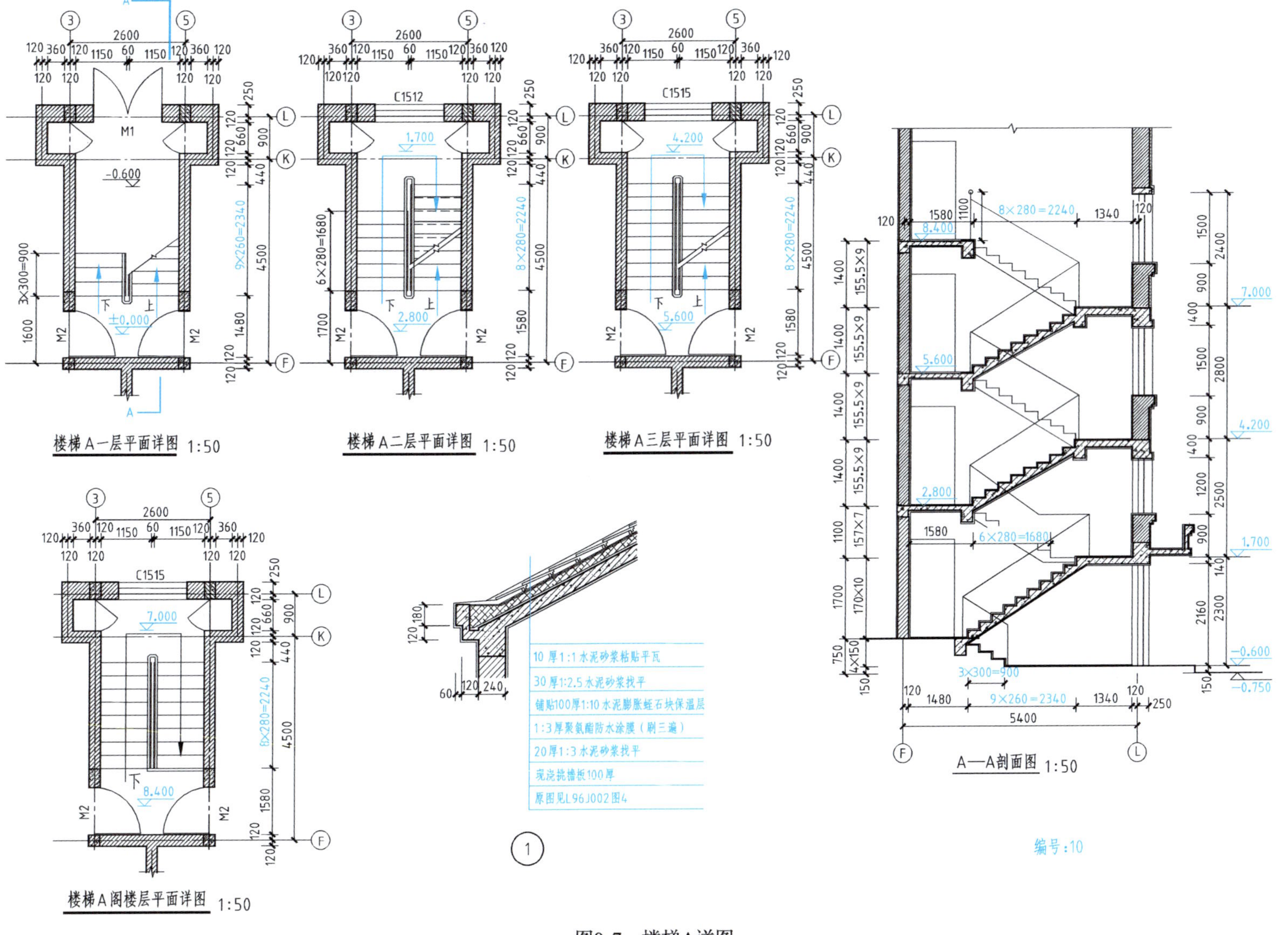
楼梯A一层平面详图 1:50
楼梯A二层平面详图 1:50
楼梯A三层平面详图 1:50
楼梯A阁楼层平面详图 1:50
10厚1:1水泥砂浆粘贴平瓦
30厚1:2.5水泥砂浆找平
铺贴100厚1:10水泥膨胀蛭石块保温层
1:3厚聚氨酯防水涂膜（刷三遍）
20厚1:3水泥砂浆找平
现浇挑檐板100厚
原图见L96J002图4
A—A剖面图 1:50
编号:10

图9-7 楼梯A详图

1. 识读图9-8所示某住宅的楼梯B详图、卫生间详图，并标注出正确的轴号。
2. 识读图9-9和图9-10所示某住宅的门窗详图、节能做法详图和节点详图。

任务二 绘制CAD建筑详图

一、外墙身剖面详图的绘制

绘制外墙身剖面详图的步骤如下。

1. 设置绘图环境

在开始绘制外墙身剖面详图前，由于其比例和建筑平面图、立面图、剖面图不一致，因此，要先对绘图环境进行相应的设置，做好绘图前的准备，包括标注样式设置、文字样式设置、图层设置等，其设置方式参考项目六任务四。

2. 绘制定位轴线、墙轮廓线和室内外地坪线

绘制外墙剖面详图，首先要绘制定位轴线，而且要做到与平面图、立面图一一对应。

3. 绘制楼面线、顶棚线和柱、梁、楼板外轮廓线

4. 绘制各节点细部

各节点细部包括檐口、圈梁、踢脚线、窗顶、窗台和散水等节点详图。

5. 文本标注和尺寸标注

外墙剖面详图中需要用文字说明楼面所用材料和标注各部分的标高和尺寸等，在进行文本标注和尺寸标注之前，一定要将设置好的对应的文字样式和标注样式置为当前。

6. 添加图框和标题栏

二、楼梯详图的绘制

1. 楼梯平面详图的绘制

① 将底层建筑平面图复制出来，用BLOCK命令编辑成块。

② 把需要截图出来的楼梯平面图部分画上一个矩形，此矩形为被截取出来的楼梯平面图的边界。

③ 输入“XCLIP”（快捷键XC）命令，选中块，新建边界，选择刚刚绘制的矩形的两个对角点，楼梯平面图部分就被截取出来了。

④ 从截取出来的楼梯平面图部分进行详图绘制，在此基础上进行修改。

⑤ 用同样的方法绘制其他楼层的楼梯平面图详图。

2. 楼梯剖面详图的绘制

① 根据楼梯首层平面图的剖切位置符号，判断被剖切到的墙体和楼梯踏步、休息平台。

② 将楼梯剖面图部分截取出来（与楼梯平面详图截取方式一致），在此基础上，对楼梯剖面图逐层进行修改。

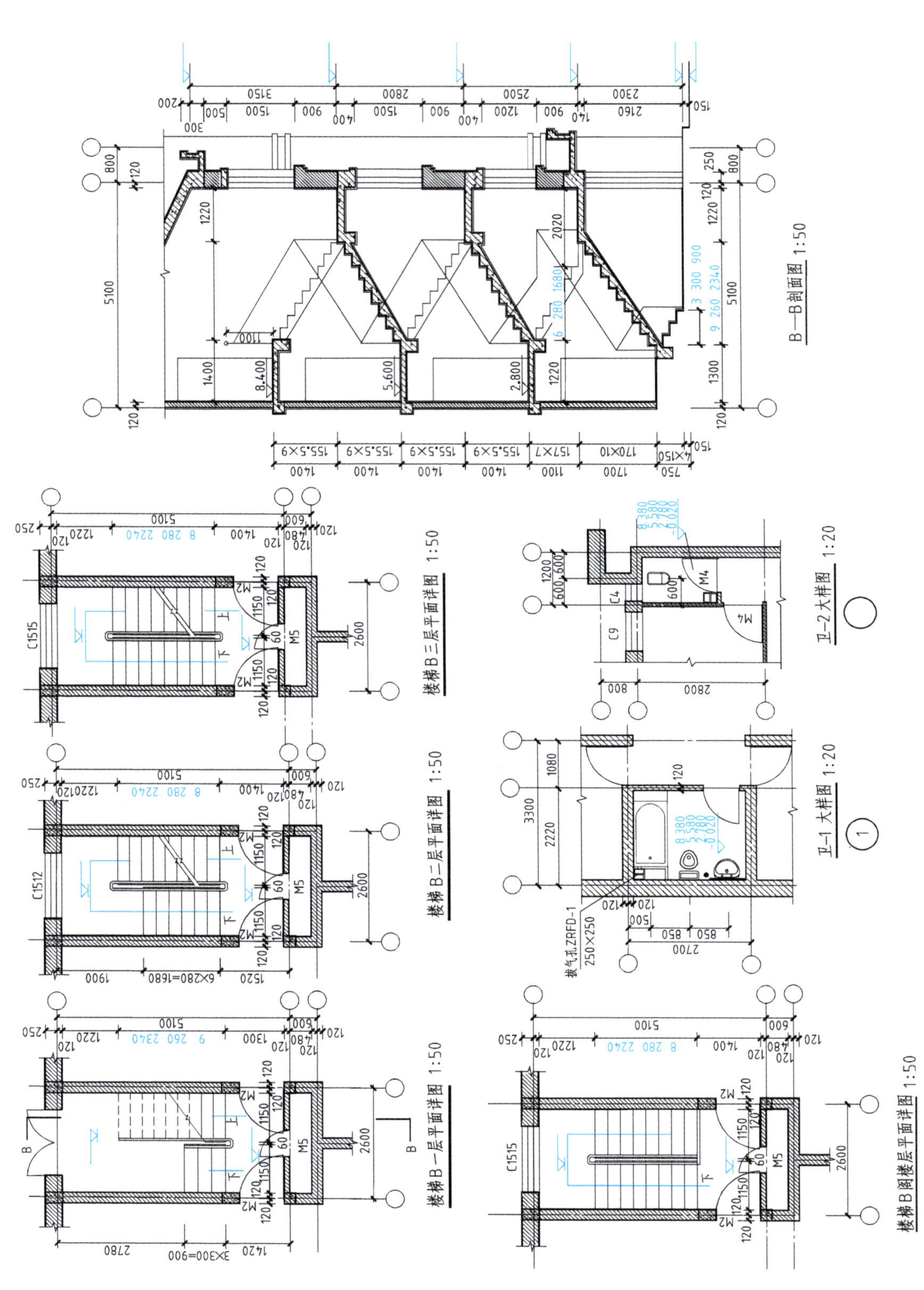

图9-8 楼梯B详图、卫生间详图

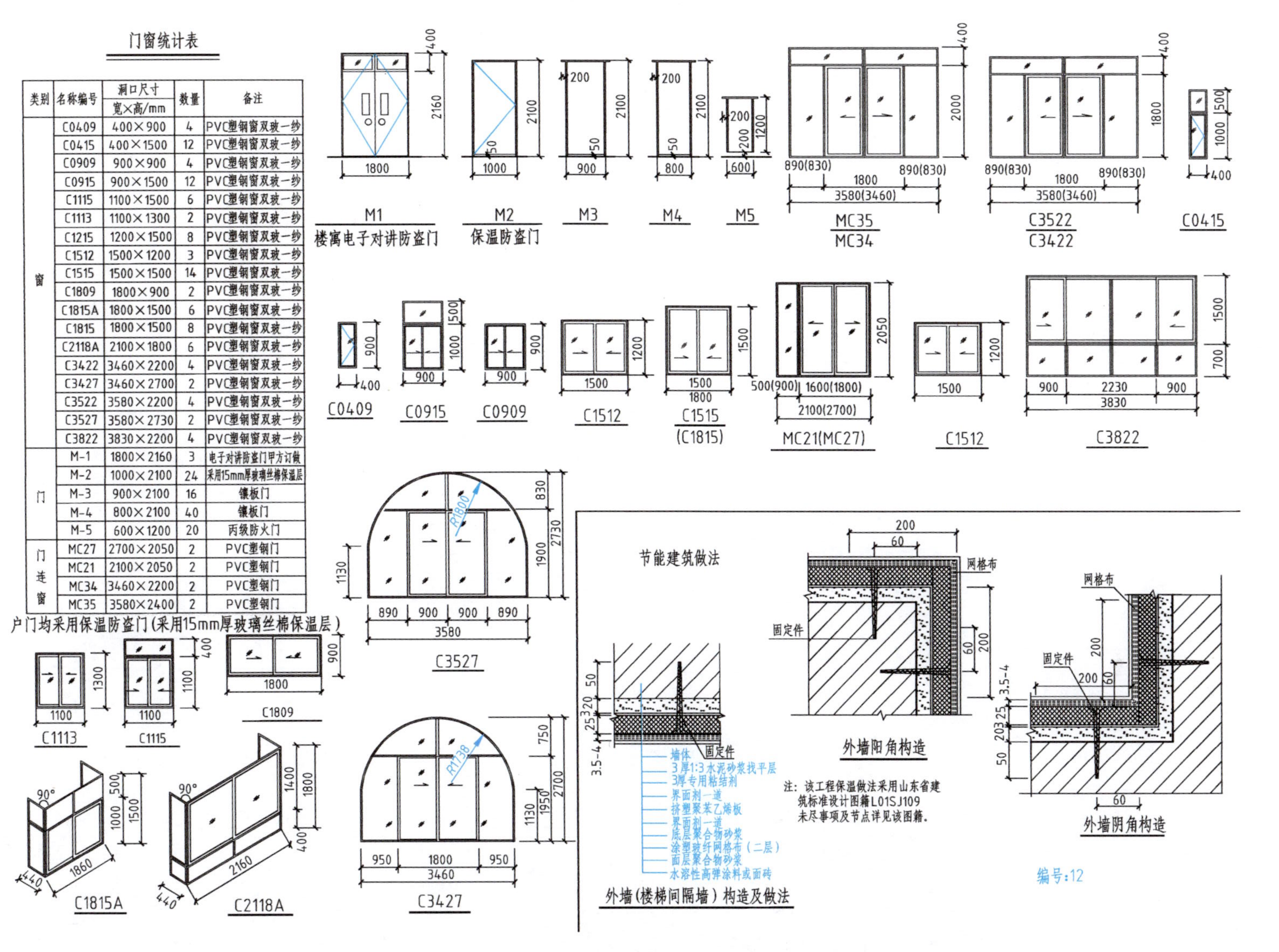

门窗统计表

类别	名称编号	洞口尺寸 宽×高/mm	数量	备注
窗	C0409	400×900	4	PVC塑钢窗双玻一纱
	C0415	400×1500	12	PVC塑钢窗双玻一纱
	C0909	900×900	4	PVC塑钢窗双玻一纱
	C0915	900×1500	12	PVC塑钢窗双玻一纱
	C1115	1100×1500	6	PVC塑钢窗双玻一纱
	C1113	1100×1300	2	PVC塑钢窗双玻一纱
	C1215	1200×1500	8	PVC塑钢窗双玻一纱
	C1512	1500×1200	3	PVC塑钢窗双玻一纱
	C1515	1500×1500	14	PVC塑钢窗双玻一纱
	C1809	1800×900	2	PVC塑钢窗双玻一纱
	C1815A	1800×1500	6	PVC塑钢窗双玻一纱
	C1815	1800×1500	8	PVC塑钢窗双玻一纱
	C2118A	2100×1800	6	PVC塑钢窗双玻一纱
	C3422	3460×2200	4	PVC塑钢窗双玻一纱
	C3427	3460×2700	2	PVC塑钢窗双玻一纱
	C3522	3580×2200	4	PVC塑钢窗双玻一纱
	C3527	3580×2730	2	PVC塑钢窗双玻一纱
	C3822	3830×2200	4	PVC塑钢窗双玻一纱
门	M-1	1800×2160	3	电子对讲防盗门甲方订做
	M-2	1000×2100	24	采用15mm厚玻璃丝棉保温层
	M-3	900×2100	16	镶板门
	M-4	800×2100	40	镶板门
	M-5	600×1200	20	丙级防火门
门连窗	MC27	2700×2050	2	PVC塑钢门
	MC21	2100×2050	2	PVC塑钢门
	MC34	3460×2200	2	PVC塑钢门
	MC35	3580×2400	2	PVC塑钢门

户门均采用保温防盗门(采用15mm厚玻璃丝棉保温层)

图9-9 门窗详图、节能做法详图

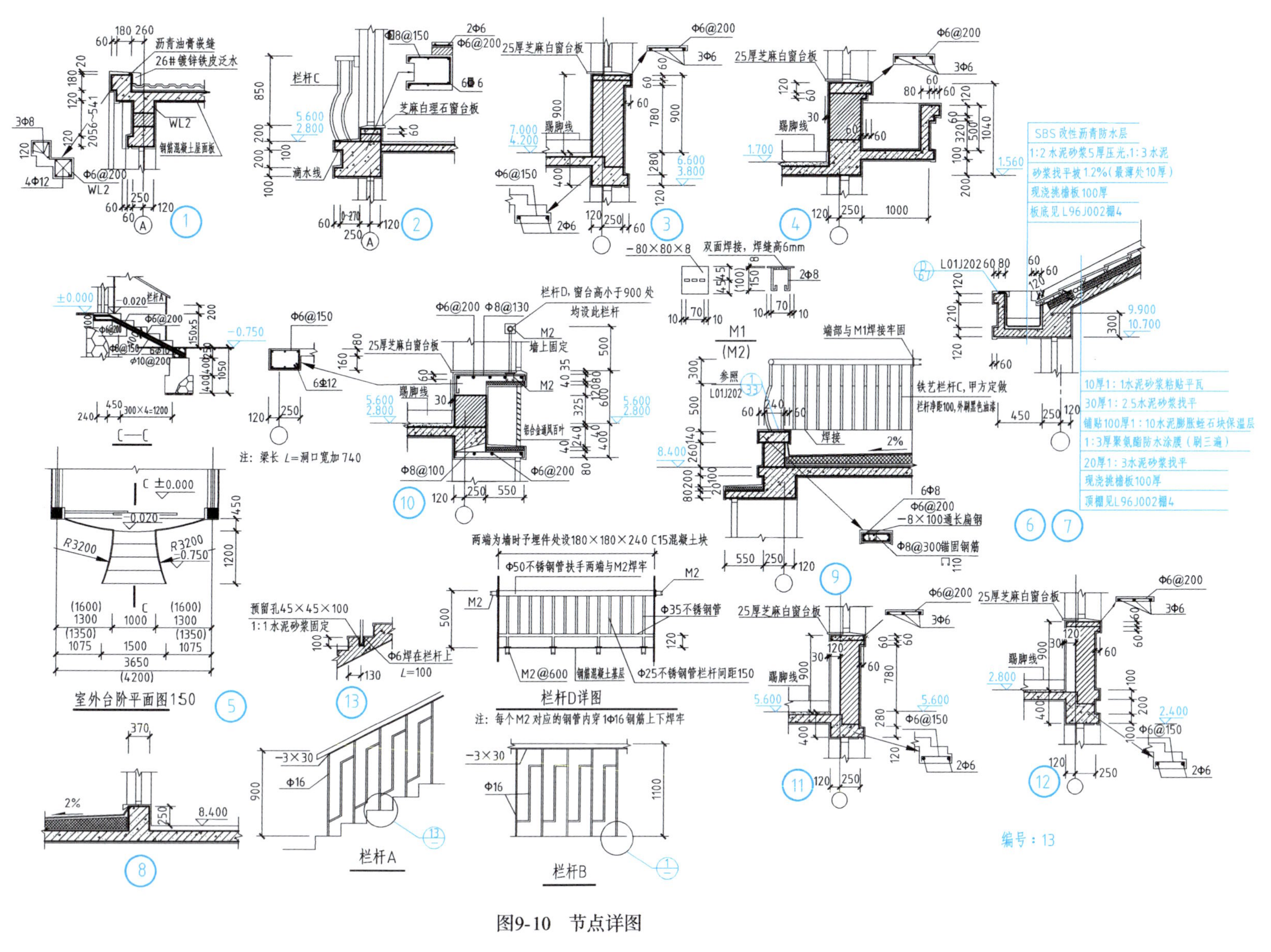
沥青油膏嵌缝
26#镀锌铁皮泛水
钢筋混凝土屋面板
栏杆C
芝麻白理石窗台板
滴水线
25厚芝麻白窗台板
踢脚线
双面焊接，焊缝高6mm
栏杆D，窗台高小于900处均设此栏杆
墙上固定
注：梁长 L=洞口宽加740
墙部与M1焊接牢固
铁艺栏杆C，甲方定做
焊接
SBS改性沥青防水层
1:2水泥砂浆5厚压光，1:3水泥砂浆找平坡1.2%（最薄处10厚）
现浇挑檐板100厚
板底见L96J002棚4
10厚1：1水泥砂浆粘贴平瓦
30厚1：2.5水泥砂浆找平
铺贴100厚1：10水泥膨胀蛭石块保温层
1:3厚聚氨酯防水涂膜（刷三遍）
20厚1：3水泥砂浆找平
现浇挑檐板100厚
顶棚见L96J002棚4
两端为墙时于埋件处设180×180×240 C15混凝土块
Φ50不锈钢管扶手两端与M2焊牢
Φ35不锈钢管
Φ25不锈钢管栏杆间距150
预留孔45×45×100
1:1水泥砂浆固定
Φ6焊在栏杆上
室外台阶平面图1:50
栏杆D详图
注：每个M2对应的钢管内穿1Φ16钢筋上下焊牢
栏杆A
栏杆B
编号：13

图9-10 节点详图

3. 楼梯节点详图的绘制

一般来说，楼梯的踏步、扶手和栏杆都需要使用更大的比例绘制节点详图，表达节点的形式、材料、尺寸和构造等。有些节点详图可以从楼梯平面图或者剖面图中截取出来进行修改，有些需要用 CAD 的绘图命令和修改命令重新绘制。

任务实施

用 CAD 绘制如图 9-8 所示某住宅的楼梯 B 详图、卫生间详图。

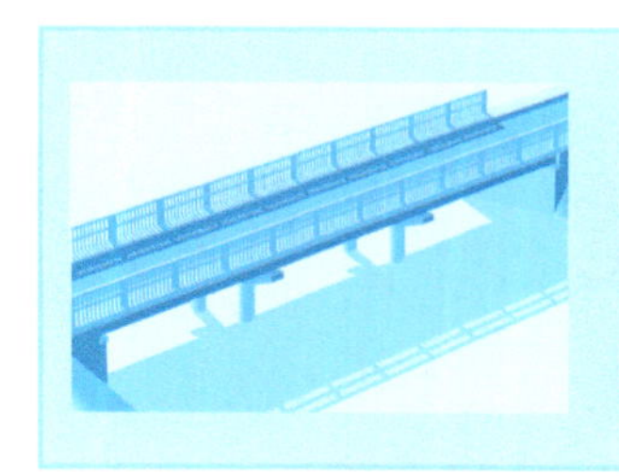

附录
建筑识图与 CAD 实训图纸

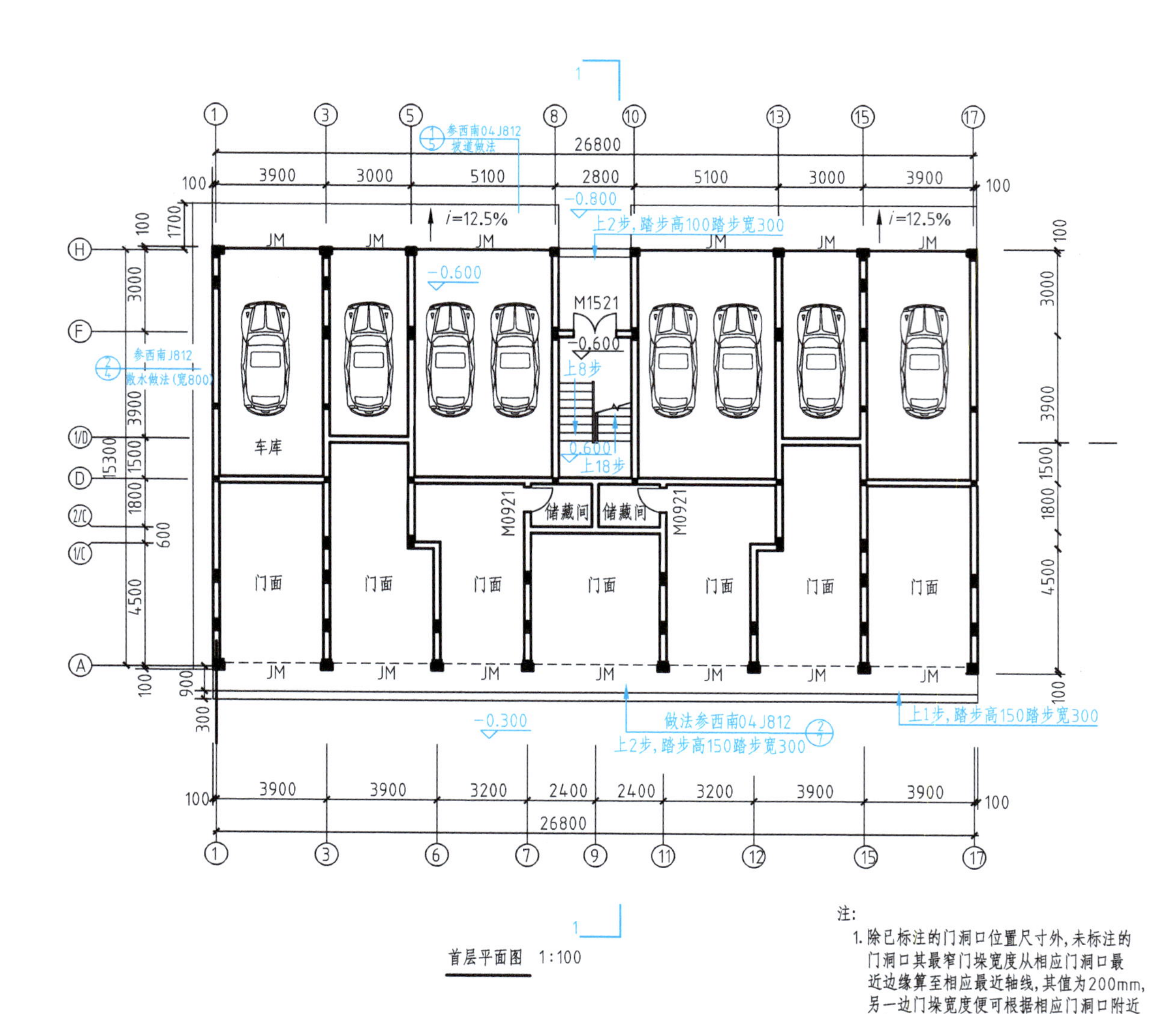

注：
1. 除已标注的门洞口位置尺寸外，未标注的门洞口其最窄门垛宽度从相应门洞口最近边缘算至相应最近轴线，其值为200mm，另一边门垛宽度便可根据相应门洞口附近轴线确定。
2. 柱子以结施为准，如与建筑门窗发生冲突，请将窗门向一旁平移相应尺寸。
3. 卷帘门尺寸为宽至柱边高至梁底。

附-1 首层平面图

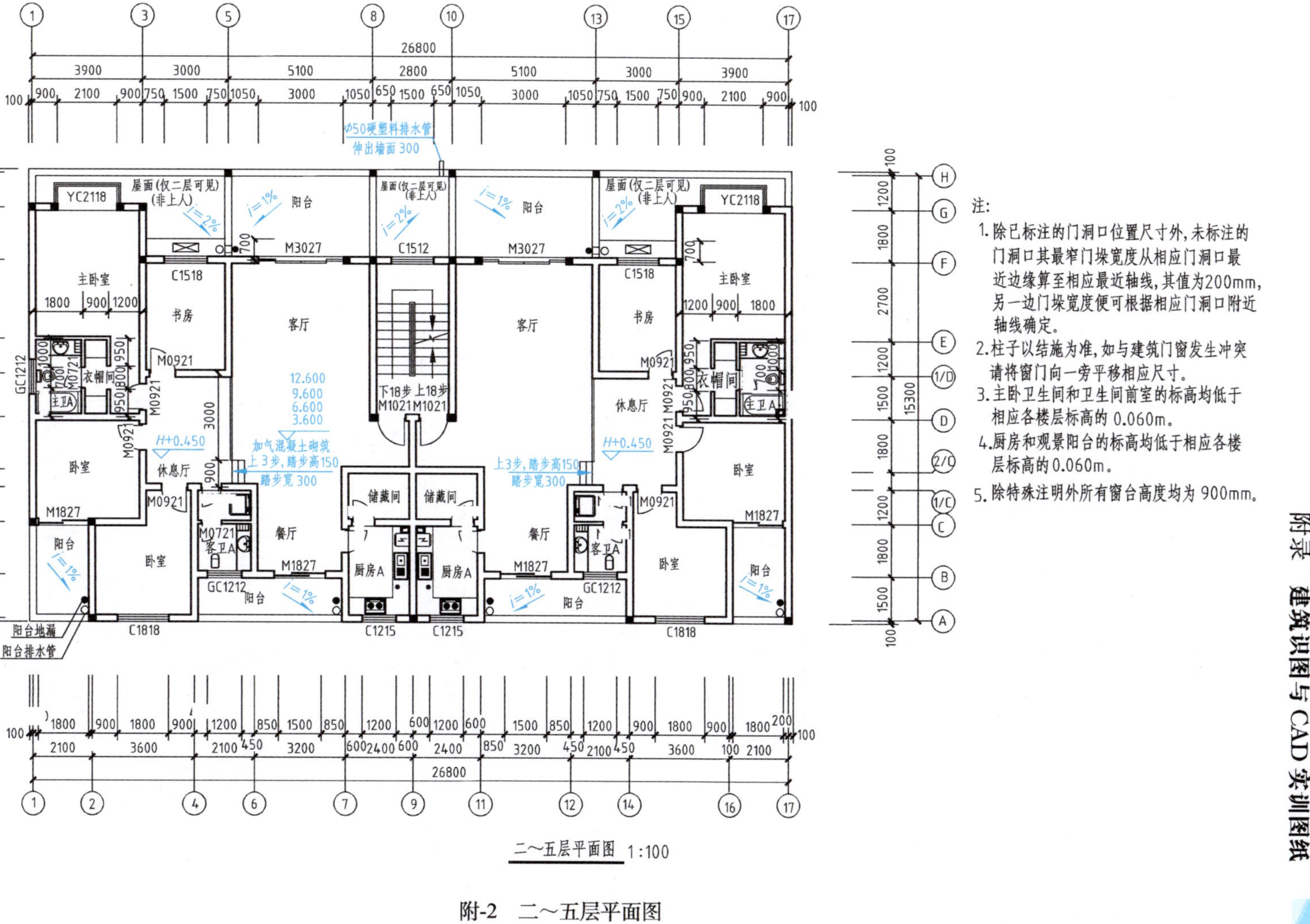

二~五层平面图 1:100

注:

1. 除已标注的门洞口位置尺寸外,未标注的门洞口其最窄门垛宽度从相应门洞口最近边缘算至相应最近轴线,其值为200mm,另一边门垛宽度便可根据相应门洞口附近轴线确定。
2. 柱子以结施为准,如与建筑门窗发生冲突请将窗门向一旁平移相应尺寸。
3. 主卧卫生间和卫生间前室的标高均低于相应各楼层标高的 0.060m。
4. 厨房和观景阳台的标高均低于相应各楼层标高的0.060m。
5. 除特殊注明外所有窗台高度均为 900mm。

附-2 二~五层平面图

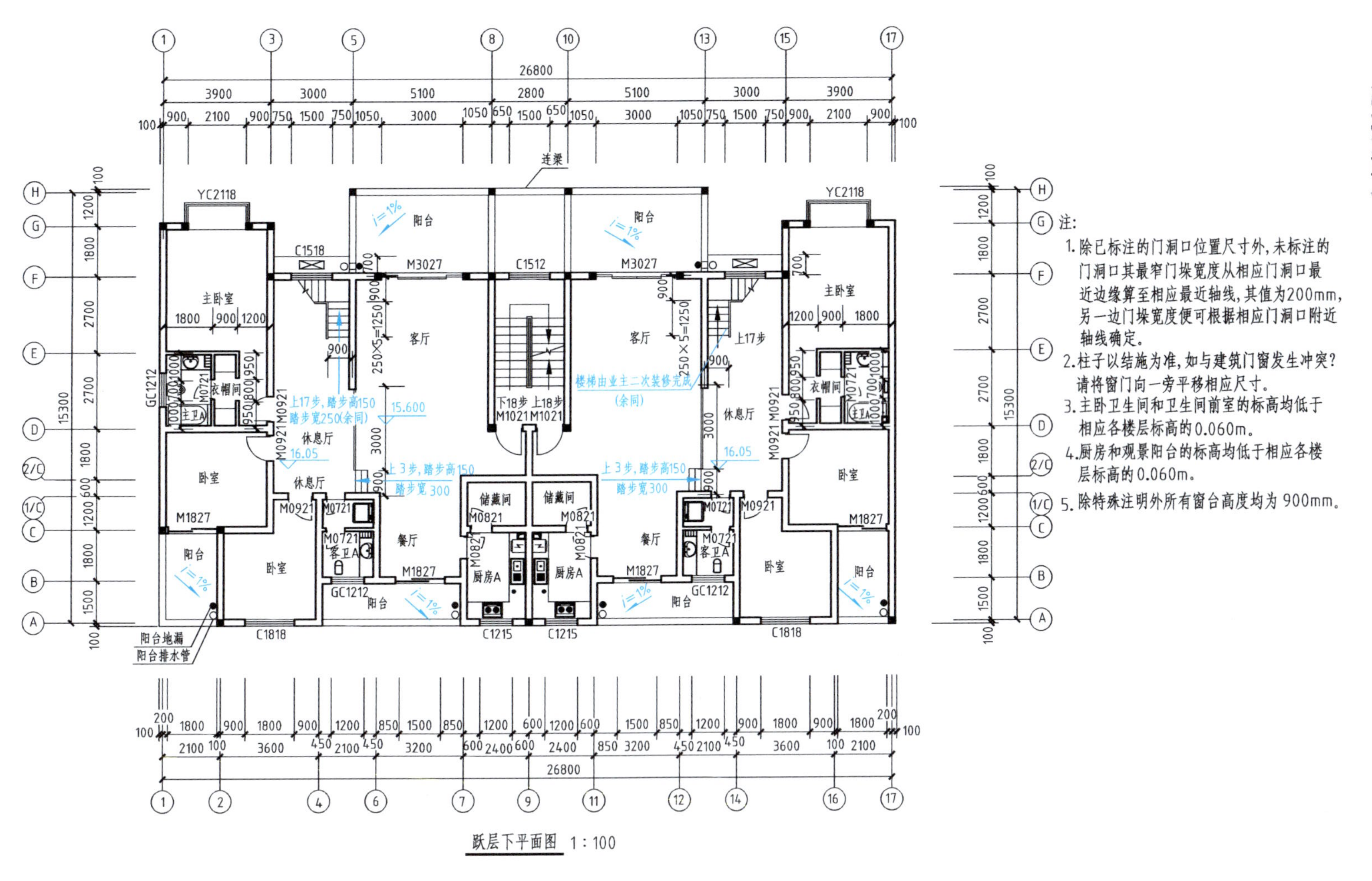
注:
1. 除已标注的门洞口位置尺寸外，未标注的门洞口其最窄门垛宽度从相应门洞口最近边缘算至相应最近轴线，其值为200mm，另一边门垛宽度便可根据相应门洞口附近轴线确定。
2. 柱子以结施为准，如与建筑门窗发生冲突？请将窗门向一旁平移相应尺寸。
3. 主卧卫生间和卫生间前室的标高均低于相应各楼层标高的0.060m。
4. 厨房和观景阳台的标高均低于相应各楼层标高的0.060m。
5. 除特殊注明外所有窗台高度均为900mm。
26800
15300
连梁
YC2118
阳台
主卧室
衣帽间
主卫A
卧室
休息厅
客厅
餐厅
储藏间
厨房A
客卫A
C1518
C1512
M3027
GC1212
M0921
M1827
M0721
M0821
M1021
C1818
C1215
上17步，踏步高150
踏步宽250(余同)
上3步，踏步高150
踏步宽300
下18步
上18步
上17步
楼梯由业主二次装修完成
(余同)
15.600
16.05
250×5=1250
阳台地漏
阳台排水管
跃层下平面图 1:100

附-3 跃层下平面图

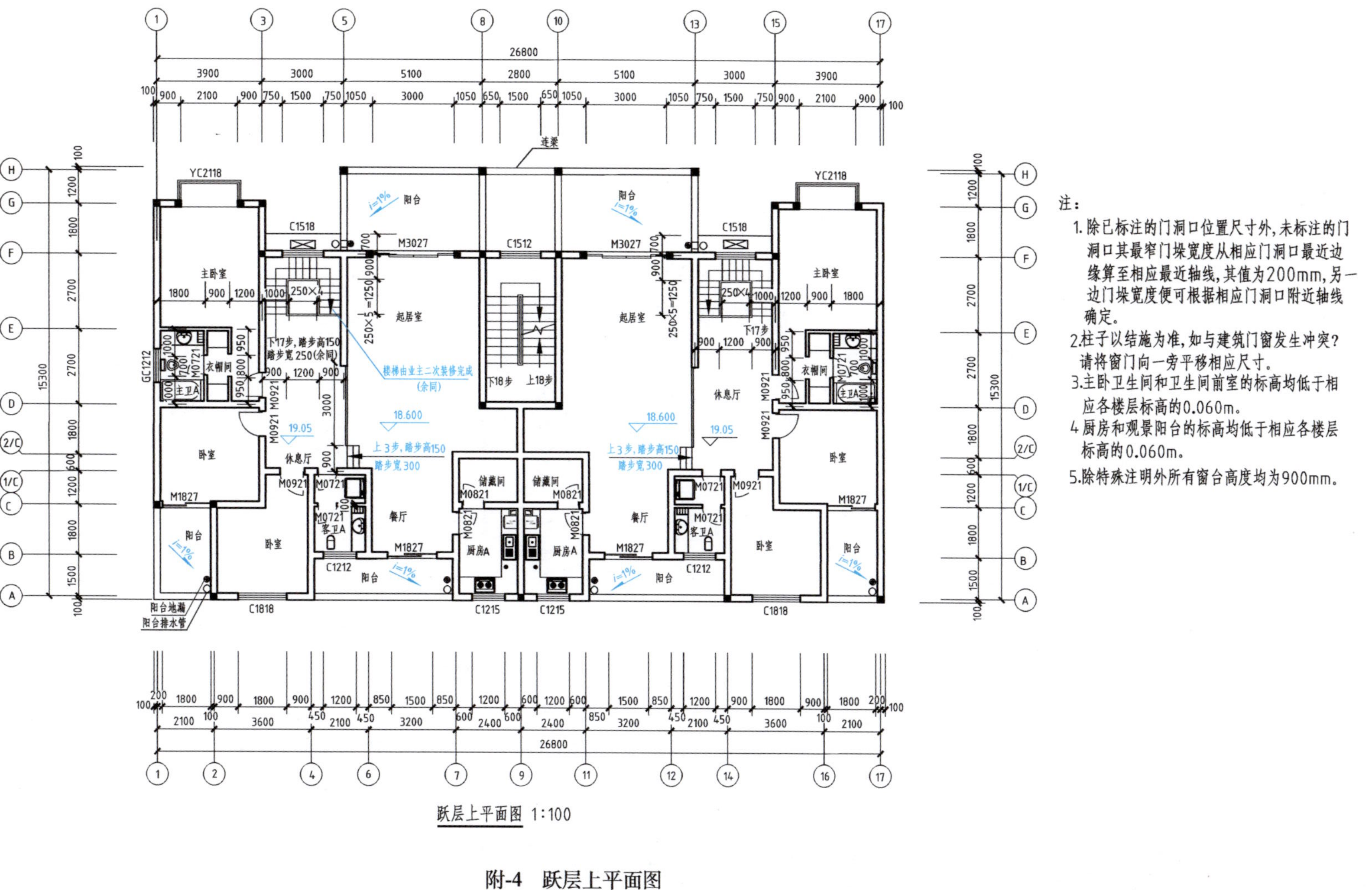

注：

1. 除已标注的门洞口位置尺寸外，未标注的门洞口其最窄门垛宽度从相应门洞口最近边缘算至相应最近轴线，其值为200mm，另一边门垛宽度便可根据相应门洞口附近轴线确定。
2. 柱子以结施为准，如与建筑门窗发生冲突？请将窗门向一旁平移相应尺寸。
3. 主卧卫生间和卫生间前室的标高均低于相应各楼层标高的0.060m。
4. 厨房和观景阳台的标高均低于相应各楼层标高的0.060m。
5. 除特殊注明外所有窗台高度均为900mm。

跃层上平面图　1:100

附-4　跃层上平面图

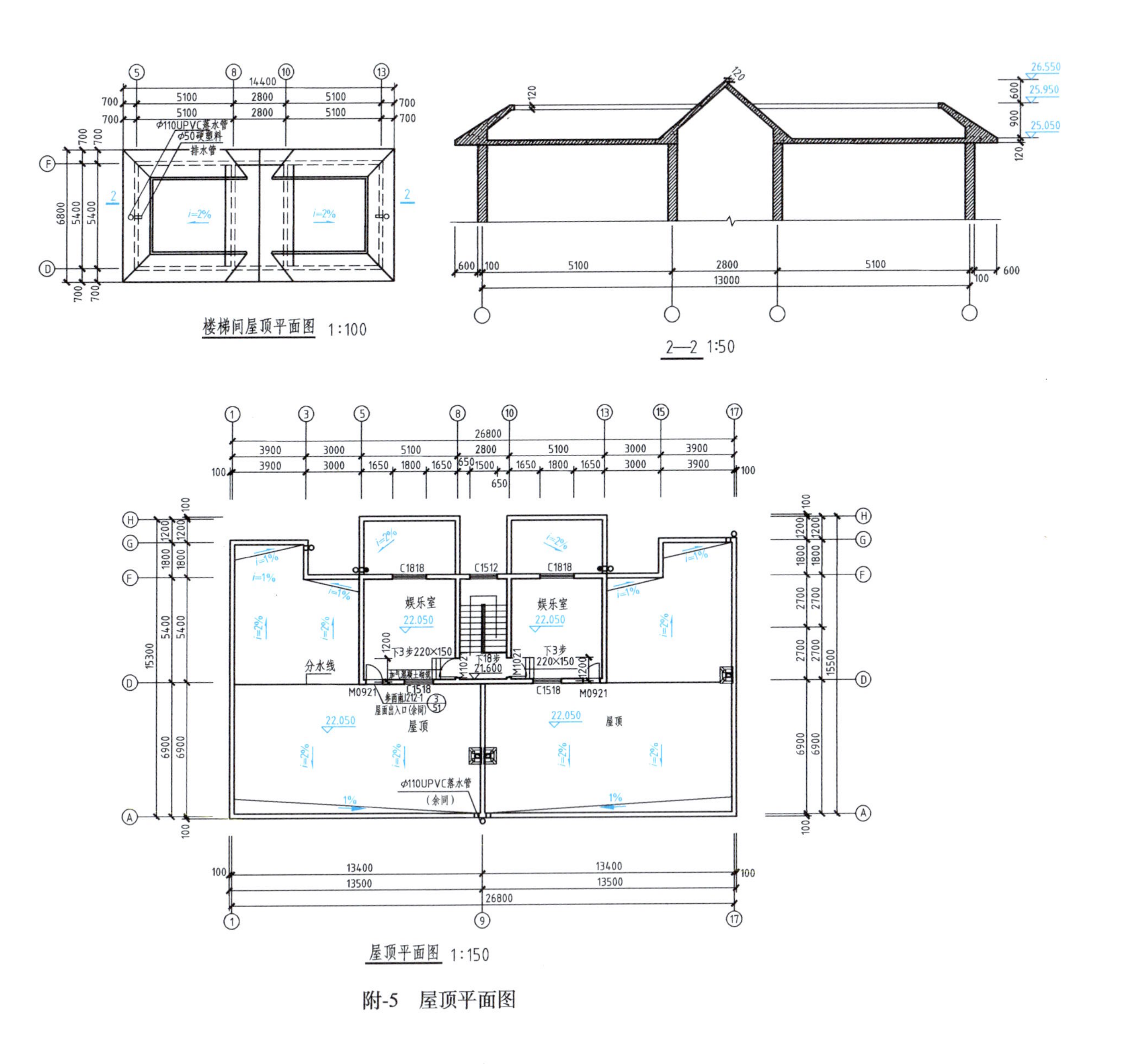
楼梯间屋顶平面图 1:100
Φ110UPVC落水管
Φ50硬塑料
排水管
i=2%
2—2 1:50
26.550
25.950
25.050
娱乐室
22.050
C1818
C1512
C1518
M0921
下3步220×150
下18步
分水线
屋顶
Φ110UPVC落水管
（余同）
屋顶平面图 1:150

附-5 屋顶平面图

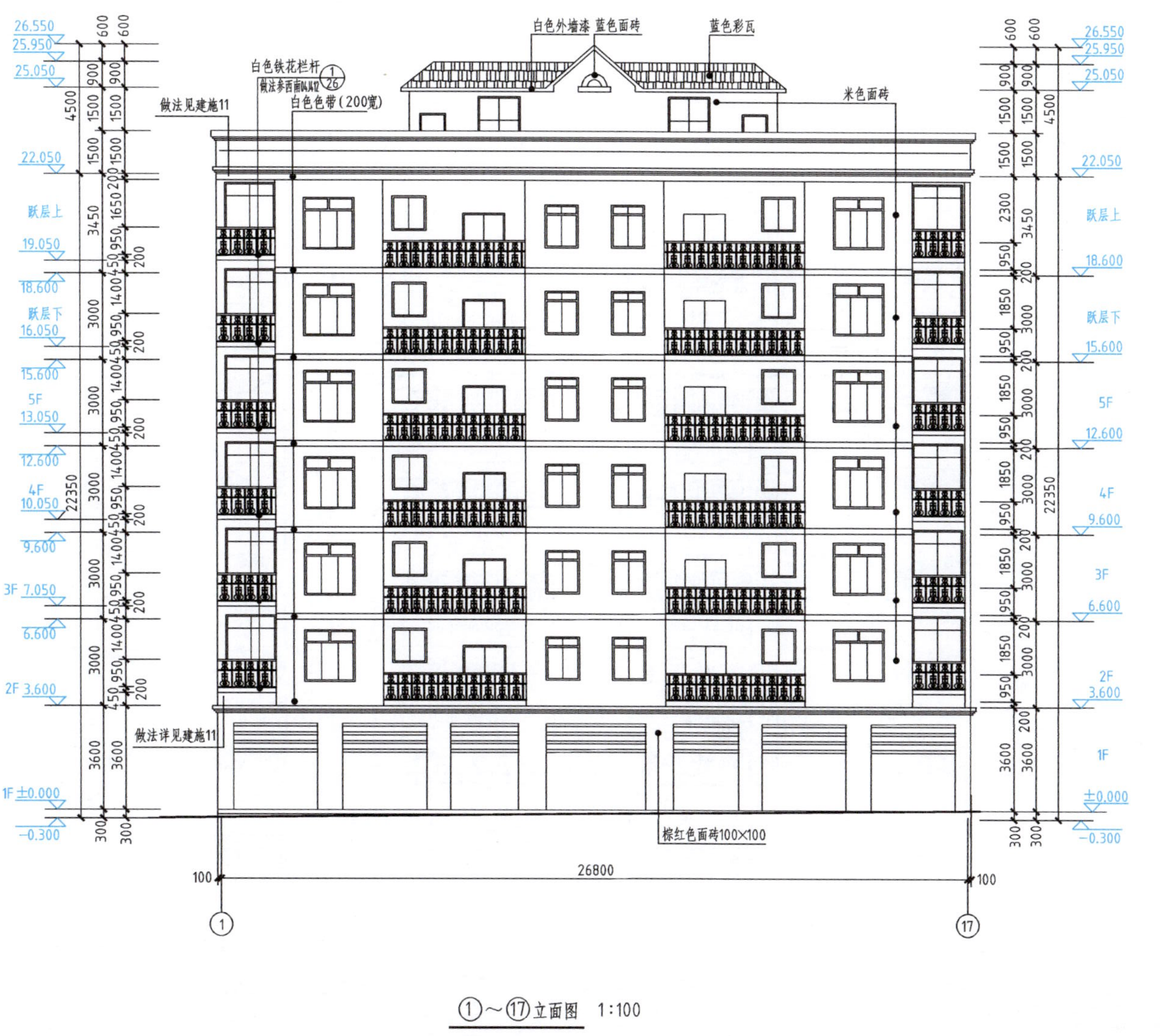

白色外墙漆
蓝色面砖
蓝色彩瓦
白色铁花栏杆
白色色带（200宽）
米色面砖
做法见建施11
做法详见建施11
棕红色面砖100×100
26800
22350
4500
26.550
25.950
25.050
22.050
跃层上
19.050
18.600
跃层下
16.050
15.600
5F
13.050
12.600
4F
10.050
9.600
3F 7.050
6.600
2F 3.600
1F ±0.000
-0.300
①～⑰立面图 1:100

附-6 ①～⑰立面图

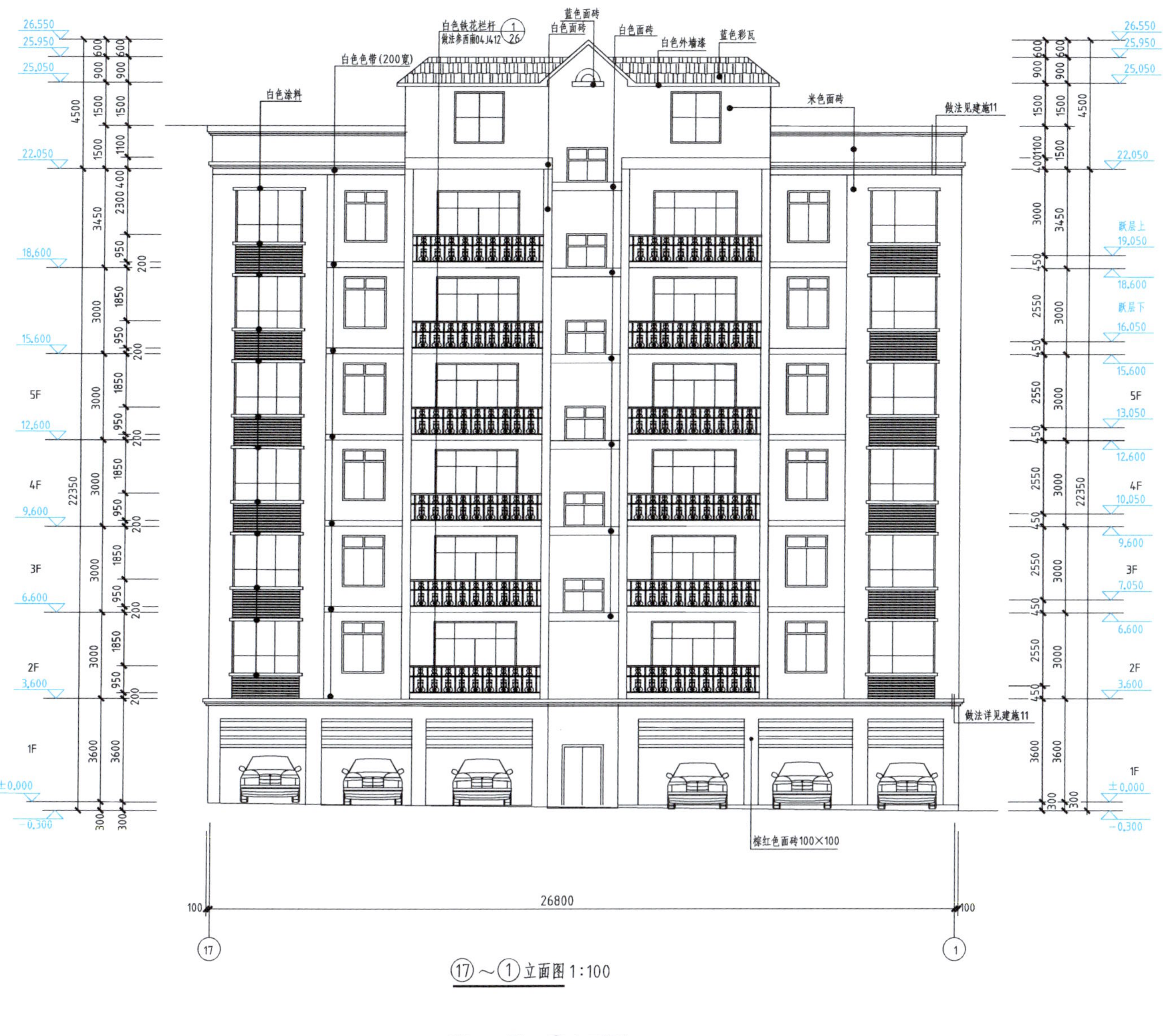
蓝色面砖
白色铁花栏杆
做法参西南04J412 1/26
白色面砖
白色面砖
白色外墙漆
蓝色彩瓦
白色色带(200宽)
白色涂料
米色面砖
做法见建施11
做法详见建施11
棕红色面砖100×100
26800
⑰～①立面图 1:100

附-7 ⑰～①立面图

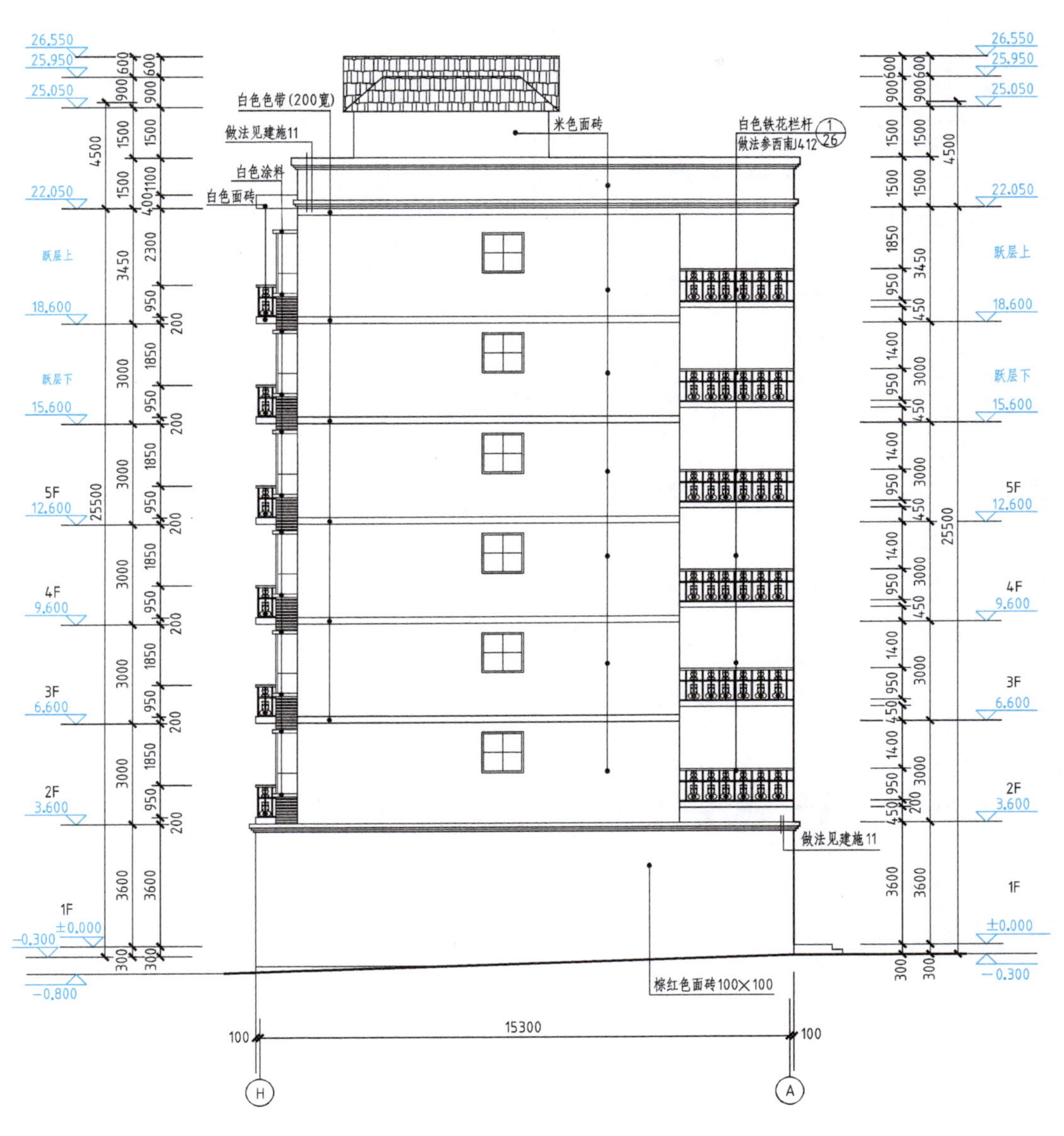

白色色带(200宽)
做法见建施11
白色涂料
白色面砖
米色面砖
白色铁花栏杆
做法参西南J412
做法见建施11
棕红色面砖100×100
26.550
25.950
25.050
22.050
跃层上
18.600
跃层下
15.600
5F
12.600
4F
9.600
3F
6.600
2F
3.600
1F
±0.000
-0.300
-0.800
25500
4500
15300
100
H
A
Ⓗ～Ⓐ立面图 1:100

附-8 Ⓗ～Ⓐ立面图

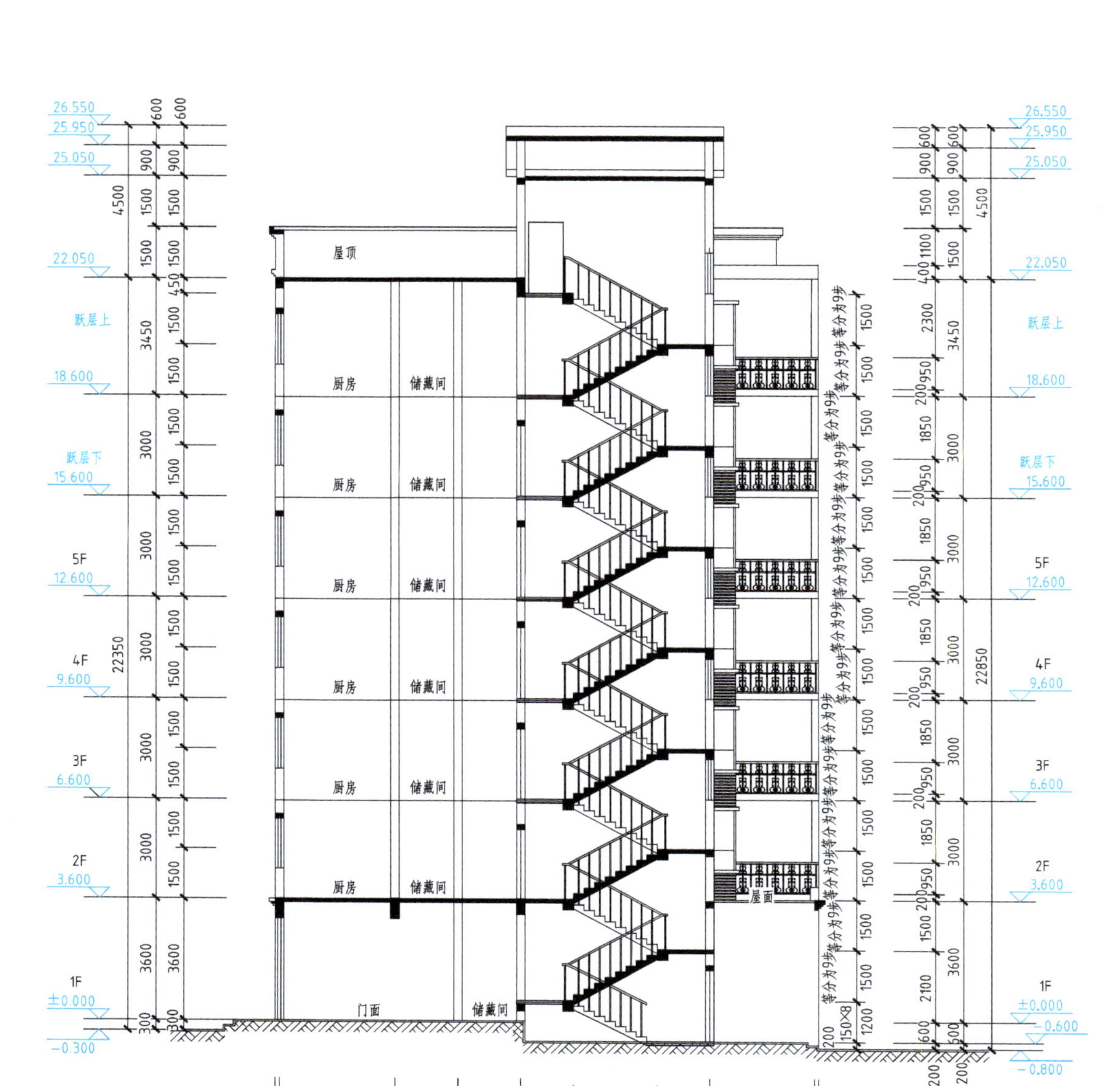

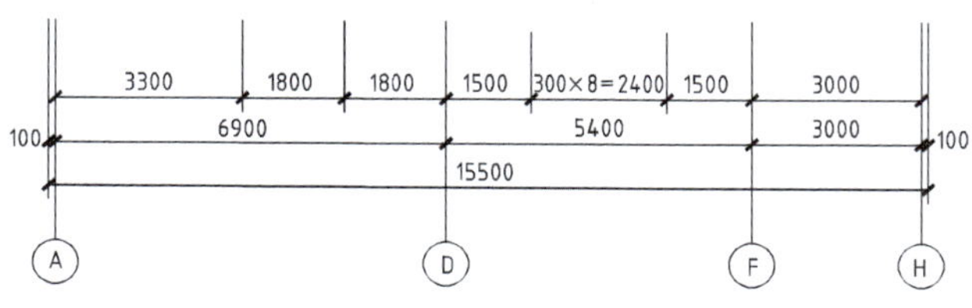

1—1剖面图 1:100

附-9　1—1 剖面图

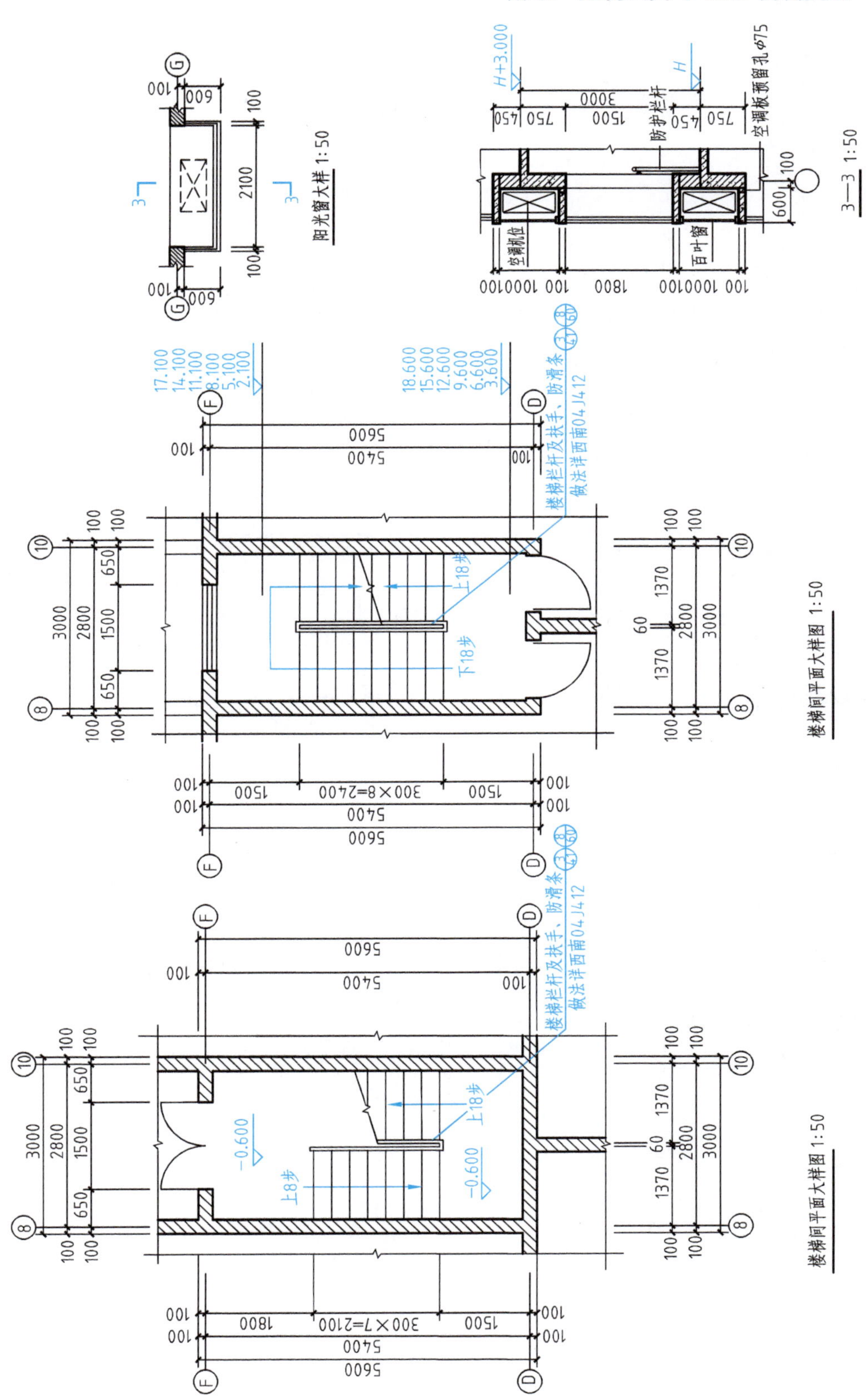
阳光窗大样 1:50
3—3 1:50
空调板预留孔φ75
防护栏杆
空调机位
百叶窗
楼梯栏杆及扶手、防滑条
做法详西南04J412
上18步
下18步
楼梯间平面大样图 1:50
上8步
-0.600
楼梯间平面大样图 1:50

附-10　楼梯间大样图

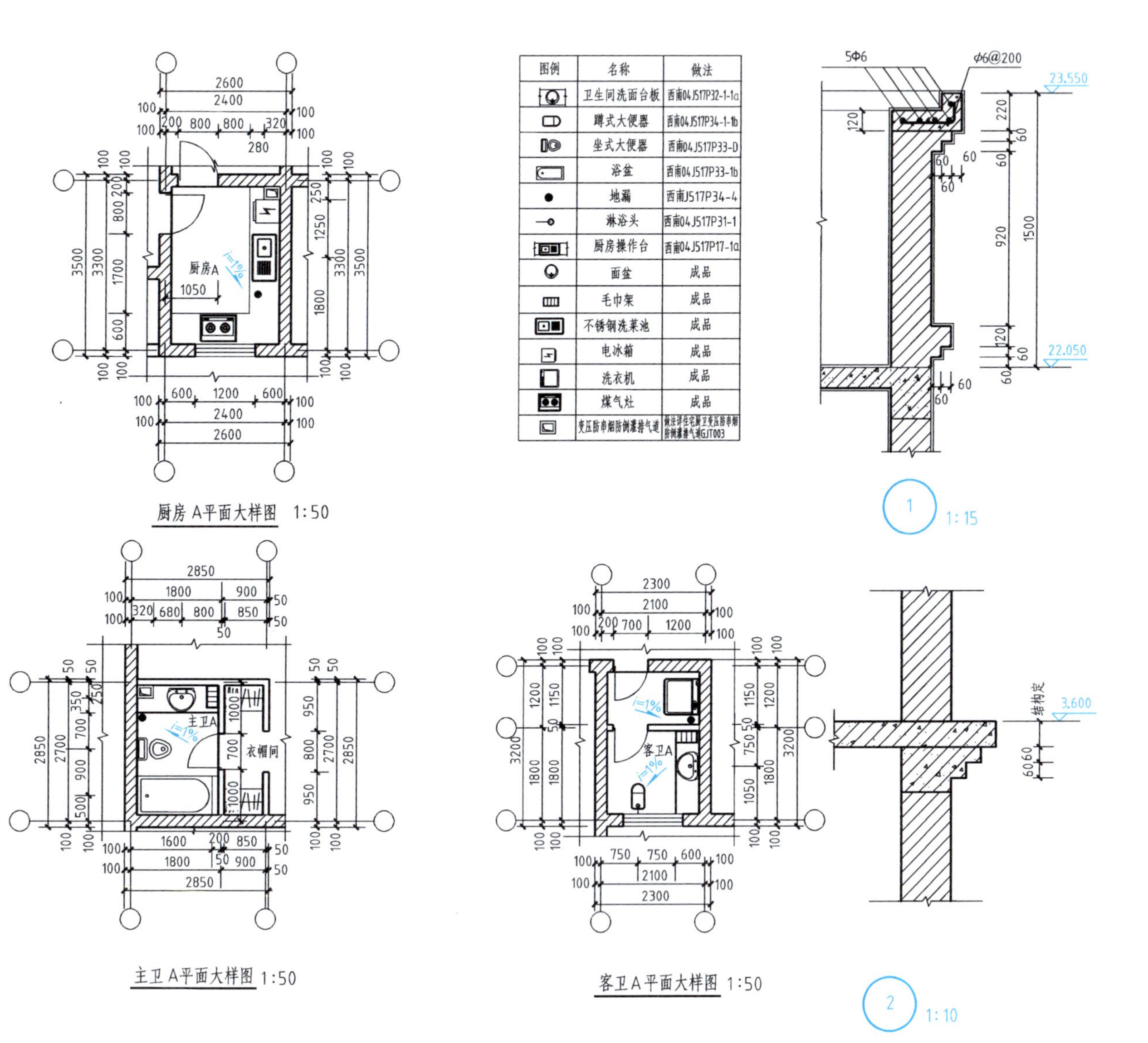

附-11 厨房、主卫、客卫大样图

参考文献

[1] 中华人民共和国住房和城乡建设部．房屋建筑制图统一标准：GB/T 50001—2017 [S]．北京：中国建筑工业出版社，2017.

[2] 中华人民共和国住房和城乡建设部．总图制图标准：GB/T 50103—2010 [S]．北京：中国建筑工业出版社，2010.

[3] 中华人民共和国住房和城乡建设部．建筑制图标准：GB/T 50104—2010 [S]．北京：中国建筑工业出版社，2010.

[4] 筑·匠．建筑识图一本就会 [M]．北京：化学工业出版社，2016.

[5] CAD/CAM/CAE 技术联盟．AutoCAD 2016 中文版从入门到精通 [M]．北京：清华大学出版社，2017.

[6] 王强，张小平．建筑工程制图与识图 [M]．3 版．北京：机械工业出版社，2017.